Werde ein Data Head

Papier
plus+
PDF.

Werde ein Data Head

Data Science, Machine Learning und Statistik verstehen und datenintensive Jobs meistern

Alex J. Gutman, Jordan Goldmeier

Deutsche Übersetzung von Jørgen W. Lang

Alex J. Gutman, Jordan Goldmeier

Lektorat: Alexandra Follenius
Übersetzung: Jørgen W. Lang
Fachgutachten: Marcus Fraaß
Korrektorat: Sibylle Feldmann, *www.richtiger-text.de*
Satz: III-satz, *www.drei-satz.de*
Herstellung: Stefanie Weidner
Umschlaggestaltung: Michael Oréal, *www.oreal.de*, unter Verwendung der iStock-Illustration ID 1173117448 von Vertigo3d/Getty Images
Druck und Bindung: mediaprint solutions GmbH, 33100 Paderborn

Bibliografische Information der Deutschen Nationalbibliothek
Die Deutsche Nationalbibliothek verzeichnet diese Publikation in der Deutschen Nationalbibliografie; detaillierte bibliografische Daten sind im Internet über *http://dnb.d-nb.de* abrufbar.

ISBN:
Print 978-3-96009-191-2
PDF 978-3-96010-667-8
ePub 978-3-96010-668-5
mobi 978-3-96010-669-2

1. Auflage 2022

Wieblinger Weg 17
69123 Heidelberg

Hinweis:
Dieses Buch wurde mit mineralölfreien Farben auf PEFC-zertifiziertem Papier aus nachhaltiger Waldwirtschaft gedruckt. Der Umwelt zuliebe verzichten wir zusätzlich auf die Einschweißfolie. Hergestellt in Deutschland.

Schreiben Sie uns:
Falls Sie Anregungen, Wünsche und Kommentare haben, lassen Sie es uns wissen: *kommentar@oreilly.de*.

5 4 3 2 1

Inhalt

Teil III Den Werkzeugkasten des Data Scientist verstehen

Für meine Kinder Allie, William und Ellen

Allie war gerade drei Jahre alt, als sie herausfand, dass ihr Vater ein »Doktor« ist. Etwas irritiert sah sie mich an und sagte: »Aber du hilfst den Menschen doch gar nicht ...« In diesem Sinne widme ich dieses Buch auch Ihnen, den Leserinnen und Lesern.

Ich hoffe, dass es Ihnen hilft.
– Alex

Für Stephen und Melissa
– Jordan

Vorwort

Werde ein Data Head kommt angesichts der aktuellen Situation der Daten und Analysen in vielen Organisationen genau zur richtigen Zeit. Werfen wir einen kurzen Blick auf die nähere Vergangenheit. Einige wenige führende Unternehmen setzen seit mehreren Jahrzehnten, genauer gesagt seit den 1970er-Jahren, Daten und Analysen effektiv als Orientierungshilfe für ihre Entscheidungen ein. Die meisten anderen Unternehmen haben diese wertvolle Ressource dagegen schlicht ignoriert oder versteckten sie in irgendeinem Hinterzimmer, ohne ihr viel Beachtung zu schenken.

Das begann sich Anfang der 2000er-Jahre zu ändern. Unternehmen begeisterten sich für die Möglichkeiten, ihr Geschäft auf Basis von Daten und Analysemethoden neu aufzustellen. In den frühen 2010er-Jahren verschob sich diese Begeisterung in Richtung *Big Data*, einem Begriff, der ursprünglich von Internetunternehmen stammt, sich aber schnell auf alle fortschrittlichen Wirtschaftszweige ausbreitete. Um mit der ständig steigenden Menge und Komplexität der Daten umgehen zu können, entstand in vielen Unternehmen die Rolle des *Data Scientist* – auch hier zuerst im Silicon Valley und dann überall.

Aber gerade als viele Unternehmen begannen, sich mit Big Data auseinanderzusetzen, verschob sich zwischen 2015 und 2018 das Hauptaugenmerk erneut, und zwar auf künstliche Intelligenz. Das Sammeln, Speichern und Analysieren großer Datenmengen musste Machine Learning, natürlicher Sprachverarbeitung (engl. *Natural Language Processing*, NLP) und Automatisierung weichen.

Eingebettet in diese sehr schnellen Verschiebungen der Aufmerksamkeit, entstand eine Reihe von Annahmen über Daten und Datenanalyse in Unternehmen. Ich bin froh, dass *Werde ein Data Head* viele dieser Annahmen über den Haufen wirft, denn das ist schon lange fällig. Viele, die mit diesen Trends arbeiten oder sie genau beobachten, geben langsam zu, dass sie durch diese Annahmen immer unproduktiver wurden. Im Rest dieses Vorworts werde ich daher fünf miteinander verbundene Annahmen beschreiben und zeigen, auf welche Weise die Ideen in diesem Buch ihnen zu Recht widersprechen.

Annahme 1: Datenanalyse, Big Data und KI sind vollkommen unterschiedliche Phänomene.

Außenstehende gehen oft davon aus, dass »traditionelle« Analysemethoden, Big Data und KI vollkommen eigenständige und unterschiedliche Themenbereiche sind. *Werde ein Data Head* zeigt dagegen, dass diese Themen sogar sehr eng miteinander verknüpft sind. Bei allen geht es um statistisches Denken. Traditionelle Analysemethoden wie die Regressionsanalyse kommen ebenfalls in allen drei Bereichen zum Einsatz und auch in Techniken zur Datenvisualisierung. Die prädiktive Analyse ist im Grunde nichts anderes als überwachtes Machine Learning, und die meisten Techniken zur Datenanalyse funktionieren auf Datensätzen beliebiger Größe. Kurz gesagt: Ein guter Data Head bewegt sich effektiv in allen drei Bereichen und weiß, dass es wenig produktiv ist, sich zu sehr mit den Unterschieden zu beschäftigen.

Annahme 2: Data Scientists sind die einzigen Personen, die in diesem Sandkasten spielen können.

Wir haben Data Scientists über den grünen Klee gelobt und sind oft davon ausgegangen, sie seien die einzigen Menschen, die effektiv mit Daten und Analysen arbeiten können. Tatsächlich findet aktuell eine überaus wichtige Bewegung in Richtung Demokratisierung dieser Ideen statt. Immer mehr Unternehmen setzen auf sogenannte »Laien-Data-Scientists«. Automatische Werkzeuge für das Machine Learning erleichtern die Erstellung hervorragender Vorhersagemodelle. Natürlich gibt es auch weiterhin Bedarf an professionellen Data Scientists, die neue Algorithmen entwickeln und die Arbeit der Laien überwachen, besonders wenn komplexe Analysen durchgeführt werden. Doch Unternehmen, die Analysen und Data Science demokratisieren und »Laien-Data-Heads« einsetzen, können die gesamte Nutzung dieser wichtigen Fähigkeiten deutlich steigern.

Annahme 3: Ein Data Scientist ist eine »Eier legende Wollmilchsau«, die alle Fähigkeiten besitzt, die für diese Aufgaben nötig sind.

Oft wird davon ausgegangen, dass Data Scientists, also Personen, deren Ausbildungs- und Arbeitsschwerpunkt auf der Entwicklung und Programmierung von Modellen liegt, auch alle anderen Aufgaben ausführen können, die für eine vollständige Implementierung dieser Modelle nötig sind. Anders gesagt: Wir stellen sie uns als eine Art Eier legende Wollmilchsau vor, also als wahre Alleskönner. Aber diese Alleskönner gibt es nicht, oder sie sind nur sehr selten anzutreffen. Data Heads, die nicht nur die Feinheiten der Data Science, sondern auch den geschäftlichen Teil kennen, können effektiv Projekte leiten, haben zudem ausgezeichnete Fähigkeiten im Aufbau von Geschäftsbeziehungen und sind eine sehr wertvolle Ressource in Data-Science-Projekten. Sie können produktive Mitglieder von Data-Science-Teams sein und erhöhen die Wahrscheinlichkeit, dass Data-Science-Projekte den Geschäftswert steigern.

Annahme 4: Sie brauchen einen wirklich hohen Intelligenzquotienten und eine Menge Training, um mit Daten und Analysen erfolgreich zu sein.

Eine weitere verwandte Annahme besagt, dass man sehr gut in Data Science ausgebildet sein muss, um in diesem Bereich zu bestehen, und dass ein Data Head sehr gut mit Zahlen umgehen können muss. Training im Umgang mit Zahlen und Sachverstand sind sicher eine Hilfe. *Werde ein Data Head* vertritt allerdings die Meinung (der ich übrigens zustimme), dass man mit etwas Ehrgeiz durchaus in der Lage ist, sich die nötigen Fähigkeiten zu Daten und Analysen anzueignen, um in Data-Science-Projekten nützlich zu sein. Das liegt zum Teil daran, dass die Grundprinzipien statistischer Analyse durchaus keine Raketenwissenschaften sind. Man muss sich nicht einmal extrem gut mit Daten und Analysen auskennen, um in Data-Science-Projekten »nützlich zu sein«. Für die Arbeit mit ausgebildeten Data Scientists oder automatisierten KI-Programmen muss man nur die Fähigkeit und die Neugier besitzen, gute Fragen zu stellen und die Verbindungen zwischen geschäftlichen Themen und quantitativen Ergebnissen herzustellen – ohne dabei auf zweifelhafte Annahmen hereinzufallen.

Annahme 5: Wenn Sie keine quantitativen Fächer (Algebra, Statistik etc.) studiert haben, ist es schon zu spät, sich das für die Arbeit mit Daten und Analysen nötige Wissen anzueignen.

Diese Annahme wird von Umfragedaten gestützt. In einer Umfrage der Internetplattform Splunk aus dem Jahr 2019 unter rund 1.300 Führungskräften weltweit gaben praktisch alle Befragten (98 %) an, dass Fähigkeiten im Umgang mit Daten für die Arbeitsplätze von morgen eine wichtige Rolle spielen.[1] 81 % der Führungskräfte waren außerdem der Ansicht, dass Fähigkeiten im Umgang mit Daten nötig sein werden, um höhere Führungspositionen einzunehmen. 85 % waren sich einig, dass diese Kenntnisse für ihre Unternehmen immer wertvoller werden. Trotzdem gaben 67 % an, sich nicht wohl dabei zu fühlen, selbst auf Daten zuzugreifen oder diese zu nutzen. 73 % glaubten, dass Kenntnisse im Umgang mit Daten schwerer erlernbar sind als andere Geschäftsfähigkeiten. 53 % waren der Meinung, sie wären zu alt, um Fähigkeiten im Umgang mit Daten noch zu erlernen. Dieser »Daten-Defätismus« ist schädlich für Einzelpersonen wie für Unternehmen. Weder die Autoren dieses Buchs noch ich selbst halte ihn für gerechtfertigt. Sehen Sie sich die Seiten nach diesem Vorwort an, und Sie werden feststellen, dass wirklich keine Raketenwissenschaft nötig ist.

Vergessen Sie also diese falschen Annahmen und werden Sie zum Data Head. Ihr Wert als Mitarbeiterin oder Mitarbeiter wird steigen, und Sie werden Ihr Unternehmen erfolgreicher machen. Das ist der Lauf der Welt – es ist an der Zeit, sich damit

1 Splunk Inc., »The State of Dark Data«, 2019, *www.splunk.com/en_us/form/thestate-of-dark-data.html*

vertraut zu machen und mehr über Daten und Analysen zu lernen. Ich bin überzeugt, Sie werden den Prozess und die Lektüre von *Werde ein Data Head* als lohnender und angenehmer empfinden, als Sie es sich vorstellen können.

Thomas H. Davenport
Distinguished Professor, Babson College
Visiting Professor, Oxford Saïd Business School
Research Fellow, MIT Initiative on the Digital Economy
Autor von *Competing on Analytics, Big Data @ Work* und *The AI Advantage*

Einleitung

Ob Sie wollen oder nicht: Daten sind wahrscheinlich der wichtigste Aspekt Ihrer Arbeit. Und sehr wahrscheinlich lesen Sie dieses Buch, um verstehen zu können, worum es überhaupt geht.

Zu Beginn lohnt es sich, noch einmal auszusprechen, was fast schon ein Klischee ist: Wir erzeugen und konsumieren mehr Informationen als jemals zuvor. Wir befinden uns ohne Zweifel im Zeitalter der Daten. Und dieses Zeitalter hat einen ganz eigenen Wirtschaftszweig mit Versprechen, Buzzwords und Produkten hervorgebracht, die Sie, Ihre Vorgesetzten, Ihre Kolleginnen und Kollegen sowie Ihre Mitarbeitenden benutzen oder benutzen werden. Aber trotz aller Behauptungen und weitverbreiteten Datenversprechen und -produkten schlagen Data-Science-Projekte mit alarmierender Häufigkeit fehl.[1]

Damit wollen wir nicht sagen, dass alle Datenversprechen leer und alle Produkte furchtbar sind. Es geht eher darum, dass Sie eine grundsätzliche Wahrheit erkennen müssen, um das Thema wirklich verstehen zu können: Dieses Zeug ist wirklich komplex. Bei der Arbeit mit Daten geht es um Zahlen, feine Unterschiede und Unsicherheit. Sicher, Daten sind wichtig, aber selten einfach. Und trotzdem gibt es eine ganze Branche, die versucht, uns etwas anderes zu erzählen. Eine Branche, die uns Sicherheit in einer unsicheren Welt verspricht und mit der Angst der Unternehmen spielt, etwas zu verpassen. Wir, die Autoren, nennen dies die Data-Science-Industrie.

Die Data-Science-Industrie

Dieses Problem betrifft alle Beteiligten. Unternehmen suchen ständig nach Produkten, die ihnen das Denken abnehmen. Manager stellen Analyseprofis ein, die in Wirklichkeit keine sind. Data Scientists werden von Unternehmen angeheuert, die eigentlich noch gar nicht dafür bereit sind. Führungskräfte werden gezwungen,

1 Venture Beat. »87% of data science projects failing«: *https://venturebeat.com/2019/07/19/why-do-87-of-data-science-projects-never-make-it-into-production*

sich technologisches Fachchinesisch anzuhören und so zu tun, als verstünden sie alles Gesagte. Projekte geraten in Stocken, Geld wird verschwendet.

Gleichzeitig spuckt die Data-Science-Industrie schneller neue Konzepte aus, als wir in der Lage sind, die neu geschaffenen Möglichkeiten (und Probleme) zu erfassen und auf den Punkt zu bringen. Ein Augenblick – und schon ist wieder eine Chance verpasst. Als die Autoren ihre Zusammenarbeit begannen, war *Big Data* das große Zauberwort. Im Laufe der Zeit wurde dann *Data Science* das neue Thema. Mittlerweile liegt das Hauptaugenmerk auf Dingen wie *Machine Learning*, *Deep Learning* und *künstlicher Intelligenz*.

Für die neugierigen und kritischen Denker unter uns scheint hier irgendetwas nicht zu stimmen. Sind diese Problemstellungen wirklich neu? Oder sind die neuen Begriffe nur alter Wein in neuen Schläuchen?

Die Antwort lautet für beide Fragen natürlich: Ja.

Die größere und wichtigere Frage, die Sie sich hoffentlich stellen, lautet allerdings: *Wie kann ich kritisch über Daten denken und sprechen?*

Genau das wollen wir Ihnen hier beibringen.

Mit diesem Buch geben wir Ihnen die Werkzeuge, Fachbegriffe und Denkweisen an die Hand, die nötig sind, um sich in der Data-Science-Branche zu orientieren und die gesteckten Ziele zu erreichen. Sie werden ein tieferes Verständnis für Daten und ihre Herausforderungen entwickeln. Sie werden lernen, kritisch über Daten und die gefundenen Ergebnisse zu denken, und Sie werden in der Lage sein, informiert und klug über alles zu sprechen, was mit Daten zu tun hat.

Kurz gesagt, Sie werden ein *Data Head*.

Warum uns das Thema so wichtig ist

Bevor wir uns mit den Details befassen, ist es sinnvoll, zu verstehen, warum Ihren Autoren Alex und Jordan dieses Thema so sehr am Herzen liegt. In diesem Abschnitt zeigen wir Ihnen zwei wichtige Beispiele dafür, wie Daten Einfluss auf große Teile der Gesellschaft und uns persönlich genommen haben.

Die Krise auf dem US-amerikanischen Subprime-Hypothekenmarkt

Wir kamen gerade frisch vom College, als die Subprime-Hypothekenkrise über uns hereinbrach. 2009, in einer Zeit, in der es schwer war, überhaupt einen Job zu bekommen, schafften wir es beide, Arbeit bei der Air Force zu bekommen. Wir hatten beide Glück, weil wir eine sehr gefragte Fähigkeit besaßen: Wir konnten mit Daten umgehen. Tagein, tagaus arbeiteten wir mit Daten, um die Forschung von Air-Force-Analysten und -Wissenschaftlern in Produkte zu verwandeln, mit denen die Regierung etwas anfangen konnte. Unsere Anstellung sollte zu einem Vorboten der Aufmerksamkeit werden, die das ganze Land bald den von uns ausgefüllten Rollen widmen sollte. Als zwei Datenanalysten betrachteten wir die Hypothekenkrise mit Interesse und Neugier.

Zum Entstehen der Subprime-Hypothekenkrise trug eine Reihe verschiedener Faktoren bei.[2] In unserem Versuch, sie als Beispiel zu verwenden, wollen wir weitere Faktoren nicht ignorieren. Dennoch sehen wir, vereinfacht gesagt, die Krise als einen großen Datenfehler. Banken und Investoren erstellten Modelle, um den Wert von hypothekarisch abgesicherten Schuldverschreibungen (engl. *Mortgage-backed Collateralized Debt Obligations*, CDOs) zu verstehen. Vielleicht erinnern Sie sich, dass genau dieses Investitionsmodell für den Zusammenbruch der Märkte in den Vereinigten Staaten verantwortlich war.

CDOs wurden als sichere Investition angesehen, weil das Kreditausfallrisiko auf mehrere Investitionseinheiten verteilt wird. Der Gedanke war, dass in einem Portfolio von Hypotheken der Ausfall einiger weniger Hypotheken keine wesentlichen Auswirkungen auf den zugrunde liegenden Wert des gesamten Portfolios haben würde.

Und trotzdem wissen wir mittlerweile, dass einige grundlegende Annahmen falsch waren. Am schwersten wog die Fehleinschätzung, dass Kreditausfälle voneinander unabhängige Ereignisse waren. Wenn Person A ihren Kredit nicht zurückzahlen kann, hat das keinen Einfluss auf Person B – dachte man. Wenig später mussten wir lernen, dass Kreditausfälle eher wie Dominosteine funktionieren, bei denen ein vorheriger Ausfall ein Anzeichen für weitere Ausfälle ist. Sobald eine Hypothek geplatzt war, sanken in der Folge die Immobilienpreise in der Umgebung, und das Risiko für weitere Ausfälle in dieser Wohngegend stieg. Durch den Kreditausfall wurden die benachbarten Häuser mit in den Abgrund gerissen.

Von Unabhängigkeit auszugehen, wenn die Ereignisse tatsächlich einen Zusammenhang haben, ist ein häufig anzutreffender Fehler in der Statistik.

Aber tauchen wir noch etwas tiefer in die Geschichte ein. Investmentbanken hatten ein Modell geschaffen, das Investitionen überbewertete. Ein Modell ist ein absichtlich stark vereinfachtes Abbild einer realen Situation. Es basiert auf Annahmen über die echte Welt, um bestimmte Phänomene besser zu verstehen und Vorhersagen darüber zu treffen. Auf Modelle werden wir weiter unten im Buch noch genauer eingehen.

Und wer waren die Leute, die dieses Modell erstellt und verstanden haben? Das waren genau diejenigen, die die Grundlagen für ein Berufsbild geschaffen haben, das wir heute als *Data Scientist* bezeichnen. Leute wie wir. Statistiker, Ökonomen, Physiker – Leute, die sich mit Machine Learning, künstlicher Intelligenz und Statistik befassen. Sie arbeiteten mit Daten. Sie waren schlau. Superschlau.

Und trotzdem ging etwas schief. Haben sie nicht die richtigen Fragen zu ihrer Arbeit gestellt? Gingen die Risikoeinschätzungen bei einer Runde »Stille Post« in den

2 *www.brookings.edu/wp-content/uploads/2016/06/11_origins_crisis_baily_litan.pdf*

Telefonaten zwischen Analysten und Entscheidungsträgern verloren? Wurde die Unsicherheit in jeder Runde des Spiels immer weiter zur Seite geschoben, bis der Eindruck eines perfekt vorhersagbaren Wohnungsmarkts entstand? Oder haben die Beteiligten über die tatsächlichen Ereignisse einfach gelogen?

Für uns persönlich ist die Frage viel wichtiger, wie wir ähnliche Fehler bei unserer eigenen Arbeit vermeiden können.

Wir hatten viele Fragen und konnten über die Antworten nur spekulieren. Eine Sache aber war klar: Hier geschah eine flächendeckende Datenkatastrophe. Und es würde nicht die letzte sein.

Die US-Präsidentschaftswahl von 2016

Am 8. November 2016 gewann der republikanische Kandidat Donald J. Trump die Präsidentschaftswahl in den USA gegen die vermeintliche Spitzenkandidatin und demokratische Herausforderin Hillary Clinton. Für die politischen Meinungsforscher war das ein Schock. Ihre Modelle hatten seinen Sieg nicht vorhergesagt. Und ausgerechnet das sollte das Jahr der Wahlvorhersagen sein.

Im Jahr 2008 gelang dem Blog *FiveThirtyEight* von Nate Silver – damals noch Teil der New York Times – eine erstaunlich genaue Vorhersage von Barack Obamas Wahlgewinn. Zu der Zeit waren die Experten noch skeptisch, dennoch sagte Silvers Algorithmus das Wahlergebnis korrekt voraus. 2012 stand Silver erneut im Rampenlicht, weil er einen weiteren Sieg für Barack Obama richtig vorhergesagt hatte.

Zu dieser Zeit begann die Geschäftswelt, Daten als wichtig anzusehen und Data Scientists einzustellen. Die erfolgreiche Vorhersage der Wiederwahl von Barack Obama durch Nate Silver verstärkte noch die Bedeutung der fast orakelhaften Fähigkeiten datenbasierter Vorhersagen. Artikel in Businessmagazinen warnten Führungskräfte vor der Gefahr, von Mitbewerbern geschluckt zu werden, wenn diese ihr Geschäft datenbasiert betrieben, das eigene Unternehmen aber nicht. Die Data-Science-Industrie nahm richtig Fahrt auf.

Bis zum Jahr 2016 hatte jede größere Nachrichtenagentur in Vorhersagealgorithmen investiert, um das Ergebnis der nächsten Präsidentschaftswahlen vorauszuberechnen. Die allergrößte Mehrheit der Modelle sah einen überwältigenden Sieg der demokratischen Kandidatin Hillary Clinton voraus. Oh, wie falsch sie lagen!

Vergleichen wir das mit der Subprime-Hypothekenkrise. Man sollte davon ausgehen, dass man viel aus der Vergangenheit hätte lernen können. Das Interesse an Data Science hätte dazu führen müssen, dass Fehler vermieden werden. Und das stimmt auch: Seit 2008 und 2012 haben Nachrichtenagenturen Data Scientists eingestellt, in Umfrageforschung investiert, Datenteams geschaffen und mehr Geld für gute Daten ausgegeben.

Das führt uns nun zu der Frage: Was ist trotz dieses Einsatzes an Zeit, Geld, Aufwand und Ausbildung denn nun wirklich passiert?[3]

Unsere Hypothese

Warum gibt es Datenprobleme wie diese? Wir sehen drei Gründe: schwer zu lösende Probleme, Mangel an kritischem Denken und schlechte Kommunikation.

Erstens, wie bereits gesagt: *Dieses Zeug ist komplex*. Viele Datenprobleme sind äußerst schwer zu lösen – selbst mit einer Menge Daten und den richtigen Werkzeugen. Auch mit den besten Vorgehensweisen und den schlausten Analysten treten Fehler auf. Vorhersagen können und werden danebenliegen. Das ist einfach so.

Zweitens haben einige Analysten und Entscheider aufgehört, kritisch über Datenprobleme nachzudenken. Die Data-Science-Industrie zeichnete in ihrer Selbstüberschätzung ein Bild von Sicherheit und Einfachheit, und einige Menschen nahmen einfach alles für bare Münze. Vielleicht ist es auch nur menschlich, nicht zugeben zu wollen, dass man keine Ahnung davon hat, was gerade wirklich passiert. Dabei darf man sich nichts vormachen: Beim Nachdenken über Daten und deren Einsatz kann es auch zu falschen Entscheidungen kommen. Das bedeutet, Risiken und Unwägbarkeiten müssen klar kommuniziert werden. Aus irgendeinem Grund ist diese Nachricht wohl untergegangen. Obwohl wir eigentlich gehofft hatten, dass der enorme Fortschritt bei der Erforschung und Anwendung von Datenanalysen das kritische Denken aller schärft, hat es bei einigen eher zu einer kompletten Abschaltung geführt.

Der dritte Grund, warum Datenprobleme unserer Meinung nach auftreten, ist schlechte Kommunikation zwischen Data Scientists und Entscheidern. Trotz bester Absichten gehen Ergebnisse oft auf dem Weg der Übersetzung verloren. Nur selten sprechen Entscheider die Sprache der Data Scientists, weil sich niemand die Arbeit gemacht hat, sie ihnen beizubringen. Und ganz ehrlich: Datenanalysten sind nicht unbedingt gut darin, Dinge zu erklären. Hier gibt es eine klare Kommunikationslücke.

Daten am Arbeitsplatz

Ihre Datenprobleme werden vielleicht nicht die Weltwirtschaft zum Einsturz bringen oder den nächsten Präsidenten der Vereinigten Staaten falsch vorhersagen. Dennoch ist der Kontext dieser Geschichten wichtig. Wenn schlecht kommuniziert wird, wenn Missverständnisse und Versäumnisse beim kritischen Denken auftreten, während die Welt zusieht, dann passiert das sehr wahrscheinlich auch an Ihrem Arbeitsplatz. In den meisten Fällen sind diese Fehlschläge nur winzig. Dennoch fördern sie eine Kultur mangelnder Datenkompetenz.

3 Nate Silver hat eine Reihe von Artikeln verfasst, in denen er dies sehr detailliert beschreibt (*https://fivethirtyeight.com/tag/the-real-story-of-2016*). Ein Fehler war, dass die Meinungsforscher fälschlicherweise von Unabhängigkeit ausgingen, genau wie bei der Hypothekenkrise.

Das ist auch an unserem Arbeitsplatz schon passiert, und es war teilweise unsere eigene Schuld.

Die berühmte Sitzungssaal-Szene

Fans von Science-Fiction- und Abenteuerfilmen kennen diese Szene nur zu gut: Der Held muss eine scheinbar unlösbare Aufgabe bewältigen, also kommen die weltweit führenden Politiker und Wissenschaftler zusammen, um die Situation zu diskutieren. Ein besonders verschrobener Wissenschaftler breitet in einem Schwall unverständlicher Fachbegriffe einen Vorschlag aus, worauf der General bellt: »Sprechen Sie Englisch!« An dieser Stelle erhält der Zuschauer eine Erklärung dessen, was tatsächlich gemeint ist. Die Idee hinter dieser typischen Szene ist, die missionskritischen Informationen in etwas zu übersetzen, das nicht nur unser Held, sondern auch der Zuschauer verstehen kann.

Diese typische Filmszene haben wir in unserer Rolle als Forscher für die US-Regierung oft diskutiert. Warum? Weil sie nie auf diese Weise stattgefunden hat. In der Tat war das, was wir zu Beginn unserer Laufbahn erlebten, oft das Gegenteil dieses Filmmoments.

Die Reaktionen auf unsere Arbeitsergebnisse waren leere Blicke, unmotiviertes Kopfnicken und vereinzelte schwere Augenlider. Wir konnten beobachten, wie ein verwirrtes Publikum das von uns Gesagte ohne jede Rückfrage akzeptierte. Die Zuhörer waren entweder von unserer Schlauheit beeindruckt oder gelangweilt, weil sich nichts verstanden. Niemand forderte uns auf, das Gesagte in allgemein verständlicher Sprache zu wiederholen. Stattdessen unterschied sich die Situation davon dramatisch. Oft begann es wie folgt:

> *Wir: »Basierend auf unserer überwachten Lernanalyse der binären Antwortvariablen unter Verwendung multipler logistischer Regression konnten wir eine Out-of-Sample-Performance mit einer Spezifität von 0,76 und mehrere statistisch signifikante unabhängige Variablen auf Basis eines 95-prozentigen Signifikanzniveaus feststellen.«*
>
> *Geschäftsleute: *betretenes Schweigen**
>
> *Wir: »Haben Sie das verstanden?«*
>
> *Geschäftsleute: *mehr betretenes Schweigen**
>
> *Wir: »Haben Sie irgendwelche Fragen?«*
>
> *Geschäftsleute: »Im Moment keine Fragen.«*
>
> *Geschäftsleute (interner Monolog): »Was zur Hölle erzählen die da?«*

Würden Sie sich diese Szene in einem Film ansehen, könnten Sie denken: »*Moment, noch mal zurückspulen, vielleicht habe ich etwas übersehen …*« Im wahren Leben, wenn Entscheidungen zu Erfolg oder Misserfolg einer Mission führen können, passiert das jedoch nur selten. Wir spulen nicht zurück. Wir bitten nicht um eine Erklärung.

Im Nachhinein betrachtet, waren unsere Präsentationen zu technisch. Einer der Gründe dafür war reine Sturheit. Wie wir lernen mussten, wurden technische Details vor der Hypothekenkrise zu stark vereinfacht. Analysten wurden engagiert, um den Entscheidern zu sagen, was sie hören wollten. Da wollten wir nicht mitspielen. Unser Publikum würde uns zuhören *müssen*.

Tatsächlich haben wir zu stark gegengesteuert. Unsere Zuhörer setzen sich nicht kritisch mit unserer Arbeit auseinander, weil sie das Gesagte einfach nicht verstanden.

Wir dachten, es müsse einen besseren Weg geben. Wir wollten mit unserer Arbeit etwas verändern. Also übten wir, uns gegenseitig und anderen Zuhörern komplexe statistische Konzepte zu erklären. Und wir begannen zu erforschen, was andere von unseren Erklärungen hielten.

Wir haben eine gemeinsame Ebene zwischen Datenanalysten und Geschäftsleuten entdeckt, auf der ehrliche Diskussionen über Daten geführt werden können, ohne zu technisch oder zu stark vereinfachend zu formulieren. Hierfür müssen beide Seite Datenprobleme kritischer betrachten, unabhängig von ihrer Größe. Und genau darum geht es in diesem Buch.

Sie können das große Ganze verstehen

Um Daten und die Arbeit damit besser zu verstehen, müssen Sie bereit sein, augenscheinlich komplizierte Data-Science-Konzepte zu lernen. Und wenn Sie diese Konzepte schon kennen, bringen wir Ihnen bei, wie Sie sie für Ihr Publikum aus Entscheidern und Geschäftsleuten übersetzen können.

Hierfür müssen Sie sich mit einem Aspekt der Daten auseinandersetzen, über den eher selten gesprochen wird: warum sie in vielen Unternehmen weitgehend versagen. Sie werden Intuition, Wertschätzung und eine gesunde Skepsis gegenüber den Zahlen und Begriffen entwickeln, die Ihnen begegnen werden. Auf den ersten Blick kann das ziemlich einschüchternd wirken. Trotzdem werden wir Ihnen in diesem Buch zeigen, wie das funktioniert. Und dafür müssen Sie weder programmieren, noch brauchen Sie einen Doktortitel.

Mit klaren Erklärungen, Denkübungen und Analogien helfen wir Ihnen beim Aufbau eines mentalen Grundgerüsts aus Data Science, Statistik und Machine Learning.

Genau das tun wir im folgenden Beispiel.

Restaurants klassifizieren

Stellen Sie sich vor, Sie gehen spazieren und kommen an einem leeren Ladenlokal vorbei mit dem Schild: »Restaurant, Neueröffnung demnächst«. Sie sind es leid, bei großen Restaurantketten zu essen, und halten daher die Augen offen nach neuen

Restaurants mit lokalen Eigentümern. Daher stellen Sie sich die Frage: »Wird hier ein neues lokales Restaurant eröffnet?«

Lassen Sie uns die Frage etwas formaler stellen: Können Sie vorhersagen, ob das neue Restaurant zu einer großen Kette gehört oder unabhängig betrieben wird?

Raten Sie mal. (Im Ernst, raten Sie, bevor Sie weiterlesen.)

Im wahren Leben hätten Sie in Sekundenbruchteilen eine ziemlich verlässliche Ahnung. Gingen Sie in einem trendigen Kiez mit Kneipen, Bistros und Restaurants spazieren, würden Sie eher auf ein unabhängiges Restaurant tippen. Befänden Sie sich direkt neben der Umgehungsstraße und in der Nähe eines großen Einkaufszentrums, würden Sie eher mit dem Restaurant einer Kette rechnen.

Dennoch haben Sie gezögert, als wir die Frage stellten. Sie dachten: *»Die haben mir nicht genug Informationen gegeben.«* Und Sie hatten recht. Wir hatten Ihnen nicht genug Daten gegeben, um eine Entscheidung zu treffen.

Die Schlussfolgerung: Fundierte Entscheidungen brauchen Daten.

Und jetzt sehen Sie sich die Daten in Abbildung E-1 an. Das neue Restaurant ist mit einem X markiert, die Cs bezeichnen Kettenrestaurants, die Is unabhängige lokale Gastronomie. Wie würden Sie diesmal entscheiden?

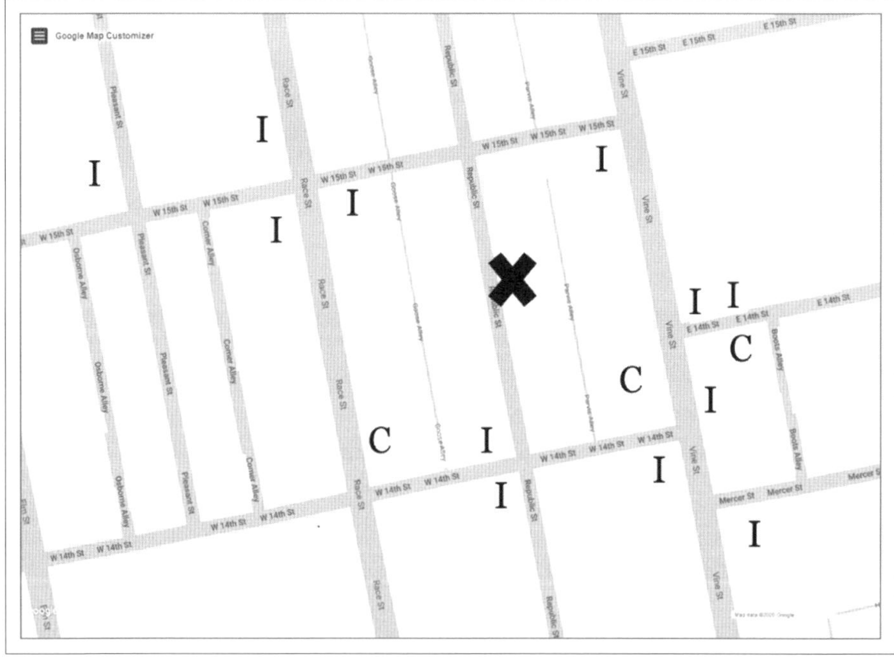

Abbildung E-1: Das Stadtviertel Over the Rhine in Cincinnati, Ohio

Die meisten Menschen tippen hier auf (I), weil die meisten Restaurants in der Umgebung ebenfalls unabhängig (I) sind. Das gilt aber nicht für alle gastronomischen

Angebote in der Umgebung. Wenn wir Sie bitten, auf einer Skala von 0 bis 100 anzugeben, wie sicher Sie sich mit Ihrer Vorhersage sind, würden wir einen ziemlich hohen Wert, aber nicht 100 erwarten. Es ist durchaus möglich, dass sich ein weiteres Kettenrestaurant im Stadtviertel ansiedelt.

Schlussfolgerung: Vorhersagen sollten nie mit hundertprozentiger Sicherheit getroffen werden.

Jetzt sehen Sie sich die Daten in Abbildung E-2 an. In dieser Gegend gibt es ein großes Einkaufszentrum, die meisten Restaurants in der Umgebung werden von großen Ketten betrieben. Als wir hier nach einer Vorhersage fragten, tippte die Mehrheit auf ein weiteres Kettenrestaurant (C). Dennoch freuen wir uns, wenn sich jemand bei der Frage für (I) entscheidet, weil es mehrere wichtige Erkenntnisse aufzeigt.

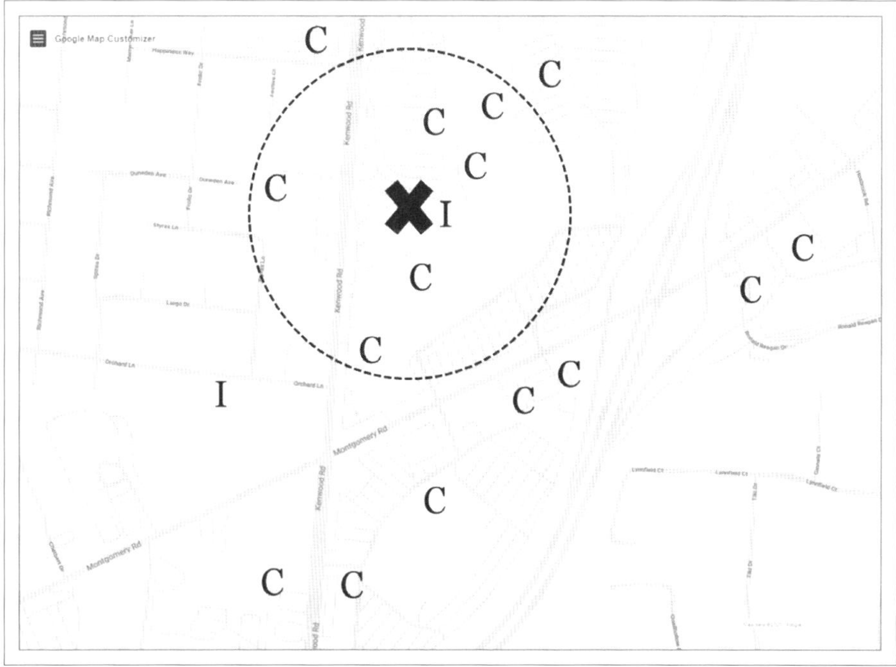

Abbildung E-2: Kenwood Towne Centre, Cincinnati, Ohio

Bei diesem Gedankenexperiment erstellt sich jeder einen etwas anderen *Algorithmus* im Kopf. Natürlich betrachten alle die Markierungen, die unseren Punkt X umgeben, um das Stadtviertel besser zu verstehen. Irgendwann müssen Sie aber entscheiden, wann ein Restaurant zu weit entfernt ist, um Einfluss auf Ihre Entscheidung zu haben. In einem Extremfall (und der ist tatsächlich schon passiert) sieht sich jemand nur den nächsten Nachbarn des neuen Restaurants an, in diesem Fall ein unabhängiges Restaurant, und trifft allein auf dieser Basis eine Vorhersage: »Der nächste Nachbar von X ist ein I, daher ist meine Vorhersage auch ein I.«

Die meisten Leute sehen sich allerdings mehrere Restaurants in der Nachbarschaft an. Das zweite Bild zeigt einen Kreis um das neue Restaurant und die sieben nächsten Nachbarn. Vielleicht wählen Sie eine andere Zahl, bei uns waren es sieben. Sechs dieser sieben waren C-Restaurants. Daher lautet unsere Vorhersage, dass das neue Restaurant auch zu einer großen Kette gehören wird.

Ja und?

Wenn Sie das Restaurant-Beispiel verstanden haben, sind Sie bereits auf einem guten Weg, ein Data Head zu werden. In der folgenden Liste zeigen wir Ihnen Schritt für Schritt, was Sie bereits alles gelernt haben:

- Sie haben eine *Kassifikation* vorgenommen, indem Sie das *Label* (Kette oder unabhängig) eines neuen Restaurants vorhergesagt haben. Hierfür haben Sie einen *Algorithmus* anhand eines Datensatzes (Standorte der Restaurants und deren Labels [Kette oder unabhängig]) *trainiert*.
- *Genau das ist Machine Learning!* Nur haben Sie den Algorithmus nicht auf einem Computer erstellt, sondern dafür Ihren Kopf benutzt.
- Genauer gesagt, haben wir hier eine Art maschinelles Lernen angewandt, die als *überwachtes Lernen* (*Supervised Learning*) bezeichnet wird. Das Lernen war »überwacht«, weil Sie vorher wussten, dass die schon vorhandenen Restaurants entweder einer Kette (C) angehörten oder unabhängig waren (I). Die *Labels* haben Ihr Denken dahin gehend gelenkt (d. h. »überwacht«), inwiefern der Standort eines Restaurants damit zusammenhängt, ob es zu einer Kette gehört oder unabhängig betrieben wird.
- Noch genauer gesagt, haben Sie einen *Klassifikationsalgorithmus des überwachten Lernens* verwendet, der als *k-nächste-Nachbarn*[4] bezeichnet wird: Wenn K = 1, verwende das Label des nächsten Restaurants als deine Vorhersage. Wenn K = 7, verwendete die Mehrheit der Labels der nächsten sieben Restaurants als deine Vorhersage. Das ist ein intuitiver und mächtiger Algorithmus – aber sicher keine Magie.
- Sie haben außerdem gelernt, dass Sie Daten brauchen, um fundierte Entscheidungen treffen zu können. Tatsächlich benötigen Sie allerdings noch mehr als das. Schließlich geht es in diesem Buch um kritisches Denken. Wir wollen zeigen, wie die Dinge funktionieren, aber auch, warum sie scheitern. Wir haben Sie gebeten, auf Basis der Daten in den Abbildungen in dieser Einleitung Vorhersagen zu treffen. Ob das neue Restaurant kinderfreundlich sein wird, lässt sich dagegen nicht beantworten. Um fundierte Entscheidungen treffen zu können, reicht es nicht, einfach irgendwelche Daten zu verwenden. Sie brauchen akkurate, relevante und eine ausreichende Menge an Daten.

4 *K-nächste-Nachbarn* kann auch zur Vorhersage von Zahlen anstelle von Klassen verwendet werden. Diese werden als *Regressionsprobleme* bezeichnet und später in diesem Buch behandelt.

- Erinnern Sie sich an die Fachtermini von vorhin? »... *überwachte Lernanalyse auf Basis einer binären Antwortvariablen ...*«? Herzlichen Glückwunsch! Sie haben gerade eine überwachte Lernanalyse einer binären Antwortvariablen durchgeführt. *Antwortvariable* ist einfach nur ein anderes Wort für *Label*. Das Label ist binär, weil es nur zwei mögliche Optionen gibt: Ein Restaurant gehört einer Kette an oder ist unabhängig.

Sie haben in diesem Abschnitt eine Menge gelernt und haben es nicht einmal gemerkt.

Für wen dieses Buch geschrieben wurde

Wie bereits zu Beginn gesagt, beeinflussen Daten das Leben vieler Menschen in der heutigen Zeit. Wir haben folgende *Avatare* für alle diejenigen gefunden, die davon profitieren können, ein *Data Head* zu werden:

- **Michelle** ist Marketingexpertin, die eng mit einem Datenanalysten zusammenarbeitet. Sie entwickelt Marketinginitiativen, wobei ihr Data-Science-Mitarbeiter Daten sammelt, um die Auswirkungen der Initiativen zu messen. Michelle ist der Meinung, die Arbeit könne insgesamt innovativer sein. Ihr fehlt aber die Fähigkeit, ihrem Mitarbeiter effektiv zu erklären, welche Daten und Analysen sie wirklich braucht. Die Kommunikation zwischen beiden ist eine Herausforderung. Sie hat einige der aktuellen Buzzwords gegoogelt (»Machine Learning« und »prädiktive Analyse«). Die meisten gefundenen Artikel sind jedoch zu technisch formuliert, enthalten unentwirrbaren Computercode oder waren Werbeanzeigen für Analysesoftware oder Beraterdienstleistungen. Nach ihrer Suche ist sie noch besorgter und stärker verunsichert als zuvor.
- **Doug** hat einen Doktortitel in Biologie und arbeitet in der Forschungs- und Entwicklungsabteilung eines Großunternehmens. Von Natur aus ein Skeptiker, fragt er sich, ob die neuesten Trends in der Data Science nur einen leeren Hype darstellen. Bei der Arbeit hält Doug sich jedoch mit seiner Skepsis zurück, besonders wenn sein neuer Chef in der Nähe ist, der gern mit einem »Daten sind der neue Speck«-T-Shirt herumläuft. Doug möchte nicht als Datenverweigerer rüberkommen. Gleichzeitig fühlt er sich ausgeschlossen und entscheidet sich, herauszufinden, ob an all dem Gerede wirklich etwas dran ist.
- **Regina** ist Führungskraft in der Chefetage und ist sich der neuesten Entwicklungen in der Data Science bewusst. Sie leitet die neue Data-Science-Abteilung und kommuniziert regelmäßig mit den leitenden Data Scientists. Regina vertraut ihren Data Scientists und setzt sich für deren Arbeit ein. Gleichzeitig wünscht sie für sich selbst ein besseres Verständnis der Arbeit ihres Teams, weil sie diese häufig vor dem Vorstand des Unternehmens präsentieren und verteidigen muss. Außerdem hat sie die Aufgabe, neue Softwaretechnologien für das Unternehmen zu bewerten. Dabei hat sie allerdings den Verdacht, dass die Versprechen einiger Hersteller zur »künstlichen Intelligenz« etwas zu voll-

mundig sind, um wahr zu sein. Aus diesem Grund möchte sie sich mit zusätzlichem technischem Wissen wappnen, um die Marketingversprechen besser von der Realität unterscheiden zu können.

- **Nelson** leitet in seinem neuen Job ein Team aus drei Data Scientists. Als ausgebildeter Informatiker weiß Nelson, wie man programmiert und mit Daten arbeitet. Statistik (abgesehen von einem Kurs, den er am College belegt hat) und Machine Learning sind ihm aber noch fremd. Wegen seines eher technischen Hintergrunds möchte und kann er die Details lernen, findet aber einfach nicht die Zeit dafür. Seine Vorgesetzten drängen außerdem darauf, dass sein Team »mehr mit Machine Learning« macht. Im Moment erscheint ihm das Thema aber noch wie ein Buch mit sieben Siegeln. Nelson sucht nach Material, das ihm hilft, in seinem Team mehr Glaubwürdigkeit zu bekommen und zu erkennen, welche Probleme tatsächlich mit Machine Learning gelöst werden können und welche nicht.

Hoffentlich können Sie sich mit einer der drei vorgestellten Personas identifizieren. Das wiederkehrende Thema bei allen dreien – und hoffentlich auch bei Ihnen – ist der Wunsch, ein besserer »Konsument« der Daten und Analysen zu werden, die Ihnen begegnen werden.

Zusätzlich haben wir noch einen Avatar geschaffen, der für Personen steht, die dieses Buch lesen sollten, es aber sehr wahrscheinlich nicht tun (schließlich braucht jede gute Geschichte auch einen Bösewicht):

- **George**, als Manager der mittleren Ebene, liest viele Artikel in Businessmagazinen über künstliche Intelligenz. Seine Lieblingsartikel leitet er als Beweis für seinen technischen Sachverstand an die oberen Führungsebenen weiter. Auf Vorstandssitzungen ist er dagegen stolz, auf sein »Bauchgefühl« zu hören. George möchte, dass ihm »seine« Data Scientists die Zahlen in maximal ein bis zwei Folien vorlegen. Stimmt die Analyse mit dem überein, was er (auch aufgrund seines Bauchgefühls) bereits vor Durchführung der Studie entschieden hat, leitet er sie weiter nach oben und kann vor seinen Kollegen damit angeben, wie er und sein Bauch es geschafft haben, ein »KI-Unternehmen« auf die Beine zu stellen. Passen Analyse und Bauchgefühl dagegen nicht zusammen, »verhört« er seine Data Scientists mit einer Reihe nebulöser Fragen und schickt sie dann auf eine aussichtslose Jagd nach den von ihm benötigten »Beweisen«, damit er das Projekt weiterzuführen kann.

Seien Sie nicht wie George. Wenn Sie einen dieser Georges kennen, empfehlen Sie ihm dieses Buch und sagen ihm, er erinnere Sie an Regina.

Warum wir dieses Buch geschrieben haben

Wir glauben, dass viele Menschen – wie unsere Avatare – mehr über Daten erfahren möchten, aber einfach nicht wissen, wo sie anfangen sollen. Vorhandene Bücher zu Data Science und Statistik decken ein weites Spektrum ab. Auf der einen

Seite dieses Spektrums gibt es die nicht technischen Bücher, die die Vorteile und Versprechen der Daten anpreisen. Einige sind besser als andere, aber viele wurden von Journalisten geschrieben, die versuchten, die »aufziehende Datendämmerung« zu dramatisieren.

Diese Bücher beschreiben, wie bestimmte Geschäftsprobleme gelöst wurden, indem man sie aus Sicht der Daten betrachtete. Vermutlich kommen sogar Begriffe wie künstliche Intelligenz, Machine Learning und so weiter darin vor. Verstehen Sie uns bitte nicht falsch, diese Bücher schaffen Aufmerksamkeit. Allerdings gehen sie meist nicht sehr in die Tiefe, sondern betrachten das Problem und seine Lösung eher allgemein.

Auf der anderen Seite des Spektrums finden wir hoch technische Bücher. Diese 500-Seiten-Hardcover-Wälzer sind sowohl physisch also auch inhaltlich einschüchternd.

An beiden Enden des Spektrums gibt es eine Vielzahl von Büchern, was auch hier bezeichnend für die oben beschriebene Kommunikationslücke ist. Die meisten Menschen lesen entweder die businessorientierten oder aber die technischen Bücher.

Glücklicherweise gibt es in der Schlucht zwischen beiden Extremen dann doch eine Handvoll ausgezeichneter Bücher. Zwei unserer Favoriten sind:

- *Data Science für Unternehmen: Data Mining und datenanalytisches Denken praktisch anwenden* von Foster Provost und Tom Fawcett (ursprünglich O'Reilly Media 2013, deutsch mitp 2017)
- *Data Smart: Using Data Science to Transform Information into Insight* von John W. Foreman (Wiley 2013)

Mit diesem Buch möchten wir diese Liste erweitern. Sie sollen es entspannt lesen können, ohne hierfür einen Computer oder einen Schreibblock in der Nähe haben zu müssen. Wenn Ihnen unser Buch gefällt, empfehlen wir Ihnen dringend, auch den nächsten Schritt zu gehen und eines der beiden oben genannten Bücher zu lesen, um Ihr Verständnis weiter zu festigen. Sie werden es nicht bereuen.

Außerdem lieben wir dieses Thema. Wenn wir Ihnen das vermitteln und Sie motivieren können, mehr über Daten und Analytik zu lernen – und Sie dazu inspirieren können, mehr lernen zu *wollen* –, dann ist dieses Buch in unseren Augen ein Erfolg.

Was Sie lernen werden

Dieses Buch wird Ihnen helfen, ein mentales Modell von Data Science, Statistik und Machine Learning zu konstruieren. Was ist ein mentales Modell? Eine »vereinfachte Darstellung der wichtigsten Teile eines Problembereichs, die gut genug ist, um die Problemlösung zu ermöglichen«[5]. Stellen Sie sich ein mentales Modell als neuen Speicherplatz in Ihrem Gehirn vor, in dem Sie Information ablegen können.

Einige Bücher und Artikel stellen erst mal eine Liste mit Definitionen an den Anfang: »Machine Learning ist ...«, »Deep Learning bedeutet ...« etc. Eine Liste mit technischen Definitionen ohne ein mentales Modell, in das man die Informationen einordnen kann, ist so, als würde jemand Kisten mit Kleidung abliefern, ohne dass Sie einen Schrank haben, in den sie hineinpasst. Früher oder später endet alles in der Mülltonne.

Mit dem neu konstruierten mentalen Modell werden Sie dagegen lernen, in Daten zu denken, über sie zu sprechen und sie zu verstehen. Sie werden ein *Data Head*.

Durch das Lesen dieses Buchs lernen Sie vor allem:

- Statistisch zu denken und zu verstehen, welche Rolle Variation in Ihrem Leben und beim Treffen Ihrer Entscheidungen spielt.
- Sich mit Daten auszukennen, fundiert darüber zu sprechen und die richtigen Fragen zu Statistiken und Ergebnissen zu stellen, die Ihnen bei der Arbeit begegnen.
- Zu verstehen, was es wirklich mit Machine Learning, Textanalyse, Deep Learning und künstlicher Intelligenz auf sich hat.
- Häufige Fallstricke zu vermeiden, die bei der Arbeit mit und der Interpretation von Daten auftreten können.

Wie dieses Buch strukturiert ist

Data Heads sind Menschen, die unabhängig von ihrer offiziellen Rolle wissen, wie man kritisch über Daten nachdenkt. Ein Data Head kann der Analytiker sein, der seine Arbeit an der Tastatur verrichtet, oder die Person am Kopf des Konferenztischs, die die Arbeit anderer bewertet. In diesem Buch werden Sie, der Data Head, an verschiedenen Stellen in verschiedene Rollen schlüpfen.

Während die »Geschichte« dieses Buchs chronologisch verläuft, sind die Kapitel selbst jeweils eigenständige Lektionen, die Sie auch einzeln lesen können, ohne eine feste Reihenfolge einhalten zu müssen. Dennoch empfehlen wir Ihnen, das Buch von Anfang bis zum Ende zu lesen. Dies wird Ihnen helfen, Ihr mentales Modell beginnend mit den Grundlagen in Richtung Deep Learning immer mehr zu vertiefen.

Das Buch besteht aus vier Teilen:

Teil I: Denken wie ein Data Head

In diesem Teil lernen Sie, wie ein Data Head zu denken – kritisch zu denken und die richtigen Fragen zu geplanten Datenprojekten Ihres Unternehmens zu

5 Diese Idee wird in diesem erstaunlich hilfreichen Buch behandelt: Greg Wilson, *Teaching Tech Together*. CRC Press 2019.

stellen. Sie lernen, was Daten sind, welche Fachbegriffe wichtig sind und wie man die Welt aus statistischer Sicht betrachtet.

Teil II: Sprechen wie ein Data Head

Data Heads nehmen aktiv an wichtigen Konversationen über Daten teil. In diesem Teil lernen Sie, mit Daten zu argumentieren, und Sie erfahren, welche Fragen Sie stellen müssen, damit die Statistiken, die Ihnen begegnen, auch einen Sinn ergeben. Wir werden Sie mit den Grundlagen der Statistik und Wahrscheinlichkeitsrechnung vertraut machen, die Sie brauchen, um Ergebnisse, die Ihnen vorgelegt werden, zu verstehen und kritisch zu hinterfragen.

Teil III: Den Werkzeugkasten des Data Scientist verstehen

Data Heads verstehen die Grundkonzepte und die Funktionsweise von statistischen und Machine-Learning-Modellen. Sie entwickeln ein intuitives Verständnis von unüberwachtem Lernen, Regression, Klassifikation, Textanalyse und Deep Learning.

Teil IV: Den Erfolg sichern

Data Heads kennen die häufigen Fehler und Fallstricke, die bei der Arbeit mit Daten auftreten können. Sie lernen die technischen Probleme kennen, an denen Projekte scheitern, und Sie lernen die Menschen und Persönlichkeiten kennen, die an Datenprojekten beteiligt sind. Zum Abschluss geben wir Ihnen eine Reihe von Richtlinien an die Hand, die Ihnen zeigen, wie man als Data Head erfolgreich ist.

Ein letzter Punkt, bevor es wirklich losgeht

Wir haben festgestellt, dass das Feld der Data Science schneller wächst, als wir die Probleme und Möglichkeiten, die sich daraus ergeben, formulieren können. Wir haben auch erkannt, dass unsere Vergangenheit (sowohl die der Autoren als auch die der Gesellschaft) voll von Datenfehlschlägen ist. Und nur durch das Verstehen der Vergangenheit können wir die Zukunft verstehen. Die ersten Schritte auf diesem Weg sind wir gegangen, indem wir mit dem Restaurant-Beispiel eine Reihe wichtiger Konzepte eingeführt haben.

Um Daten auf einer tieferen Ebene zu verstehen, müssen Sie lernen, das Grundrauschen zu durchdringen, kritisch über Datenprobleme nachzudenken und effektiv mit Datenanalysten zu kommunizieren. Wir sind sicher, dass Sie mit diesem Wissen auf einem guten Weg sind.

Sind Sie bereit? Unsere Reise, ein Data Head zu werden, beginnt auf den folgenden Seiten.

TEIL I

Denken wie ein Data Head

Viele Unternehmen stürzen sich darauf, das nächste »große Ding« auszuprobieren, ohne sich die Zeit zu nehmen, die richtigen geschäftlichen Fragen zu stellen. Oder auch nur die wichtigsten Grundbegriffe zu lernen. Oder zu lernen, wie die Welt durch die Brille der Statistik aussieht.

Data Heads haben diese Probleme nicht. Teil I, »Denken wie ein Data Head«, bereitet Sie auf den bevorstehenden Weg vor und vermittelt Ihnen die richtige Geisteshaltung, um über Daten nachzudenken und sie zu verstehen. In diesem Teil geht es um folgende Themen:

Kapitel 1: *Was ist das Problem?*

Kapitel 2: *Was sind Daten?*

Kapitel 3: *Vorbereitungen für das statistische Denken*

KAPITEL 1

Was ist das Problem?

»Ein gut beschriebenes Problem ist bereits zur Hälfte gelöst.«

– *Charles Kettering, Erfinder und Ingenieur*

Der erste Schritt zu einem richtigen Data Head besteht darin, Ihr Unternehmen bei der Lösung von Datenproblemen zu unterstützen, die wirklich von Bedeutung sind.

Viele von Ihnen kennen das vermutlich: Einerseits sprechen Unternehmen darüber, was Daten für eine großartige Ressource sind, andererseits werden die Auswirkungen aber maßlos überschätzt. Ergebnisse werden falsch interpretiert, oder es wird in Datentechnologien investiert, ohne dass sie den Unternehmenswert steigern. Manchmal werden Datenprojekte nur angegangen, weil es für die Unternehmen gut klingt, was da implementiert wird. Tatsächlich fehlt aber das Verständnis dafür, warum das Projekt überhaupt wichtig ist.

Die Folgen sind Zeit- und Geldverschwendung sowie die Möglichkeit von Rückschlägen bei zukünftigen Datenprojekten. Während es viele Unternehmen eilig haben, den versteckten Wert von Daten zu finden, scheitern sie oft schon am ersten Schritt: der Definition des Geschäftsprozesses.[1] Daher fangen wir in diesem Kapitel noch einmal ganz vorne an.

In den folgenden Abschnitten geben wir Ihnen eine Reihe hilfreicher Fragen an die Hand, die ein Data Head formulieren sollte, um sicherzustellen, dass wirklich zielführend gearbeitet wird. Danach zeigen wir Ihnen ein Beispiel für das Scheitern eines Projekts, bei dem versäumt wurde, diese Fragen zu stellen. Zum Schluss des Kapitels sprechen wir über die versteckten Kosten, die auftreten, wenn man ein Problem nicht von Anfang an klar definiert.

1 Eine robuste Datenstrategie kann Unternehmen helfen, diese Probleme zu vermeiden. Natürlich besteht ein wichtiger Teil der Datenstrategie darin, bedeutungsvolle Probleme zu lösen, und genau darum geht es uns in diesem Kapitel. Weitere Informationen zu High-Level-Datenstrategien finden im Buch *Data Science Strategy for Dummies* von Ulrika Jägare, erschienen bei Wiley & Sons (2019).

Fragen, die ein Data Head stellen sollte

Unserer Erfahrung nach ist es leichter gesagt als getan, sich auf die Grundprinzipien zu besinnen und die für die Problemlösung nötigen Leitfragen zu stellen. Jedes Unternehmen hat seine eigene Kultur, und die Teamdynamik kann verhindern, dass Fragen offen gestellt werden. Das gilt im Besonderen, wenn Beteiligte das Gefühl bekommen, ihre Autorität würde dadurch untergraben. Viele zukünftige Data Heads trauen sich nicht einmal, den ersten Schritt zu machen. Wichtige Fragen, die die Projekte vorwärtsbringen könnten, werden gar nicht erst gestellt. Daher ist eine Kultur, in der Fragen gestellt werden dürfen, genauso wichtig wie die Fragen selbst.

Hierbei gibt es keine Allzwecklösung für jedes Unternehmen und für alle Data Heads. Falls Sie eine leitende Position innehaben, bitten wir Sie, eine offene Umgebung zu schaffen, in der diese Fragen gestellt werden können und dürfen. (Das beginnt schon damit, auch technische Experten am Meeting teilnehmen zu lassen.) Auch Sie sollten Fragen stellen. Das zeugt von Bescheidenheit, einer Schlüsseleigenschaft guter Führungskräfte, und motiviert andere, sich ebenfalls zu beteiligen. Selbst wenn Sie noch am Anfang Ihrer Karriere stehen, sollten Sie versuchen, diese Fragen auch dann zu stellen, wenn Sie befürchten, damit den Status quo infrage zu stellen. Unser Rat: Versuchen Sie einfach, es so gut wie möglich zu machen. Unserer Erfahrung nach bringt das Stellen der richtigen Fragen mehr, als sie nicht zu stellen.

Wir möchten, dass Sie richtig vorbereitet und darauf trainiert sind, Warnsignale im Projekt zu erkennen und Bedenken so früh wie möglich zu äußern. Hier sind fünf Fragen, die Sie stellen sollten, bevor Sie ein Datenproblem angehen:

1. Warum ist das Problem wichtig?
2. Wen betrifft das Problem?
3. Was ist, wenn wir nicht die richtigen Daten haben?
4. Wann ist das Projekt zu Ende?
5. Was tun wir, wenn uns die Ergebnisse nicht gefallen?

Im Folgenden wollen wir diese Fragen detailliert erklären.

Warum ist das Problem wichtig?

Die erste Grundsatzfrage lautet: »Warum ist das Problem wichtig?« Das scheint offensichtlich, wird aber oft übersehen. Manchmal verlieren wir uns schon in der hektischen Suche nach möglichen Problemlösungen, bevor das Projekt überhaupt beginnt. Am Ende dieses Kapitels sprechen wir darüber, welche Auswirkungen es tatsächlich hat, diese Frage nicht zu beantworten. Auf jeden Fall klärt diese Frage, warum ein Projekt überhaupt durchgeführt werden sollte. Das ist wichtig, weil Datenprojekte viel Zeit und Aufmerksamkeit benötigen. Hinzu kommen oftmals Investitionen in Technologie und Daten. Das genaue Wissen um die Wichtigkeit des Projekts hilft dabei, die Ressourcen des Unternehmens bestmöglich einzusetzen.

Sie können diese Frage auf verschiedene Weise stellen:

- Warum können Sie (wir) nachts nicht schlafen?
- Warum ist das wichtig?
- Ist dies ein neues Problem, oder wurde es schon einmal gelöst?
- Wie hoch ist der Preis? (Wie groß ist die Rendite bzw. der Return on Investment?)

Versuchen Sie zu verstehen, wie jede Person das Problem wahrnimmt. Das wird Ihnen dabei helfen, in Einklang zu bringen, auf welche Weise jeder Einzelne Ihr Projekt unterstützt – und ob überhaupt alle damit einverstanden sind, das Projekt durchzuführen.

Während dieser anfänglichen Gespräche sollten Sie sich auf das zentrale Geschäftsproblem konzentrieren. Stellen Sie vor allem sicher, dass diese nicht in eine Diskussion über die neuesten technologischen Trends abgleitet. So etwas kann ein Meeting schnell vom eigentlichen geschäftlichen Fokus abbringen. Achten Sie besonders auf diese zwei Warnzeichen:

- **Fokus auf der Vorgehensweise (Methodologie):** Hierbei glauben Unternehmen, es würde schon reichen, eine neue Analysemethode oder Technologie einzusetzen, um sich von Mitbewerbern zu unterscheiden. Marketingsprüche wie diese sollten Ihnen bekannt vorkommen: »Wenn wir keine künstliche Intelligenz (KI) einsetzen, hat die Konkurrenz uns schon abgehängt ...«, oder Unternehmen finden irgendein Buzzword, das unbedingt auftauchen muss (zum Beispiel »Sentiment Analysis«, also die Analyse der Kundenzufriedenheit).
- **Fokus auf den Arbeitsergebnissen (Deliverables):** Manche Projekte kommen vom Kurs ab, weil sich das Unternehmen zu sehr auf die Arbeitsergebnisse konzentriert. Beispielsweise wird festgelegt, dass das Projekt unbedingt ein interaktives Dashboard haben muss. Sie beginnen das Projekt, aber am Ende geht es darum, dass ein neues Dashboard oder ein Business-Intelligence-System installiert wird. Um das zu vermeiden, sollten Projektteams etwas Abstand nehmen und überlegen, wie ihr Vorhaben zu einem Mehrwert für das Unternehmen führt.

Es mag überraschen oder auch erleichtern, dass beide Warnungen mit Technologie zu tun haben – und wie sie bei der Definition des Problems *vermieden* werden sollten. Irgendwann kommen in jedem Projekt die Vorgehensweisen und Deliverables ins Spiel. Vorher sollte das Problem jedoch *in einer direkten und klaren Sprache* formuliert sein, die von allen Beteiligten verstanden wird. Daher empfehlen wir, möglichst auf Fachbegriffe und Marketingvokabular zu verzichten. Beginnen Sie mit dem zu lösenden Problem, nicht mit der zu verwendenden Technologie.

Warum ist das wichtig? Oft bestehen Projektteams aus verschiedenen Persönlichkeiten. Die einen lieben Daten, die anderen haben eher Angst davor. Sobald das Gespräch über die Definition des Problems in Richtung Analysemethoden und Technologien abdriftet, passieren zwei Dinge: Zum einen fallen diejenigen, denen Daten »unheimlich« sind, in eine Art Schockstarre und beteiligen sich nicht mehr an der Diskussion (der Definition des zu lösenden Geschäftsproblems). Zum anderen zerteilen diejenigen, die Daten lieben, das Problem in technische Unterprobleme, die zu dem eigentlichen Geschäftsziel beitragen können oder eben auch nicht. Sobald sich ein Geschäftsproblem in datenwissenschaftliche Kleinkariertheit verwandelt, kann es Wochen oder sogar Monate dauern, bis der Fehler gefunden ist. Schließlich hat niemand Lust, sich noch einmal dem Hauptproblem zuzuwenden, nachdem die Arbeit am Projekt begonnen hat.

Grundsätzlich muss das Team die Frage beantworten: »Handelt es sich um ein echtes Geschäftsproblem, dessen Lösung sich lohnt, oder betreiben wir hier Data Science um ihrer selbst willen?« Diese Frage lohnt sich, auch wenn sie vielleicht etwas geradeheraus wirkt. Das gilt besonders heutzutage. Schließlich herrscht gerade ein enormer Hype – aber auch viel Verwirrung – über Data Science und verwandte Themen.

Wen betrifft das Problem?

Die nächste Frage, die Sie stellen sollten, lautet: »Wen betrifft das Problem?« Hierbei geht es nicht nur darum, wer von diesem Problem betroffen ist, sondern auch, welche positiven Auswirkungen eine Lösung auf die Arbeit dieser Person hat.

Dabei sollten Sie sich alle Ebenen des Unternehmens vorstellen (und vielleicht auch seine Kundinnen und Kunden, falls es welche gibt). Hiermit meinen wir nicht den Data Scientist, der an dem Problem arbeitet, oder die Entwicklerin, die die Software pflegen muss. Ein Data Head muss wissen, wer die Endbenutzerinnen und -benutzer sind. Oft ist das nicht nur das Team, das konkret an dem Problem arbeitet. Daher ist es äußerst wichtig, diejenigen zu finden, deren tägliche Arbeit davon betroffen ist. *Diese Menschen sollten beim Meeting mit am Tisch sitzen.*

Wir empfehlen Ihnen, Namen zu nennen. Wessen Arbeit wird sich verändern? Sind sehr viele Personen betroffen, dann laden Sie eine kleine Gruppe ein, die diese Menschen repräsentiert. Erstellen Sie eine Liste der Menschen und verstehen Sie, wie sich das Projekt auf sie auswirkt. Diese Aspekte sollten auch in die Antwort auf die vorherige Frage nach der Bedeutung des Projekts mit einfließen.

Eine hilfreiche Übung, das zu durchdenken, ist ein Probelauf für die Lösung. Gehen Sie davon aus, dass Sie die Frage beantworten können, wen das Problem betrifft. Dann fragen Sie Ihr Team:

- Können wir die Antwort verwenden?
- Wessen Arbeit wird sich verändern?

Hierbei gehen wir selbstverständlich davon aus, dass Ihnen die korrekten Daten für die Beantwortung der Frage zur Verfügung stehen. (Wie wir in Kapitel 4 sehen werden, kann dies eine *sehr gewagte* Annahme sein.) Auf jeden Fall sollten Sie diese Fragen beantworten und verschiedene Szenarien durchspielen, in denen das Problem gelöst ist. Oft kann eine Beantwortung dabei helfen, das Projekt und seine Auswirkungen zu stärken oder auch rechtzeitig zu erkennen, dass ein Projekt dem Unternehmen keinen Vorteil bringt.

Was ist, wenn wir nicht die richtigen Daten haben?

Jeder Datensatz enthält nur eine begrenzte Menge an Informationen. Irgendwann ist also der Punkt erreicht, an dem keine Technologie oder Analysemethode Sie noch weiterbringt.

Nach Erfahrung der Autoren gehört zu den größten Fehlern, die Unternehmen machen können, nicht zu fragen: »Was ist, wenn wir nicht die richtigen Daten haben?« – ein vermeidbarer Fehler, würde man die Überlegung vor dem Projektstart anstellen. Denn sonst arbeiten alle Beteiligten daran, das Projekt um jeden Preis zu Ende zu bringen. Data Heads wissen schon zu Projektbeginn um die Gefahr, nicht die richtigen Daten zu haben. Daher schaffen sie Möglichkeiten, bei Bedarf bessere Daten zu besorgen, um die Grundfrage zu beantworten. Falls diese Daten nicht existieren, kehren sie zur Ausgangsfrage zurück und versuchen, den Projektrahmen neu abzustecken.

Wann ist das Projekt zu Ende?

Fast jeder kennt Projekte, die zu lange dauern. Unklare Erwartungen zu Projektbeginn führen dazu, dass Teams nur aus Gewohnheit an Meetings teilnehmen und Berichte schreiben, die eigentlich niemand lesen will. Stellt man die Frage »Wann ist das Projekt zu Ende?«, bevor es beginnt, kann man diesen Verlauf durchbrechen.

Die Frage hängt direkt damit zusammen, warum das Projekt überhaupt begonnen wurde, und bringt die unterschiedlichen Erwartungen miteinander in Einklang. Wichtige Probleme werden angesprochen, weil bestimmte Informationen oder Produkte in der Zukunft gebraucht werden, die heute noch nicht existieren. Finden Sie heraus, was das gewünschte Endergebnis (*Deliverable*) ist. Auf diese Weise drehen sich die Gespräche wieder darum, welchen Nutzen das Projekt tatsächlich hat, und es wird deutlich, ob das Team sich auf Kennzahlen geeinigt hat, um die Auswirkungen des Projekts zu messen.

Bringen Sie die Projektbeteiligten und Entscheider an einen Tisch und ermitteln Sie die Gründe für ein mögliches Ende des Projekts. Einige sind offensichtlich, zum Beispiel zu wenig Geld oder schwindendes Interesse. Konzentrieren Sie sich weniger auf diesen Misserfolg, sondern vielmehr auf das, was geliefert werden muss, um die geschäftlichen Fragen zu beantworten und das Projekt abzuschließen. Bei Datenprojekten ist das abschließende Ergebnis meist eine Einsicht bzw. Antwort (zum Beispiel »Wie effektiv war die letzte Marketingkampagne des Unternehmens?«) oder eine Applikation (zum Beispiel ein Modell, das das Versandvolumen der kommenden Woche vorhersagt). Oft müssen die Ergebnisse eines Projekts auch nach Fertigstellung weiter supportet und gepflegt werden. Diese Punkte müssen dem Team vorher mitgeteilt werden.

Gehen Sie nicht davon aus, dass Sie die Antwort auf diese Frage kennen, bevor Sie sie gestellt haben.

Was tun wir, wenn uns die Ergebnisse nicht gefallen?

Die letzte Frage, die sich ein Data Head stellen sollte, bereitet die Stakeholder auf etwas vor, das leicht übersehen wird: die Möglichkeit, falsch zu liegen. Die Frage »Was tun wir, wenn uns die Ergebnisse nicht gefallen?« geht davon aus, dass eine Umkehr nicht mehr möglich ist. Sie haben Stunden mit dem Projekt verbracht, nur um festzustellen, dass die Ergebnisse etwas völlig anderes zeigen. Beachten Sie, dass dies nicht das Gleiche ist wie, falsche Daten zu haben, die die Frage nicht beantworten *können*. Hier können die Daten die Frage zwar beantworten, vielleicht sogar recht zuverlässig, aber die Antwort ist nicht das, was die Entscheider *wollten*.

Es ist bitter, am Ende eines Projekts feststellen zu müssen, dass die Ergebnisse nicht Ihren Erwartungen entsprechen. Dieses allzu realistische Szenario kommt häufiger vor, als wir gern zugeben würden. Indem Sie bereits bei Projektbeginn die Möglichkeit bedenken, dass das Projekt ein unerwünschtes Ende nehmen kann, stellen Sie sicher, dass Sie einen Plan für den Fall haben, dass Sie schlechte Nachrichten überbringen müssen.

Das Stellen dieser Frage legt außerdem offen, wie unterschiedlich die einzelnen Beteiligten die Ergebnisse des Projekts akzeptieren. Nehmen wir beispielsweise unseren Avatar George aus der Einführung. George ist der Typ Mensch, der die Ergebnisse ignoriert, sobald sie nicht mit seinen Ansichten übereinstimmen. Gleichzeitig wirbt er für positive Ergebnisse, die seine Sichtweise stützen. Die Frage, was wir tun, wenn uns die Ergebnisse nicht gefallen, legt diese Fehleinschätzungen hoffentlich schon vor Projektbeginn offen.

Sie wollen kein Projekt beginnen, bei dem Sie schon vorher wissen, dass es nur ein akzeptiertes Ergebnis gibt.

Verstehen, warum Datenprojekte scheitern

Es gibt eine ganze Reihe von Gründen, warum ein Projekt fehlschlagen kann: ein zu kleines Budget, zu wenig Zeit, falscher Sachverstand, falsche Erwartungen und so weiter. Wenn zu dieser Mischung auch noch Daten und verschiedenste Analysemethoden hinzukommen, wird die Liste möglicher Fehler nicht nur länger, sondern leicht auch von der Analyse überschattet. Ein Projektteam könnte eine Methode zur Datenanalyse, die es nicht erklären kann, auf ein Problem anwenden, das überhaupt nicht wichtig ist – und *trotzdem* das Gefühl haben, erfolgreich zu sein.

Sehen wir uns hierzu ein Beispiel an.

Szenario: Kundenwahrnehmung

Sie arbeiten für eines der erfolgreichsten Unternehmen der Welt namens Firma X. Wegen einer unsensiblen Marketingkampagne ist das Unternehmen negativer Medienberichterstattung ausgesetzt. Sie sollen ein Projekt entwickeln, um die »Kundenwahrnehmung« zu beobachten.

Das Projektteam besteht aus folgenden Personen:

- aus dem Projektmanager (Sie),
- dem Projektsponsor (der Person, die das Projekt bezahlt),
- zwei Marketingexperten (ohne Data-Science-Hintergrund) und
- einem frischgebackenen Data Scientist (frisch von der Hochschule und begierig, die neu gelernten Techniken endlich anzuwenden).

Beim Kick-off-Meeting kommen der Projektsponsor und der Data Scientist schnell in ein Gespräch über »Sentimentanalyse«. Der Projektsponsor hat neulich auf einer Tech Konferenz davon gehört, nachdem ein Mitbewerber berichtet hatte, das Verfahren einzusetzen. Der Data Scientist erzählt, er kenne sich mit Sentimentanalyse aus, weil er es in seinem Abschlussprojekt eingesetzt habe. Beide sind der Meinung, es sei eine gute Idee, hierfür Kundenkommentare der Twitter- und Facebook-Seiten des Unternehmens zu verwenden. Die Marketingleute verstehen diese Technik dagegen als eine Möglichkeit, emotionale Reaktionen von Menschen zu interpretieren, halten sich aus dem Gespräch aber heraus.

Man erzählt Ihnen, der Hauptpunkt der Sentimentanalyse läge darin, dass ein Tweet oder Facebook-Post automatisch als *positiv* oder *negativ* eingeordnet werden kann. Der Satz »Danke für das Sponsoring der Olympischen Spiele« wird beispielsweise als *positiv* angesehen, während »Furchtbarer Kundendienst« als *negativ* gilt. Offenbar ist der Data Scientist in der Lage, die tägliche Gesamtzahl positiver und negativer Kommentare zu erfassen und die Trends auf einer Zeitachse abzubilden (natürlich in Echtzeit!). Die Ergebnisse könnten dann allen Beteiligten über ein Dashboard zugänglich gemacht werden. Das Wichtigste: Niemand muss mehr Kundenkommentare lesen. Das übernimmt ab sofort die Maschine. So wird es entschieden, und das Projekt nimmt seinen Anfang.

Einen Monat später präsentiert der Data Scientist stolz das Kundenwahrnehmungs-Dashboard. Es wird täglich mit den neuesten Daten aktualisiert und listet am Rand einige der *positiven* Kommentare der Woche auf. Abbildung 1-1 zeigt einen Ausschnitt der Hauptgrafik des Dashboards: Trendlinien der Kundenstimmung im Laufe der Zeit. Es werden nur positive und negative Werte gezeigt, wobei die meisten Kommentare neutral sind.

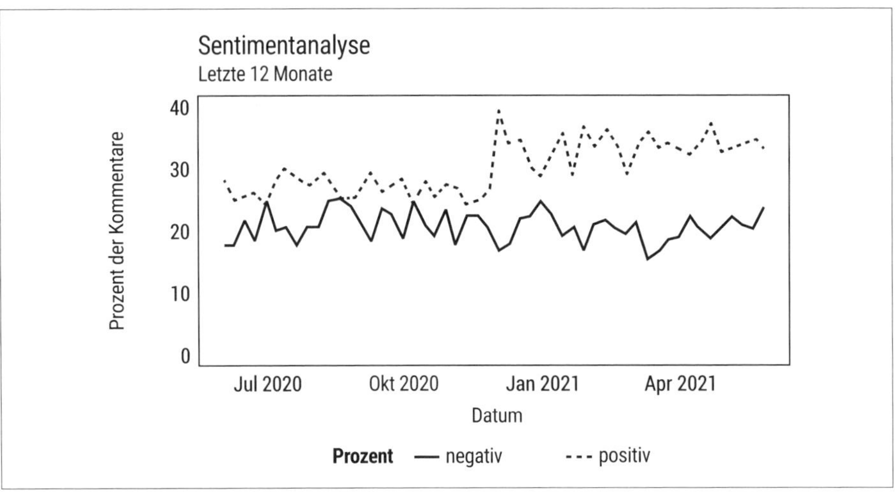

Abbildung 1-1: Trends der Sentimentanalyse

Der Projektsponsor liebt das Dashboard. Eine Woche später wird es auf einem Monitor im Pausenraum angezeigt, damit alle es sehen können.

Erfolg.

Sechs Monate später wird der Pausenraum renoviert und der Monitor entfernt.

Niemand bemerkt einen Unterschied.

Bei einer nachträglichen Bewertung des Projekts zeigt sich, dass *niemand* im Unternehmen die Analyse tatsächlich eingesetzt hat – nicht einmal die Marketingleute im Team. Nach dem Grund gefragt, geben sie an, sie wären mit der Analyse an sich nicht zufrieden gewesen. Grundsätzlich sei es vielleicht möglich, jede Kommunikation als positiv oder negativ einzuordnen, aber die Idee, dass niemand mehr die Kommentare lesen müsste, schien dann doch eher Wunschdenken zu sein. Sie stellen infrage, inwieweit die Einordnung überhaupt nützlich sei. Außerdem geben sie zu bedenken, dass Kundenzufriedenheit nicht nur durch Onlineinteraktionen gemessen werden könne. Das gelte selbst dann, wenn die Sentimentanalyse mit den neuesten verfügbaren Daten gefüttert würde.

Diskussion

In diesem Szenario schien eigentlich alles gut gelaufen zu sein. Nur die Grundsatzfrage – »Warum ist das Projekt überhaupt wichtig?« – wurde offenbar nicht gestellt. Stattdessen versuchte das Projektteam eine andere Frage zu beantworten: »Können wir ein Dashboard erstellen, mit dem sich die Stimmung von Kundenkommentaren auf den Unternehmensseiten bei Twitter und Facebook abbilden lässt?« Die Antwort war natürlich, dass sie das konnten. Trotzdem war das Projekt am Ende weder nützlich noch wichtig für das Unternehmen.

Vielleicht hätten die Marketingleute mehr zum Nutzen des Projekts sagen können, doch hatte niemand daran gedacht, dass sie von dem Projekt betroffen sein könnten – es hatte sie niemand gefragt. Außerdem zeigte dieses Projekt bei der Herangehensweise des Teams an diese Problemlösung zwei wichtige Frühwarnzeichen: Fokus auf die Vorgehensweise (hier: Sentimentanalyse) und Fokus auf das Endergebnis (hier: Dashboard).

Davon abgesehen, hätte das Projektteam in unserem Kundenwahrnehmungsszenario ihr Problem »Können wir ein Dashboard erstellen, mit dem sich die Stimmung von Kundenkommentaren auf den Unternehmensseiten bei Twitter und Facebook abbilden lässt?« einem Probelauf unterziehen sollen. Sie hätten davon ausgehen können, dass ein Dashboard verfügbar ist, das mit täglichen positiven und negativen Äußerungen aus sozialen Medien aktualisiert wird, und hätten dann überlegt:

- *Können wir die Antwort verwenden?* Das Team hätte darüber nachgedacht, wie groß der Einfluss der Sentimentanalyse auf die Kundenwahrnehmung tatsächlich ist. Wie kann das Team diese Information nutzen? Worin besteht der mögliche geschäftliche Nutzen, die Stimmungen von Kunden in den sozialen Medien zu kennen?
- *Wessen Arbeit wird sich verändern?* Angenommen, das Team geht davon aus, dass die Kenntnis der Kundenstimmung wichtig ist, um das Unternehmen voranzubringen. Aber wird irgendjemand das Dashboard wirklich im Auge behalten? Unternehmen wir etwas, wenn die Trends sich plötzlich verschlechtern? Was machen wir, wenn der Trend sich verbessert?

Spätestens jetzt hätte das Marketingteam etwas sagen sollen. Hätten sie gewusst, wie weit diese Art von Informationen ihre tägliche Arbeit beeinflusst hätte? Sehr wahrscheinlich nicht. In seiner jetzigen Form wurde das Projekt gegen die Wand gefahren.

Hätten sie doch nur die fünf Fragen gestellt.

An den wichtigen Problemen arbeiten

Bisher haben wir den Grund für fehlgeschlagene Projekte darin gesucht, dass das zugrunde liegende Problem nicht definiert war. In den meisten Fällen haben wir die Fehlschläge als Verlust von Geld, Zeit und Energie betrachtet. Es gibt bei der Arbeit mit Daten aber noch einen deutlich größeren Bereich, den Sie sehr wahrscheinlich nicht erwartet hätten.

Aktuell konzentriert sich die Branche darauf, möglichst viele Datenexperten auszubilden, um dem wachsenden Bedarf gerecht zu werden. Das heißt, Universitäten, Onlineprogramme und so weiter produzieren kritische Denker am laufenden Band. Und wenn es bei der Arbeit mit Daten vor allem darum geht, die Wahrheit zu finden, werden Data Heads genau das tun.

Was passiert aber, wenn man diese Menschen an ein Projekt setzt, auf das sie keine Lust haben? Was bedeutet es für sie, an einem schlecht definierten Problem zu arbeiten, bei dem ihre Fähigkeiten nur dazu dienen, Führungskräften etwas zu geben, mit dem sie angeben können – allerdings ohne dass die wirklich wichtigen Probleme gelöst werden?

Es bedeutet, dass Datenanalysten mit ihren Jobs unzufrieden sind. Wenn sie an Problemen arbeiten müssen, deren Fokus zu sehr auf der Technologie liegt, bei denen das Ergebnis aber nicht klar greifbar ist, führt das zu Frustration und Desillusionierung. *Kaggle.com* ist eine Plattform, auf der sich Data Scientists aus aller Welt treffen, um an Wissenschaftswettbewerben teilzunehmen und neue Analysemethoden zu lernen. Bei einer Umfrage sollten sie beantworten, welche Hindernisse sie bei ihrer Arbeit überwinden müssen.[2] Viele der hier aufgelisteten Schwierigkeiten haben direkt mit schlecht definierten Problemen und unzureichender Planung zu tun:

- Fehlen von klar definierten Fragen, die beantwortet werden sollen (30,4 % aller Antwortenden).
- Ergebnisse werden von Entscheidern nicht verwendet (24,3 %).
- Mangelnde Beteiligung von Experten eines bestimmten Bereichs (19,6 %).
- Erwartungen an die Auswirkungen des Projekts (15,8 %).
- Verwendung der Ergebnisse für die Entscheidungsfindung (13,6 %).

Das hat offensichtliche Konsequenzen. Diejenigen, die mit ihrer Rolle nicht zufrieden sind, wandern ab.

Zusammenfassung

Der Grundgedanke und die Struktur dieses Buchs sind darauf ausgerichtet, Ihnen beizubringen, mehr drängende und tiefgehende Fragen zu stellen. Es beginnt mit der wichtigsten und manchmal schwersten Frage: »Was ist das Problem?«

In diesem Kapitel haben Sie erfahren, wie Sie die zentrale geschäftliche Frage verfeinern und klarer fassen können und warum Probleme, die mit Daten und Analysen zu tun haben, eine besondere Herausforderung sein können. Außerdem haben Sie gesehen, auf welche frühen Warnsignale Sie achten müssen, wenn eine Frage nach der Problemstellung aus dem Ruder läuft. Sobald die Diskussion entweder in Richtung Vorgehensweise oder in Richtung konkretes Arbeitsergebnis abdriftet, ist es Zeit, die Pausetaste zu drücken.

Sind diese Fragen beantwortet, können Sie sich an die Arbeit machen.

2 2017 Kaggle Machine Learning & Data Science Survey. Die Daten finden Sie unter *www.kaggle.com/kaggle/kaggle-survey-2017*. Zugriff am 12. Januar 2021.

KAPITEL 2

Was sind Daten?

»Wenn wir Daten haben, sollten wir sie uns ansehen. Wenn wir nur Meinungen haben, nehmen wir am besten meine.«

– *Jim Barksdale, ehemaliger CEO von Netscape*

Viele Menschen arbeiten mit Daten, ohne dass sie die nötigen Fachbegriffe kennen. Uns ist es jedoch wichtig, dass wir alle die gleiche Sprache sprechen, damit Sie dem Rest des Buchs besser folgen können. Daher geben wir Ihnen in diesem Kapitel einen kleinen Überblick über Daten und Datentypen. Wenn Sie an einem Einführungskurs in Statistik und Analytik teilgenommen haben, werden Sie die folgenden Begriffe bereits kennen. Dennoch kann es in unserer Diskussion Bereiche geben, die in Ihrem Kurs nicht behandelt wurden.

Daten oder Informationen?

Die Begriffe *Daten* und *Informationen* werden oft gleichbedeutend verwendet. In diesem Buch treffen wir allerdings eine Unterscheidung.

Informationen werden aus Wissen abgeleitet. Sie können Wissen über viele Aktivitäten erlangen: einen Prozess messen, über etwas Neues nachdenken, Kunst betrachten und über ein Thema debattieren. Von den Sensoren in Satelliten bis zu den Neuronen, die in unseren Gehirnen arbeiten, werden ständig neue Informationen erzeugt. Die Kommunikation und die Speicherung dieser Informationen sind aber nicht immer einfach. Einige Dinge lassen sich leicht messen, andere nicht. Dennoch bemühen wir uns, Wissen zum Nutzen anderer weiterzugeben und das Gelernte zu speichern. Eine Möglichkeit, Informationen zu kommunizieren und zu speichern, besteht darin, sie zu codieren. Wenn wir das tun, erzeugen wir Daten. Man könnte also sagen: *Daten sind codierte Informationen.*

Ein Beispiel-Datensatz

Tabelle 2-1 erzählt die Geschichte eines Unternehmens. Jeden Monat führt es eine andere Marketingkampagne durch, mal online, mal im Fernsehen, mal in Printmedien (Zeitungen und Zeitschriften). Der durchgeführte Prozess erzeugt jeden Monat neue Informationen. Die daraus erstellte Tabelle ist eine Codierung dieser Informationen, das heißt, sie enthält *Daten*.

Tabelle 2-1: Beispiel-Datensatz zu Werbeausgaben und Einnahmen

Datum	Werbeaufwand	Verkaufte Einheiten	Gewinn	Ort
1.1.2021	2000	100	10452	Print
1.2.2021	1000	150	15349	online
1.3.2021	3000	200	25095	Fernsehen
1.4.2021	1000	175	12443	online

Eine Tabelle, die wie Tabelle 2-1 Daten enthält, wird als *Datensatz* bezeichnet.

Wie Sie sehen, enthält die Tabelle Zeilen und Spalten, die für unser Verständnis der Tabelle wichtig sind. Jede Tabellenzeile (horizontal unterhalb der Kopfzeile verlaufend) ist eine gemessene Instanz einer dazugehörigen Information. In diesem Fall ist es eine gemessene Instanz von Informationen zu einer Marketingkampagne. Jede Tabellenspalte (vertikal angeordnet) ist eine Liste der für uns interessanten Informationen, die in einer üblichen Codierung organisiert ist, damit wir die einzelnen Instanzen vergleichen können.

Die Zeilen einer Tabelle werden üblicherweise als *Beobachtungen*, *Einträge*, *Tupel* oder *Versuche* (*Trials*) bezeichnet. Die Spalten eines Datensatzes tragen Namen wie *Merkmale*, *Features*, *Felder*, *Attribute*, *Prädiktoren* oder *Variablen*.

Kennen Sie Ihre Zielgruppe

Daten werden in vielen verschiedenen Bereichen untersucht, die oft ihre eigenen Fachbegriffe verwenden. Wenn Sie über die Spalten eines Datensatzes sprechen, bevorzugen einige Datenanalysten den Begriff *Feature* oder *Merkmal*, während andere eher von *Variablen* oder *Prädiktoren* sprechen. Als Data Head sollten Sie in der Lage sein, den Gesprächen innerhalb dieser Gruppen zu folgen, und wissen, welche Begriffe sie bevorzugen.

Ein *Datenpunkt* ist der Schnittpunkt zwischen einer Beobachtung und einem Feature. »150 Einheiten am 1.2.2021 verkauft« ist beispielsweise ein Datenpunkt.

Tabelle 2-1 besitzt eine Kopfzeile (ein Stück nicht numerischer Daten), die uns hilft, die Bedeutung der einzelnen Features zu verstehen. Beachten Sie, dass nicht jeder Datensatz eine Kopfzeile besitzt. In solchen Fällen ist die Kopfzeile implizit, und die Person, die mit dem Datensatz arbeitet, muss wissen, was die einzelnen Features bedeuten.

Datentypen

Es gibt zahlreiche Möglichkeiten, Daten zu codieren. Üblicherweise nutzen Datenanalysten aber nur eine kleine Untermenge an Codierungen, um Informationen zu speichern und Ergebnisse weiterzugeben. Die zwei am häufigsten vorkommenden Datentypen werden als *numerisch* oder *kategorial* bezeichnet.

Numerische Daten bestehen typischerweise aus Zahlen, können aber auch zusätzliche Symbole enthalten, um Maßeinheiten anzugeben. Kategoriale Daten bestehen dagegen aus Wörtern, Symbolen, Phrasen und (verwirrenderweise) manchmal auch aus Zahlen wie etwa Postleitzahlen. Numerische und kategoriale Daten werden in weitere Unterkategorien unterteilt.

Es gibt zwei Haupttypen numerischer Daten:

- *Kontinuierliche Daten* können beliebige Zahlen einer Zahlenreihe enthalten. Sie stehen für eine grundsätzlich nicht zählbare Menge an Werten. Nehmen wir beispielhaft das Wetter. Die Außentemperatur könnte man beispielsweise gesammelt und in Daten verwandelt in einer kontinuierlichen Tabelle darstellen. Ein lokaler Nachrichtensender misst die Temperatur als »25,62 Grad«. Sie könnten diese Zahl aber auch als »25 Grad«, »26 Grad« oder als »25,6 Grad« melden.
- Bei *Zähldaten* (oder auch *diskreten Daten*) ist die Genauigkeit anders als bei kontinuierlichen Daten auf Ganzzahlen beschränkt. Die Anzahl an Autos, die Ihnen gehören, kann beispielsweise 0, 1 oder auch 2 sein, nicht aber 1,23. Das reflektiert die zugrunde liegende Realität der gemessenen Sache.[1]

Bei den kategorialen Daten gibt es ebenfalls zwei Haupttypen:

- *Geordnete* (bzw. *ordinalskalierte*) *kategoriale Daten* folgen einer bestimmten Ordnung. In Umfragen macht man sich beispielsweise ordinalskalierte Daten zunutze, wenn darum gebeten wird, eine Erfahrung auf einer Skala von 1 bis 10 zu bewerten. Obwohl es scheint, als seien es Zähldaten, kann man hier nicht sagen, dass der Unterschied zwischen den Bewertungen 10 und 9 der gleiche sei wie zwischen den Bewertungen 1 und 0. Natürlich müssen geordnete kategoriale Daten nicht unbedingt als Zahlen codiert werden, Kleidungsgrößen sind beispielsweise auch ordinalskaliert: S(mall), M(edium), L(arge), X(tra)L(arge) und so weiter.

1 Daneben gibt es noch zwei weitere Arten kontinuierlicher Daten: verhältnisskalierte (engl. *ratio*) und intervallskalierte Daten. Das können Sie gerne nachschlagen, allerdings sind uns diese Begriffe im Geschäftsumfeld nur selten begegnet. Und dann gibt es Situationen, in denen die Unterschiede zwischen Zähldaten und kontinuierlichen Daten keine Rolle spielen. Hohe Zählwerte wie etwa Website-Besuche werden zum Zweck der Datenanalyse oft als kontinuierlich und nicht als Zählwert betrachtet. Erst wenn die Zähldaten nahe null liegen, wird der Unterschied wirklich wichtig. In den folgenden Kapiteln werden wir näher darauf eingehen.

- *Ungeordnete* (bzw. *nominalskalierte*) *kategoriale Daten* folgen keiner grundlegenden Ordnung. Tabelle 2-1 enthält beispielsweise ein Feature namens *Ort* mit Werten wie *Print*, *online* und *Fernsehen*. Andere nominalskalierte Variablen können Ja/Nein-Antworten oder eine bestimmte politische Haltung sein. Die Reihenfolge ist grundsätzlich beliebig. Es ist also nicht möglich zu sagen, eine Kategorie sei »größer als« eine andere.

Wie Sie sehen, enthält Tabelle 2-1 außerdem ein Feature namens *Datum*. Dies ist ein weiterer Datentyp, der sequenziell ist und in arithmetischen Ausdrücken wie numerischen Daten verwendet werden kann.

Wie Daten gesammelt und strukturiert werden

Im vorherigen Abschnitt haben wir über Datentypen in einem Datensatz gesprochen. Es gibt aber noch größere Kategorien für die Beschreibung von Daten, die sich darauf beziehen, wie sie gesammelt und strukturiert wurden.

Beobachtungsbasierte versus experimentelle Daten

Je nachdem, wie die Daten gesammelt wurden, kann man sie als beobachtungsbasiert oder experimentell bezeichnen.

- *Beobachtungsbasierte (Observational) Daten* werden auf Basis dessen gesammelt, was eine Person gesehen oder gehört oder ein Computer passiv während eines Prozesses registriert hat.
- *Experimentelle Daten* werden auf Basis der wissenschaftlichen Vorgehensweise oder einer vorgegebenen Methodologie gesammelt.

Die meisten Daten in Ihrem Unternehmen und der restlichen Welt sind beobachtungsbasiert. Beispiele sind die Anzahl der Besuche auf einer Website, tägliche Verkaufszahlen und die Anzahl der E-Mails, die Sie an einem Tag bekommen. Manchmal werden die Daten für einen bestimmten Zweck gespeichert, manchmal aber auch vollkommen ohne Anlass. Gelegentlich werden diese Daten daher als »gefundene Daten« bezeichnet. Sie entstehen oft als Nebenprodukt oder »Beifang«, zum Beispiel bei finanziellen Transaktionen wie Kreditkartenzahlungen, Twitter-Posts oder Facebook-Likes. Man könnte sagen, die Daten schlummern in irgendeiner Datenbank und warten nur darauf, entdeckt und für irgendetwas benutzt zu werden. Manchmal werden beobachtungsbasierte Daten gesammelt, weil sie kostenlos und leicht verfügbar sind. Sie können aber auch absichtlich in Form von Kundenbefragungen und Abstimmungen zustande kommen.

Experimentelle Daten werden dagegen nicht passiv gesammelt. Sie werden absichtlich und methodisch erfasst, um bestimmte Fragen zu beantworten. Aus diesem Grund gelten experimentelle Daten als Gold-Standard für Statistiker und Forscher. Um statistische Daten zu sammeln, müssen Sie zunächst eine *Behandlung* (*Treatment*) an jemandem oder etwas festlegen. Klinische Arzneimittelstudien sind ein häufiges Beispiel für etwas, das experimentelle Daten hervorbringt. Die Patienten werden nach dem Zufallsprinzip in zwei Gruppen unterteilt: eine *Experimentalgruppe* (engl. *Treatment Group*) und eine *Kontrollgruppe*. Die Experimentalgruppe erhält das tatsächliche Medikament, während die Kontrollgruppe nur ein Placebo bekommt. Die zufällige Zuweisung von Patienten soll Informationen ausgleichen, die für die Studie nicht relevant sind (Alter, sozioökonomischer Status, Gewicht etc.), damit sich beide Gruppen in allen Aspekten möglichst ähnlich sind außer in Bezug auf die Behandlung. Auf diese Weise können Forscher die Wirkung der Behandlung isolieren und messen, ohne sich um mögliche *Störfaktoren* (*Confounding Features*) kümmern zu müssen, die das Ergebnis des Experiments beeinflussen könnten.[2]

Diese Vorgehensweise wird in vielen Branchen und Bereichen angewendet, von Arzneimittelstudien bis zu Marketingkampagnen. Im digitalen Marketing experimentieren Webdesigner ständig mit uns, indem sie uns auf Webseiten verschiedene miteinander konkurrierende Layouts oder Anzeigen präsentieren. Beim Onlineshopping wird im Hintergrund nach dem Zufallsprinzip entschieden, ob wir Anzeige A oder B zu sehen bekommen. Nach mehreren Tausend Besuchen unwissender Versuchskaninchen auf der Website sehen die Webdesigner, welche Anzeige häufiger angeklickt wurde. Und da die Anzeigen A und B zufällig angezeigt wurden, kann man daraus schließen, welche Anzeige in Bezug auf diese sogenannte *Click-Through-Rate* erfolgreicher ist. Schließlich wurden alle anderen möglichen Störfaktoren (Tageszeit, Persönlichkeitstyp der Besucher etc.) durch die zufällige Auswahl ausgeschlossen. Oft werden diese Experimente daher auch *A/B-Tests* oder *A/B-Experimente* genannt.

Warum diese Unterschiede wichtig sind, werden wir in Kapitel 4, *Daten infrage stellen*, genauer betrachten.

Strukturierte versus unstrukturierte Daten

Außerdem werden Daten als *strukturiert* oder *unstrukturiert* bezeichnet. Die Daten in Ihren Tabellenkalkulationen oder auch in Tabelle 2-1 sind strukturiert. Die Zeilen und Spalten vermitteln einen Sinn von Ordnung und Struktur der Daten.

Unstrukturierte Daten können Dinge sein wie eine Amazon-Rezension, Bilder auf Facebook, YouTube-Videos oder Audiodateien. Um unstrukturierte in strukturierte Daten umzuwandeln, die für Analysen benötigt werden, sind ausgefeilte Techniken notwendig (siehe Teil III dieses Buchs).

2 Hier ein kleines Beispiel für Störfaktoren: Wenn in einer Medikamentenstudie die Experimentalgruppe nur aus Kindern besteht, von denen keines erkrankt, werden Sie sich fragen, ob ihr Schutz gegen die Krankheit von der wirksamen Behandlung mit dem Medikament stammt oder ob die Kinder bereits einen eigenen Schutz gegen die Krankheit hatten. Die Wirksamkeit des Medikaments könnte durch das Alter gestört sein. Eine zufällige Zuweisung zu Kontroll- und Experimentalgruppe verhindert dies.

Die Basics der zusammenfassenden Statistik

Daten müssen aber nicht unbedingt die Gestalt eines Datensatzes oder einer Tabelle haben. Oft treten sie auch als *zusammenfassende Statistik* auf. Durch zusammenfassende Statistiken können wir Informationen über einen Satz an Daten verstehen.

Die drei häufigsten zusammenfassenden Statistiken kennen Sie vermutlich schon: *arithmetisches Mittel*, *Medianwert* und *Modalwert*. Dennoch wollen wir diesen Statistiken ein paar Minuten widmen, da wir oft die umgangssprachlichen Begriffe »normal«, »üblich«, »typisch« oder »durchschnittlich« als Synonyme für die verschiedenen Fachbegriffe verwendet sehen. Um Verwirrung zu vermeiden, lassen Sie uns genau klären, was die einzelnen Begriffe bedeuten:

- Das *arithmetische Mittel* (auch *Mittelwert*) ist die Summe aller Zahlen, dividiert durch die Anzahl aller Zahlen. Dadurch können Sie einen Eindruck davon gewinnen, wie stark eine Beobachtung zur Gesamtsumme beiträgt, wenn jede Beobachtung den gleichen Beitrag geleistet hätte. Das arithmetische Mittel wird auch als *Durchschnitt* bezeichnet.
- Der *Medianwert* ist der Wert, der in der Mitte des gesamten Datenbereichs liegt, wenn Sie ihn der Reihe nach sortieren würden.
- Der *Modalwert* ist die am häufigsten vorkommende Zahl im Datensatz.

Arithmetisches Mittel, Median- und Modalwert werden auch als *Lageparameter* oder als Maße der *zentralen Tendenz* bezeichnet. *Streuungsparameter*, wie *Varianz* (Variance), *Spannweite* (Range) und *Standardabweichung* (Standard Deviation), sind Maße für die *Verteilung* (Spread). Die Lageparameter sagen Ihnen, wo auf dem Zahlenstrahl ein typischer Wert zu finden ist, während Ihnen die Verteilung aufzeigt, wie sich die Zahlen um diesen Wert herum verteilen.

Zum Beispiel haben die Zahlen 7, 5, 4, 8, 4, 2, 9, 4 und 100 das arithmetische Mittel 15,89, einen Medianwert von 5 und einen Modalwert von 4. Beachten Sie, dass der Mittelwert 15,89 selbst nicht in der Zahlenreihe vorkommt. Das passiert oft: Im Jahr 2018 lebten in einem durchschnittlichen US-Haushalt 2,63 Personen, und der Basketballstar Le Bron James erzielt pro Spiel durchschnittlich 27,1 Punkte.

Ein häufig gemachter Fehler besteht darin, den Durchschnittswert (das arithmetische Mittel) zu benutzen, um den Mittelpunkt der Daten, der eigentlich dem Medianwert entspricht, anzugeben. Dabei gehen die Menschen davon aus, dass die Hälfte der Zahlen oberhalb und die andere unterhalb dieses Werts liegen muss. Das stimmt aber nicht. In der Regel liegen die *meisten* Daten unterhalb oder oberhalb des Durchschnittswerts. Zum Beispiel haben die meisten Menschen mehr Finger als der Durchschnitt (der vermutlich in der Gegend von *9 Komma irgendwas* liegt).

Um Verwirrung und Fehleinschätzungen zu vermeiden, empfehlen wir Ihnen bei den Begriffen *arithmetisches Mittel*, *Median-* und *Modalwert* zu bleiben, um eine möglichst große Transparenz zu erreichen. Vermeiden Sie Wörter wie »üblich«, »typisch« oder »normal«.

Zusammenfassung

In diesem Kapitel haben wir Ihnen eine gemeinsame Sprache vermittelt, in der Sie über Ihre Daten am Arbeitsplatz sprechen können. Folgende Punkte haben wir beschrieben:

- Daten, Datensätze und verschiedene Namen für die Zeilen und Spalten eines Datensatzes
- numerische Daten (kontinuierlich und diskret)
- kategoriale Daten (ordinal- und nominalskaliert)
- beobachtungsbasierte und experimentelle Daten
- strukturierte und unstrukturierte Daten
- Maße der zentralen Tendenz

Nachdem Sie die richtigen Fachbegriffe kennen, können Sie damit beginnen, statistisch über die Daten nachzudenken, die Ihnen begegnen.

KAPITEL 3

Vorbereitungen für das statistische Denken

> »Das statistische Denken ist eine spezielle Geisteshaltung, die teils detektivisch, teils skeptisch ist und bei der ein Problem aus verschiedenen Blickwinkeln betrachtet wird.«[1]
>
> – *Frank Harrell, Statistiker und Professor*

In diesem Kapitel geht es darum, wie Sie über Daten denken – wie Sie sich mit einer Denkweise wappnen, um Daten zu »konsumieren« und Daten, die Ihnen in Ihrem Unternehmen und im täglichen Leben begegnen, kritisch zu hinterfragen. Dieses Kapitel schafft wichtige Grundlagen für den Rest des Buchs. Sollten Ihnen einige dieser Konzepte neu sein, werden Sie nach der Lektüre bemerken, dass Sie die Nachrichten und aktuelle wissenschaftliche Artikel demnächst aus *statistischer* Sicht betrachten.

Bevor wir beginnen, noch zwei wichtige Punkte:

Erstens behandeln wir hier nur die Spitze des sprichwörtlichen Eisbergs. Dieses eine Kapitel kann weder ein ganzes Semester Statistik ersetzen (tut uns leid, liebe Studentinnen und Studenten) noch alle Aspekte des »Denkens« wie der moderne Klassiker *Schnelles Denken, langsames Denken* abhandeln.[2] Dennoch werden wir eine Reihe von Konzepten vorstellen und eine Grundlage für das statistische Denken schaffen, wenn auch nicht ganz vollständig.

Zweitens besteht das Risiko, dass Sie durch das Lesen der folgenden Kapitel zu einem »Datenzyniker« werden. Es kann passieren, dass Sie verärgert mit den Armen in der Luft wedeln und behaupten, dieser statistische Unsinn würde durch komplizierte Gleichungen und Zahlen nur die Wahrheit verschleiern, und jede Analyse, die Ihnen über den Weg läuft, verfluchen. Vielleicht bewerfen Sie aber auch jeden Artikel, den Sie gelesen haben, mit Tomaten, weil Sie ein paar Tricks der Statistikerzunft gelernt haben und nun bezweifeln, dass *die da* mehr wissen als Sie.

1 F. Harrell, Professor and founding Chair of the Department of Biostatistics, Vanderbilt University: *www.fharrell.com/post/introduction*

2 *Schnelles Denken, langsames Denken* von Daniel Kahneman (Penguin Verlag 2016).

Machen Sie das bitte nicht. Wir wollen Sie nicht dazu bringen, Informationen grundsätzlich abzulehnen. Vielmehr wünschen wir uns, dass Sie die Informationen hinterfragen, sie verstehen, ihre Grenzen kennen und sie möglicherweise sogar wertschätzen können.

Stellen Sie Fragen!

Eine Kernaussage des statistischen Denkens lautet: »Stellen Sie Fragen!«

Die meisten von uns tun das zu einem bestimmten Grad ohnehin täglich. Wie gehen davon aus, dass Sie als Leserin oder Leser eines Buchs über Daten die »absolut sicheren« Behauptungen von Werbetreibenden (»Verlieren Sie 10 Kilo in einem Monat!« oder »Dieses Unternehmen ist der nächste Amazon-Killer!«) und die bizarren Posts in sozialen Medien selbstverständlich infrage stellen. (Ein Blick auf Twitter oder Facebook reicht oft schon, um mindestens ein Beispiel zu finden.) Das heißt, Sie haben wahrscheinlich bereits ein Gespür dafür. Als außenstehender Beobachter kann es sogar einen gewissen Spaß machen, sich zurückzulehnen und die offensichtlichen Lügen auseinanderzunehmen.

Bei Behauptungen und Daten, die uns persönlich betreffen, ist das aber schon deutlich schwieriger. Das kann man bei jeder politischen Wahl sehen. Überlegen Sie einen Moment, wie verdächtig Ihnen die Zahlen der *anderen* politischen Parteien vorkommen. Was geht Ihnen dabei durch den Kopf? Deren Quellen sind schlecht, meine Quellen sind gut. Deren Informationen sind falsch, meine Informationen sind wahr. *Die* verstehen einfach nicht, was wirklich los ist.

Natürlich kann diese Diskussion sehr schnell ins Philosophische abdriften. Wir wollen jedoch keine politische Debatte entfachen oder die vielen Faktoren betrachten, die persönliche und politische Ideologien formen. Trotzdem gibt es hier eine Lektion zu lernen: Es ist schwer, alles infrage zu stellen, wenn dieses *alles* auch unsere eigenen Gedanken und Schlussfolgerungen enthält.

In diesem Buch geht es vielmehr um die Informationen, die Ihnen an Ihrem Arbeitsplatz begegnen. Betrachten Sie Daten in Tabellen und Power-Point-Präsentationen – Informationen, die sich auf den Erfolg Ihres Unternehmens auswirken, Ihren Arbeitserfolg, Ihren möglichen Bonus – mit irgendwelcher Skepsis? Unserer Erfahrung nach ist das eher selten. Zahlen im Konferenzraum werden meist als knallharte, solide Fakten betrachtet. Die reine Wahrheit in schwarzer Tinte, auf die nächste Dezimalstelle aufgerundet.

Aber woran liegt das? Vermutlich daran, dass Sie keine Zeit zum Fragen, zum darin Herumstochern oder zum Sammeln weiterer Daten haben. Dies sind die Daten, die Sie haben, die Daten, mit denen Sie arbeiten müssen, die Daten, auf die Sie zeigen und denen Sie die Schuld geben können, wenn sich die Dinge nicht in Ihrem Sinne entwickeln. Mit diesen Zwängen und Einschränkungen konfrontiert, wird Skepsis fast schon reflexartig ausgeblendet. Ein weiterer Grund könnte sein, dass Sie die

Probleme mit den Daten vielleicht wahrnehmen, Ihre Chefin oder Ihr Chef aber nicht. Wenn jeder davon ausgeht, dass jemand anderer weiter oben in der Managementkette (oder weiter unten) die Zahlen für bare Münze nimmt, kommt eine Reaktionskette in Gang. Diese Annahme pflanzt sich dann bis zu denen fort, die auf die Tabelle starren. Sie gehen davon aus, dass die Zahlen wahr sind, und verhalten sich entsprechend.

Data Heads können sich dem entgegenstellen. Und das beginnt mit dem Verständnis von Varianz.

Kommentar zum statistischen Denken

Wir verwenden den Ausdruck »statistisches Denken« in der allgemeinen Bedeutung, die im Zitat zu Beginn dieses Kapitels definiert wurde. Sie bevorzugen möglicherweise Formulierungen wie »probabilistisches Denken«, »statistischer Alphabetismus« oder »mathematisches Denken«. Unabhängig davon, wie Sie die Sache am liebsten ausdrücken – bei allen geht es um die Auswertung von Daten oder Beweisen.

Man könnte sich jetzt fragen, warum diese Denkweise wichtig ist. Schließlich sind Unternehmen und sogar das Leben selbst auch ohne ausgekommen. Warum sollte das jetzt plötzlich wichtig sein? Warum sollte Data Heads das kümmern?

In seinem Artikel mit dem Titel »Data Science: What the Educated Citizen Needs to Know« (»Data Science: Was aufgeklärte Bürger darüber wissen müssen«) erklärt Harvard-Wirtschaftswissenschaftler und Physiker Alan Garber die Gründe:[3]

> *»Der Nutzen der Data Science ist nicht von der Hand zu weisen und war nie augenfälliger oder wichtiger als jetzt. Immer genauere Vorhersagen machen die Erzeugnisse der Data Science immer wertvoller und steigern das Interesse an dieser Branche. Die Fortschritte können aber auch zu Selbstzufriedenheit führen und uns die Schwachstellen übersehen lassen. Die Arbeitnehmer der Zukunft müssen nicht nur begreifen, wie Data Science ihnen bei der Arbeit hilft, sondern auch, wo ihre Grenzen sind ... ein tieferes Verständnis von probabilistischen Überlegungen und die Auswertung von Beweisen sind allgemeine Fertigkeiten, die allen dienlich sein können.«*

In allen Dingen ist Variation

Beobachtungen unterscheiden sich. Das sind keine weltbewegenden Neuigkeiten.

Der Aktienmarkt schwankt täglich, politische Umfragewerte ändern sich wöchentlich (wie auch die Umfrageinstitute), Benzinpreise steigen und fallen, und Ihr Blutdruck ist besonders hoch, wenn der Arzt anwesend ist, aber nicht die Krankenschwester. Selbst Ihr täglicher Weg zur Arbeit wäre von Tag zu Tag unterschiedlich,

3 Link zum Artikel in der *Harvard Data Science Review*: *hdsr.mitpress.mit.edu/pub/pjl0jtkp*.

wenn Sie ihn in seine Einzelteile zerlegen und auf die Sekunde genau messen würden – je nach Verkehrslage, Wetter und ob Sie die Kinder an der Schule absetzen müssen oder unterwegs eine Kaffeepause einlegen. Überall gibt es Variation. Wie angenehm ist das für Sie?

Sehr wahrscheinlich haben Sie die Variationen in Ihrem täglichen Leben akzeptiert – oder zumindest toleriert – und sind damit möglicherweise tatsächlich zufrieden. (Na gut, vielleicht nicht mit den Entwicklungen am Aktienmarkt.) Insgesamt ist uns klar, dass wir nicht alle Gründe für die Veränderungen kennen oder verstehen. Und solange es nur darum geht, den Luftdruck in unseren Reifen stabil zu halten, zu tanken oder die Stromrechnung zu zahlen, haben wir uns damit abgefunden, dass die Zahlen sich bei jeder Messung unterscheiden, solange sie zumindest intuitiv einen Sinn ergeben. Im vorherigen Abschnitt haben wir aber auch gesagt, dass es schwer ist, Daten, die uns persönlich, unseren Beruf oder unser Unternehmen betreffen, auf die gleiche Weise zu betrachten.

Die Verkaufszahlen eines Unternehmens können sich täglich, wöchentlich, monatlich und jährlich ändern. Die Ergebnisse von Umfragen zur Kundenzufriedenheit können sich von einem Tag auf den anderen erheblich unterscheiden. Wir akzeptieren die Realität der Veränderung in unserem Leben und müssen nicht jeden Berg oder jedes Tal erklären. Und trotzdem versuchen Unternehmen genau das. »Was haben wir in der Woche mit den hohen Verkaufszahlen anders gemacht?«, will die Geschäftsführung wissen, um dann zu sagen: »Lasst uns die guten Dinge wiederholen und die schlechten reduzieren.« Variation sorgt dafür, dass sich Menschen genau den Dingen gegenüber hilflos fühlen, die sie berufsbedingt eigentlich kennen und beeinflussen sollten.

Im Geschäftsleben kommen wir mit Variation nicht so gut zurecht, wie wir eigentlich annehmen würden.

Tatsächlich gibt es zwei Arten von Variation. Der eine Typ hat seinen Ursprung in der Art, wie die Daten gesammelt und gemessen werden, und wird als *Messabweichung* (Measurement Variation) oder *Streuung* von Messergebnissen bezeichnet. Der zweite Typ bezieht sich auf die Zufälligkeit, die dem Prozess selbst zugrunde liegt, und wird *zufällige Variation* bzw. *Streuung* genannt. Auf den ersten Blick scheint der Unterschied eher unwichtig, aber genau hier wird das statistische Denken wichtig. Basieren die getroffenen Entscheidungen auf zufälligen Variationen, die nicht beeinflusst werden können? Oder drückt die Variation den zugrunde liegenden Prozess aus, der kontrolliert werden kann, wenn er nur korrekt an die Oberfläche gebracht wird? Wir hoffen alle, dass es der zweite Fall ist.

Einfach gesagt: Variation schafft Unsicherheit.

Sehen wir uns ein hypothetisches Szenario und eine historische Fallstudie an, in denen Variation für Unsicherheit sorgt.

Szenario: Kundenwahrnehmung (die Fortsetzung)[4]

Sie sind Filialleiter eines Einzelhandelsunternehmens. Die Unternehmensleitung beobachtet die Daten zur Kundenzufriedenheit Ihres Geschäfts genau. Diese Daten werden gesammelt, wenn die Kunden die kostenlose Telefonnummer unten auf dem Kassenbon anrufen. Sie werden gebeten, ihre Zufriedenheit auf einer Skala von 1 bis 10 anzugeben, wobei 10 für »vollkommen zufrieden« steht. (Es werden weitere Fragen gestellt, aber diese ist die wichtigste.)

Um die Sache noch schlimmer zu machen, interessiert sich die Unternehmensleitung nur für die 9- und 10-Punkte-Bewertungen. Schon acht Punkte wertet sie als genauso schlecht wie null Punkte. Die Zahlen werden wöchentlich zusammengetragen und Ihnen als Filialleiter und dem Büro der Unternehmensleitung als PDF-Datei geschickt. Die Datei enthält eine Vielzahl bunter Diagramme und deutlich zu viele Seiten, um die wichtigen Informationen mitzuteilen. Und dennoch haben diese Zahlen einen Einfluss auf Ihren Bonus (und den Ihres Chefs). Jede Woche werden sie wie besessen durchforstet, während Sie versuchen, Ihre wöchentliche Erfolgsquote von 85 % zu erreichen, die als Anzahl der 9- und 10-Punkte Bewertungen geteilt durch die Gesamtzahl der Befragungen berechnet wird.

Wir unterbrechen hier kurz, um über die Quelle der Variation zu sprechen, also wie die Umfrage die Ergebnisse misst. Der Versuch, alles auf einer Skala von 1 bis 10 zu bewerten, ist an sich schon problematisch. Die zehn Punkte einer Person (»Sie hatten nicht, wonach ich suchte, *aber ein Angestellter half mir, einen passenden Ersatz zu finden!*«) sind für eine andere Person fünf Punkte (»*Sie hatten nicht, wonach ich suchte!* Ein Angestellter musste mir helfen, einen Ersatz zu finden!«). Andere Quellen für Variationen wie die Anwesenheit eines unhöflichen Angestellten, ein überfülltes Geschäft, ein wirtschaftlicher Umschwung, durch den alle sparen müssten, der Kunde kauft mit Kindern ein etc. – es gibt zahllose andere Faktoren.

Damit wollen wir nicht sagen, dass es gar keine Umfragen geben sollte. Vielmehr wollen wir darauf hinweisen, dass das Design der Daten (also die Art, wie wir sie messen) zu Variationen führt, die wir oft übersehen. Das Ignorieren von Variationen führt dazu, dass wir glauben, die Abweichungen von unseren Erwartungen seien auf einen schlechten Service zurückzuführen, obwohl die Unterschiede tatsächlich in der Frage selbst ihren Ursprung haben. Und trotzdem rennen Unternehmen schwer erreichbaren Zielvorgaben (9 oder 10 Punkte in unserem Fall) hinterher, ohne zu verstehen, dass ihre Entscheidungen, wie die Daten gemessen werden, der wirkliche Grund für die zugrunde liegende Variation ist.

Das könnte beispielsweise so ablaufen: Angenommen, jeden Tag geben 50 Personen eine Bewertung ab, jeden Tag für 52 Wochen. Das ergibt 350 Befragungen pro Woche, also 18.200 pro Jahr. Man könnte glauben, dass man bei einer solchen Be-

4 Offenbar haben wir uns zu sehr auf die Kundenwahrnehmung konzentriert. Erstens ist sie schwer zu messen, zweitens ist sie stark von einer voreingenommenen Personengruppe beeinflusst, und drittens wird sie viel zu streng vom Management überprüft.

teiligung eine recht gute Darstellung der Kundenzufriedenheit bekäme. Am Ende jeder Woche werden die Ergebnisse also gezählt – die Unternehmensleitung zählt die 9- und 10-Punkte-Bewertungen zusammen und teilt sie durch die Gesamtzahl der wöchentlichen Befragungen, also 350. Das Ergebnis wird in Form der in Abbildung 3-1 gezeigten Grafik an Sie übermittelt. Bei Zahlen über 85 % können Sie sich selbst auf die Schulter klopfen, bei Zahlen darunter kommen Sie ins Schwitzen.

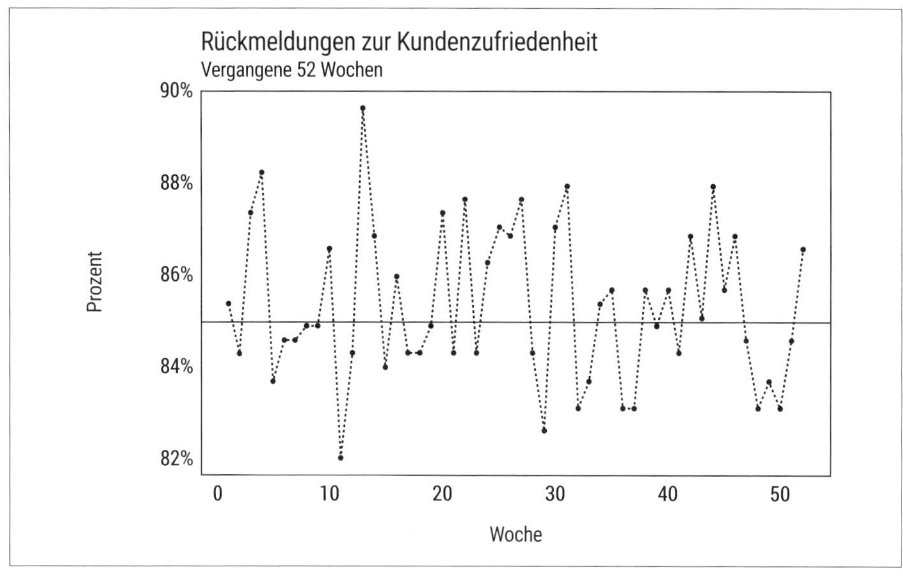

Abbildung 3-1: Wöchentliche Ergebnisse der Kundenbefragung: Prozent der positiven Bewertungen. Die horizontale Linie bei 85 % steht für das Ziel.

Jeden Montag erhalten Sie die Ergebnisse des Berichts, die Sie in einer Telefonkonferenz mit der Unternehmensleitung besprechen. Stellen Sie sich vor, wie stressig diese Gespräche in den Wochen fünf bis neun sind. Sie haben den Schwellenwert knapp unterschritten. Und gerade als Sie in Woche zehn endlich über der Vorgabe liegen – zweifellos aufgrund der »Motivation« durch Ihren Chef –, kommt Woche elf um die Ecke und verpasst Ihnen einen neuen Tiefschlag. Das geht so immer weiter.

Was Sie tatsächlich in Abbildung 3-1 sehen, sind reine Zufallswerte. Wir haben 18.200 zufällige Angaben mit den Werten 8, 9 oder 10 erzeugt – die wiedergeben, wie verschiedene Kunden die Kundenfreundlichkeit des Unternehmens bewerten. Danach haben wir sie wie einen Stapel Karten gemischt.[5] Für jede »Woche« haben wir 350 Zahlen genommen und die Kennzahlen berechnet. Der durchschnittliche Prozentsatz von 9- und 10-Punkte-Bewertungen des Datensatzes liegt

5 In unserer Simulation lag die Chance für eine 8-Punkte-Bewertung bei 15 %, für 9 Punkte lag sie bei 40 % und für 10 Punkte bei 45 %. Und weil wir die Daten selbst erzeugt haben, kennen wir den wahren Wert der Zufriedenheitskennzahl. Die Wahrscheinlichkeit, eine 9- oder10-Punkte-Bewertung zu erhalten, liegt genau bei 85 %.

bei 85,3 % (sehr nah am echten Wert von 85 %). Damit ist der Unternehmensstandard erreicht. Durch die zufälligen Variationen bewegt sich der Wert jedoch um die Schwelle herum.

Das Fehlen statistischen Denkens führt dazu, dass alle – Sie, Ihr Chef und die Unternehmensleitung – Verbesserungen im Kundendienst hinterherlaufen, um eine beliebige Zahl nach oben zu treiben, obwohl diese Aktivitäten keinerlei Einfluss auf diese Zahl haben.

Wir nennen diese Aktivität die *Illusion einer Quantifizierung*. Der Begriff beschreibt das Verfolgen maßgeblicher Kennzahlen, ohne zu wissen, was diese Zahlen eigentlich bedeuten, und ohne eine klare statistische Grundlage.

Gibt es an Ihrem Arbeitsplatz eine Illusion von Quantifizierung?

Fallstudie: Nierenkrebsraten

Die höchste Rate an Nierenkrebsfällen in den Vereinigten Staaten, gemessen als Anzahl der Fälle auf 100.000 Einwohner, tritt in den ländlichen Gegenden im Mittleren Westen, im Süden und im Westen des Landes auf.

Machen Sie eine Pause und denken Sie darüber nach, *warum* das so sein könnte.

Vielleicht vermuten Sie, dass die Bewohner ländlicher Bezirke (Counties) im Landesinnern weniger Zugang zu einer angemessenen Gesundheitsversorgung haben. Oder möglicherweise sind die Zahlen das Ergebnis eines ungesunden Lebensstils, verursacht durch salz- und fettreiche Ernährung – oder zu viel Bier und Spirituosen. Es ist wirklich einfach, um Fakten herum Narrative aufzubauen. Vor dem geistigen Auge kann man bereits Forscher sehen, die Kampagnen zur Gesundheitsvorsorge und für bessere Ernährung entwickeln, um das Problem in den Griff zu bekommen.

Aber es gibt noch eine Tatsache: Die niedrigste Rate an Nierenkrebserkrankungen in den USA tritt ebenfalls in sehr ländlichen Bezirken auf, die über den Mittleren Westen, den Süden und den Westen verstreut sind und oft an die Bezirke mit den höchsten Raten grenzen.[6]

Wie kann beides wahr sein? Wie können zwei Bezirke mit ähnlicher Demografie so unterschiedliche Ergebnisse haben? Jeder Grund, der Ihnen für hohe Nierenkrebsraten in ländlichen Gebieten einfällt, sollte doch sicherlich (zu einem bestimmten Grad) auch auf benachbarte Bezirke zutreffen. Also muss hier noch etwas anderes im Spiel sein.

Nehmen wir zwei benachbarte Bezirke im Mittleren Westen, Bezirk A und Bezirk B, und gehen wir davon aus, dass beide nur 1.000 Einwohner haben. Wenn Bezirk A keine Fälle hat, läge seine Krebsrate bei 0, offensichtlich die Kategorie mit den

6 Angenommen, wir hätten die Geschichte umgedreht und Ihnen zuerst erzählt, die ländlichen Gebiete hätten die niedrigsten Nierenkrebsraten. Welche Gründe hätten Sie genannt? Probieren Sie das ruhig einmal aus. Sie werden sehen, wie einfach es ist, eine Geschichte um die Daten herum zu erfinden.

niedrigsten Werten. Hat Bezirk A dagegen nur einen einzigen Fall von Nierenkrebs, läge seine Rate umgerechnet schon bei 100 Fällen auf 100.000 Einwohnern. Das wäre die höchste Rate im gesamten Land. Die Ursache für die hohe Variation liegt also in der geringen Bevölkerungsdichte dieser Bezirke. Und das führt dazu, dass hier gleichzeitig die höchsten und die niedrigsten Raten zu finden ist. Im Gegensatz dazu würde ein zusätzlicher Fall in New York County (Manhattan, New York City) mit seiner Bevölkerung von über 1,5 Millionen Menschen kaum ins Gewicht fallen. Eine Veränderung von 75 auf 76 Fälle würde die Fallzahlen pro 100.000 Einwohner von 5 auf 5,05 erhöhen.

Diese Variationen sind tatsächlich gemessen und schließlich in einem American-Scientist-Artikel mit dem Titel »The Most Dangerous Equation« (Die gefährlichste aller Gleichungen) veröffentlicht worden.[7] Abbildung 3-2 fasst die Ergebnisse für die US-Bezirke zusammen. Die dünn besiedelten Gebiete links in der Abbildung zeigen deutlich höhere Variationen in den Krebsraten, von 0 bis zum landesweiten Höchstwert von 20. Je höher die Bevölkerungsdichte (je weiter rechts), desto geringer wird die Variation, was zu einer dreieckigen Form führt. Auf der rechten Seite der Abbildung gibt es deutlich weniger Variation. Das bedeutet, dicht bevölkerte Gegenden sind in der Auswertung robuster gegenüber zusätzlichen Fällen und stabilisieren sich bei etwa 5 Fällen pro 100.000 Einwohner.

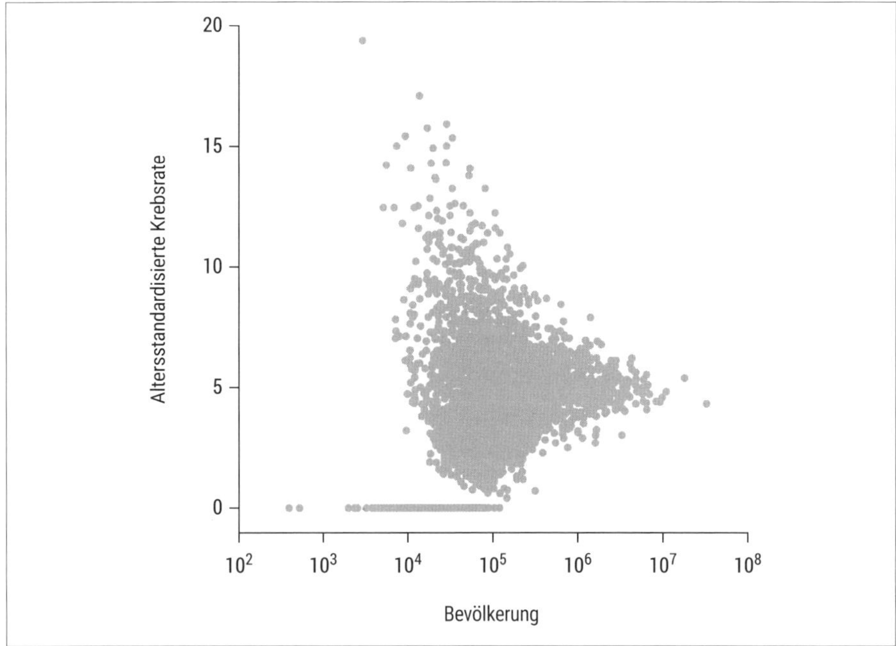

Abbildung 3-2: Nachdruck der Abbildung aus dem American Scientist

7 Wainer, H. (2007). The Most Dangerous Equation. *American Scientist*, 95(3), 249–256.

Der Artikel enthielt noch weitere Beispiele dafür, wie kleine Zahlen zu einer hohen Variation führen können. Wären Sie beispielsweise überrascht zu erfahren, dass alle kleinen Schulen die besten und die schlechtesten Ergebnisse bei Klassenarbeiten haben? Ein oder zwei Schüler mit schlechten Noten können einen großen Unterschied in den Gesamtergebnissen bewirken.

Wahrscheinlichkeitsrechnung und Statistik

In den letzten Abschnitten haben wir die Variation erklärt und darüber gesprochen, wie sie in vielen Unternehmen eine Quelle für Unsicherheit sein kann. Mit Unsicherheitsfaktoren kann man aber umgehen, und genau da kommen Wahrscheinlichkeitsrechnung und Statistik ins Spiel.

Oft benutzen wir die Begriffe Wahrscheinlichkeitsrechnung und Statistik gleichbedeutend, wenn nicht sogar gemeinsam, um die »Mathematik der Ergebnisse« zu beschreiben. Wir wollen uns die Sache aber etwas genauer ansehen, damit Sie den Unterschied wirklich verstehen.

Stellen Sie sich vor, Sie hätten einen Beutel mit Murmeln. Sie wissen aber nicht, welche Farbe sie haben oder wie groß sie sind. Sie wissen nicht einmal, wie viele Murmeln im Beutel sind. Trotzdem greifen Sie hinein und nehmen eine Handvoll heraus.

Lassen Sie uns hier einen Moment innehalten. Sie haben einen Beutel Murmeln, in den Sie nicht hineingesehen haben, und eine Handvoll Murmeln in der Hand, die ebenfalls noch geschlossen ist. Sie haben also keinerlei Informationen darüber, was sich im Beutel und was sich in Ihrer Hand befindet.

Und hier ist der Unterschied: Bei der Wahrscheinlichkeitsrechnung finden Sie genau heraus, was im Beutel ist, und benutzen diese Informationen, um zu schätzen, was sich in Ihrer Hand befindet. Bei der Statistik öffnen Sie die Hand und benutzen diese Information, um damit Rückschlüsse auf den Inhalt des Beutels zu ziehen.

Wahrscheinlichkeitsrechnung ist in Richtung Details orientiert, Statistik orientiert sich von den Details in Richtung großes Ganzes. Ergibt das einen Sinn für Sie?

Sehen wir uns hierzu zwei Beispiele aus der wahren Welt an:

- **Die Gewinne der Casinos in Las Vegas basieren auf Wahrscheinlichkeit.** Jedes Mal, wenn Sie ein Spiel spielen, greifen Sie in den Murmelbeutel des Casinos, der die Gewinne und Verluste enthält. Der Beutel des Casinos enthält gerade genug Gewinnermurmeln, damit Sie nicht das Interesse am Spiel verlieren. Casinos verstehen Variation so gut, dass sie ein Geschäftsmodell daraus entwickelt haben. Sie haben das Verhältnis aus Gewinn und Verlust so weit optimiert, dass Sie interessiert und gut gelaunt bleiben. Auf lange Sicht haben Casinos aber eine sehr klare Vorstellung davon, wie sie ihr Geld verdienen. Schließlich haben sie den Beutel mit den Murmeln selbst hergestellt und wissen genau, was sich darin befindet. Für jede Wette, jeden Chip auf dem Tisch, jeden betätigten Hebel eines einarmigen Banditen kennen die Casinos die zugrunde liegende Wahrscheinlichkeit Ihres Erfolgs. Wenn Sie überlegen, wie viele Daten die Casinos zur Verfügung haben, können Sie leicht erkennen, dass sie zwar in einer Welt der Variation leben, dabei aber eine klare Vorstellung von den möglichen Ergebnissen haben.

- **Politische Umfragen basieren auf Statistik.** In einem Casino wird der Beutel mit den Murmeln sehr sorgfältig abgestimmt und fortlaufend überprüft. Bei einer Wahl wissen die Politiker dagegen nicht, was der Beutel wirklich enthält, bis der Wahltag kommt und alle Murmeln (d.h. die Stimmen) schließlich offenbart werden.[8] Politiker haben nur diese eine Chance, herauszufinden, was der Beutel beinhaltet und ob er genug Gewinnermurmeln für sie enthält. Vor der Wahl haben Politiker und politische Parteien nur Zugriff auf eine kleine Menge zufällig ausgewählter Murmeln (genannt Umfragen). Für diese Informationen zahlen sie eine Menge Geld. Anhand dieser Stichproben versuchen sie, darauf zu schließen, was sich in dem Beutel befindet, und ihre Kampagnen entsprechend anzupassen. Da ihre Informationen nicht vollständig sind (und oft verzerrt und fehlerhaft sein können), liegen sie nicht immer richtig. Aber wenn sie richtig liegen, kann das wahlentscheidend sein.

Sehen wir uns in den folgenden Abschnitten ein paar Konzepte zu Wahrscheinlichkeitsrechnung und Statistik genauer an.

Wahrscheinlichkeit oder Intuition

Weiter oben in diesem Kapitel haben wir gesagt, dass zufällige Variation nicht kontrolliert werden kann. Aber sie kann gemessen werden, und die Wahrscheinlichkeitsrechnung gibt uns dafür die nötigen Werkzeuge.

Manchmal ergeben Wahrscheinlichkeiten absolut einen Sinn für uns. Wenn Sie jemals einen Würfel gerollt oder einen Dreidel[9] gedreht haben, werden Sie bemerkt haben, dass es eine allgemein bekannte Chance gibt, dass Sie mit dem Würfel eine bestimmte Zahl (zwischen 1 und 6 bzw. 1 und 4) werfen. Es ist nicht schwer, einfache Glücksspiele zu verstehen. Einfache Wahrscheinlichkeiten fühlen sich intuitiv an. Sie scheinen uns so normal, dass die zugrunde liegende Komplexität oft übersehen wird. Werbeanzeigen spielen beispielsweise mit der Attraktivität einfacher Wahrscheinlichkeiten, indem sie Dinge auf etwas reduzieren, das wir intuitiv zu verstehen glauben.

Sicher kennen Sie die berühmte »Vier von fünf Zahnärzten sind sich einig ...«-Werbung, mit der eine Werbebotschaft X bestätigt werden soll. (Dabei kann X alles

8 Dies ist eine starke Vereinfachung. Bei einer Wahl versuchen politische Parteien, den Inhalt des Beutels zu beeinflussen, sowohl die Anzahl der Murmeln als auch ihre Zahl. Aber selbst in diesem Fall wissen sie nicht alles und müssen sich auf Stichproben verlassen.

9 Ein vierseitiger Kreisel: *https://de.wikipedia.org/wiki/Dreidel*.

Mögliche sein – Kaugummi gegen Löcher in den Zähnen oder die Botschaft, dass Natron die Zähne weiß macht –, aber das ist nicht so wichtig.)

Jetzt stellen Sie sich vor, Ihnen sitzen fünf Zahnärzte gegenüber. Wenn Sie wissen, dass sich 80 % aller Zahnärzte darüber einig sind, dass X wahr ist, wie wahrscheinlich ist es dann, dass tatsächlich vier von fünf der Ihnen gegenübersitzenden Zahnärzte damit übereinstimmen?[10]

100 %? 90 %? Oder 80 %?

Die korrekte Antwort lautet 41 %.

Intuitiv gesehen, scheint das ein ziemlich geringer Wert zu sein. Sehen wir uns an, woran das liegt. Tabelle 3-1 zeigt eine Möglichkeit, wie eine repräsentative Gruppe Zahnärzte sich über X einig sein könnte.

Tabelle 3-1: Wahrscheinlichkeit, dass Zahnärzte einer Werbebotschaft zustimmen

	Zahnärzte				
	1	2	3	4	5
Zustimmung?	Ja	Ja	Ja	Ja	Nein
Wahrscheinlichkeit	0,8	0,8	0,8	0,8	0,2

Wahrscheinlichkeit dieser Kombination = 0,8 * 0,8 * 0,8 * 0,8 * 0,2 = 0,08192

Oder kürzer ausgedrückt:

$$p = 0{,}8^4 + 0{,}2 = 0{,}08192$$

Allerdings gibt es fünf verschiedene Kombinationen der Zustimmung, bei denen jeder Zahnarzt derjenige sein kann, der Nein sagt, wie in Tabelle 3-2 gezeigt.

Tabelle 3-2: Mögliche Kombinationen von vier aus fünf Zahnärzten, die sich einig sind

	Zahnärzte: Sind sie einverstanden?				
Kombination	1	2	3	4	5
1	Ja	Ja	Ja	Ja	**Nein**
2	Ja	Ja	Ja	**Nein**	Ja
3	Ja	Ja	**Nein**	Ja	Ja
4	Ja	**Nein**	Ja	Ja	Ja
5	**Nein**	Ja	Ja	Ja	Ja

Das heißt, die ursprüngliche Wahrscheinlichkeit muss mit 5 multipliziert werden. Das ergibt: 0,08192 * 5 = 0,4096 oder kurz 41 %.

10 Das Beispiel stammt aus *www.johndcook.com/blog/2010/07/06/four-out-of-five-dentists-surveyed.*

Durchschnittlich sind sich möglicherweise vier von fünf Zahnärzten einig, aber das ist keine Garantie dafür, dass *jede* Auswahl an Zahnärzten die Werbebotschaft X befürwortet. Oder, um zu unserer Murmelanalogie zurückzukehren: Wenn der Beutel 80 % Murmeln mit Ja und 20 % mit Nein enthält, können einige Handvoll mit fünf Murmeln durchaus auch fünf Ja-Stimmen enthalten. Und in seltenen Fällen sogar fünf Nein-Stimmen. (Genau das ist Variation.)

Wir zeigen Ihnen dieses Beispiel, um Ihnen ein weiteres Mal zu verdeutlichen, wie die Variation unterschätzt wird, besonders wenn es um kleine Zahlen geht. Was Menschen basierend auf ihrer Intuition zu sehen erwarten, entspricht bei der Berechnung von Wahrscheinlichkeiten nur selten der Realität. Und das *Unterschätzen von Variation* führt leicht zur *Überschätzung des eigenen Vertrauens* in kleine Datenmengen. Dies wird auch als das *Gesetz der kleinen Zahlen* bezeichnet. Es ist der »anhaltende Glaube, dass kleine Stichproben in hohem Maße repräsentativ für die Populationen sind, aus denen sie gezogen wurden«.[11]

Statistisch zu denken, wie Data Heads es tun sollten, bedeutet ebenfalls, unsere Intuition aufmerksam zu beobachten und zu wissen, dass sie uns auch täuschen kann. (In den folgenden Kapiteln werden wir noch einige weitere Beispiele für diese Fehleinschätzung kennenlernen.)

Entdeckungen mit Statistiken

Statistik wird oft in *deskriptive* (beschreibende) und *inferenzielle* (schlussfolgernde oder ableitende) Statistik unterteilt. Deskriptive Statistik kennen Sie vermutlich, selbst wenn Sie diesen Begriff nicht verwenden. Deskriptive Statistiken sind die Zahlen, die Daten zusammenfassen, die Zahlen, die Sie in der Zeitung lesen oder in Präsentationen bei der Arbeit sehen – durchschnittliche Verkäufe des letzten Quartals, jährliche Gewinnsteigerung, Arbeitslosenquoten und so weiter. Messgrößen wie arithmetisches Mittel, Median, Spannweite, Varianz und Standardabweichung sind deskriptive Statistiken und erfordern zur Berechnung besondere Formeln. Ihr altes Statistikbuch ist voll davon.

Deskriptive Statistiken sind absichtlich starke Vereinfachungen von Daten – eine Möglichkeit, die umfangreiche Tabelle der Verkaufszahlen eines Unternehmens mit wenigen Kennzahlen auszudrücken, die die wichtigsten Informationen zusammenfassen. In unserem Murmel-Beispiel entspräche die deskriptive Statistik einfach dem Zählen und Zusammenfassen der Murmeln in Ihrer Hand.

Obwohl diese Information bereits nützlich sein kann, geben wir uns nicht damit zufrieden. Wir wollen noch einen Schritt weitergehen und verstehen, wie wir anhand der Informationen in unserer Hand eine grundsätzliche Vermutung über den Gesamtinhalt des Beutels anstellen können. Das ist inferenzielle Statistik. Es ist der

11 Tversky, A., & Kahneman, D. (1974). Judgment under Uncertainty: Heuristics and Biases. *Science*, 185(4157), 1124–1131.

Prozess der Bewegung »von der Welt zu den Daten und von den Daten wieder zurück in die Welt«.[12] (In Kapitel 7 werden wir näher darauf eingehen.)

Sehen wir uns hierzu noch ein Beispiel an. Überlegen Sie, wie Sie auf die Überschrift »75 % aller US-Amerikaner glauben an UFOs« reagieren würden – nachdem Sie erfahren haben, dass die Daten aus einer Befragung von 20 Touristen beim *International UFO Museum and Research Center* in Roswell, New Mexico, stammen. Glauben Sie, dass man daraus wirklich den tatsächlichen Prozentsatz aller US-Amerikaner, die an UFOs glauben, *ableiten* (engl. *to infer*, daher *inferenzielle* Statistik) kann, vor allem nachdem Sie wissen, wie die Studie durchgeführt wurde?

Bei einem Data Head würden sofort alle Alarmsirenen losheulen. Die Statistik von 75 % ist aus folgenden Gründen nicht glaubwürdig:

- *Verzerrte Stichprobe*. Menschen, die Roswell besuchen, glauben deutlich öfter an UFOs als die allgemeine Öffentlichkeit.
- *Zu kleine Stichprobengröße*. Sie haben gelernt, zu wie viel Variation kleine Stichproben führen können. Der Versuch, auf der Basis von 20 Personen abzuleiten, was Millionen Bürger denken, ist nicht sinnvoll.
- *Zu Grunde liegende Annahmen*. Die Überschrift besagte, »US-Amerikaner« glaubten an UFOs, nur weil der Test in den USA durchgeführt wurde. Tatsächlich ist das Museum eine internationale Attraktion. Sie können nicht wissen, ob alle Teilnehmer an der Studie tatsächlich US-Amerikaner waren.

Konzepte wie *Verzerrung* (auch *Bias* genannt) und *Stichprobengröße* sind Werkzeuge der inferenziellen Statistik, die uns helfen, zu unterscheiden, ob die Statistiken, die wir sehen oder berechnen, Unsinn sind oder nicht. Und sie sind ein wichtiger Bestandteil unseres Werkzeugkastens. Die Beachtung der zugrunde liegenden Annahmen ist allerdings genauso wichtig. Um wie ein Data Head zu denken, dürfen Sie Annahmen, die in einer Schlussfolgerung geäußert werden, nicht einfach für bare Münze nehmen.

Wenn Sie es bei Ihrer Arbeit also mit Daten zu tun haben, sollten Sie weder den offensichtlichen Informationen noch Ihrer eigenen Intuition blindlings vertrauen.

Denken Sie statistisch. Stellen Sie Fragen. Das ist es, was Data Heads tun. Die folgenden Kapitel zeigen Ihnen, welche Fragen Ihnen beim statistischen Denken helfen.

Ressourcen für das statistische Denken

Weiter oben in diesem Kapitel haben wir aufgezeigt, dass wir nur die Spitze des Eisbergs des statistischen Denkens berühren können. Zum Glück gibt es eine ganze Reihe guter Bücher, mit denen Sie tiefer in das Thema eindringen können. Unsere Favoriten sind:

12 O'Neil, C. & Schutt, R. (2013). *Doing Data Science: Straight Talk from the Frontline*. O'Reilly Media, Inc.

- *Damned Lies and Statistics: Untangling Numbers from the Media, Politicians, and Activists*, von Joel Best (University of California Press, 2012)
- *How Not to Be Wrong: The Power of Mathematical Thinking*, von Jordan Ellenberg (Penguin Books, 2015)
- *How to Lie with Statistics*, von Darrell Huff (W. W. Norton & Company, 1993)
- *Naked Statistics: Stripping the Dread from the Data*, von Charles Wheelan (W. W. Norton & Company, 2014)
- *Proofiness: How You're Being Fooled by the Numbers*, von Charles Seife (Penguin Books, 1994)
- *Wenn Gott würfelt: oder Wie der Zufall unser Leben bestimmt*, von Leonard Mlodinow (Rowohlt, 2011)
- *Die Berechnung der Zukunft: Warum die meisten Prognosen falsch sind und manche trotzdem zutreffen*, von Nate Silver (Heyne Verlag, 2013)
- *Schnelles Denken, langsames Denken*, von Daniel Kahneman (Penguin Verlag, 2016)

Zusammenfassung

In diesem Kapitel haben wir das Fundament des statistischen Denkens gelegt, auf das wir im Laufe des Buchs aufbauen werden.

Insbesondere haben wir die Bedeutung der Variation beschrieben und warum es so wichtig ist, zu verstehen, warum sie im Zusammenhang mit den Dingen, die wir messen, existiert. Wir haben gezeigt, dass Umfragen eine starke Variationsbreite haben können, wenn es um das Einholen von Kundenmeinungen geht. Nicht, weil der Service schlecht war (obwohl auch das sein kann), sondern weil die Frage selbst zu sehr unterschiedlichen Antworten führt, die als ähnlich angesehen werden könnten, bis sie gemessen werden.

Wir haben außerdem über Wahrscheinlichkeitsrechnung und Statistik gesprochen. Beide helfen uns beim Umgang mit Variation, indem sie zeigen, dass manches vorhersagbar ist, anderes auf lange Sicht aber gar keine Rolle spielt.

Wahrscheinlichkeitsrechnung ist in Richtung Details orientiert: Sie benutzt ein großes Universum an Informationen, um uns mitzuteilen, was wir finden, wenn wir zufällige Stichproben davon nehmen. Statistik orientiert sich von den Details in Richtung großes Ganzes: Sie sagt uns etwas über das große Informationsuniversum, indem sie die kleinen Stückchen daraus verwendet, auf die wir Zugriff haben. Sowohl Statistik als auch Wahrscheinlichkeitsrechnung sind Werkzeuge, die uns helfen, mehr herauszufinden, wenn uns das Gesamtbild dessen, was wir wissen wollen, verborgen bleibt. Zum Schluss haben wir darüber gesprochen, wie Sie Ihr Wissen der Statistik und Wahrscheinlichkeit nutzen können, um Ihre Skepsis zu schärfen.

TEIL II

Sprechen wie ein Data Head

Teil II, »Sprechen wie ein Data Head«, erweitert die Aufforderung des vorherigen Teils, statistisch zu denken und alles infrage zu stellen. Wir sagen Ihnen, welche Fragen Sie stellen und über welche Dinge Sie nachdenken sollten – unabhängig davon, ob Sie das Datenprojekt von jemand anderem betrachten oder selbst daran arbeiten. Daher sind viele der Kapitelüberschriften dieses Teils nach genau diesen Fragen benannt. Betrachten Sie diesen Teil als Leitfaden zum Stellen unbequemer Fragen. Folgende Themen kommen im Folgenden zur Sprache:

Kapitel 4: *Daten infrage stellen*

Kapitel 5: *Daten erkunden*

Kapitel 6: *Wahrscheinlichkeiten untersuchen*

Kapitel 7: *Hinterfragen Sie Statistiken*

Mithilfe dieser Kapitel werden Sie in der Lage sein, Daten und Analysen, die Ihnen bei der Arbeit begegnen, kritisch und informiert zu hinterfragen.

KAPITEL 4

Daten infrage stellen

»Die Kombination aus Daten und einem brennenden Verlangen nach Antworten ist keine Garantie dafür, dass aus den gegebenen Daten tatsächlich eine sinnvolle Antwort gewonnen werden kann.«

– *John W. Tukey, berühmter amerikanischer Statistiker*

Als Data Head müssen Sie auch Führungsqualität beweisen, indem Sie Fragen zu den Daten stellen, die im Projekt verwendet werden.

Damit meinen wir die grundlegenden Rohdaten – das Ausgangsmaterial, aus dem alle Statistiken berechnet, Machine-Learning-Modelle aufgebaut oder Dashboard-Visualisierungen erstellt werden. Dies sind die Daten, die in Ihren Tabellen und Datenbanken gespeichert sind. Sind die Rohdaten gammelig, kann weder eine noch so große Datenzauberei oder statistische Methodologie noch Machine Learning den Gestank verdecken. Daher können wir dieses Kapitel am besten mit einer alten Bauernweisheit zusammenfassen: »Aus einem Kuhfladen wird keine Sahnetorte.« (Auf Englisch: »Garbage in – Garbage out.«). Mit den Fragen in diesem Kapitel können Sie herausfinden, ob Ihre Daten wirklich etwas taugen.

Unten haben wir drei Aufforderungen und Fragen zusammengetragen, die Ihnen bei der kritischen Betrachtung der Daten helfen sollen. Hierzu gibt es jeweils zwei Folgefragen, um die Informationen zu präzisieren.

- Erzählen Sie mir die Geschichte zur Herkunft der Daten.
  - Wer hat die Daten gesammelt?
  - Wie wurden die Daten gesammelt?
- Sind die Daten repräsentativ?
  - Gibt es eine Stichprobenverzerrung?
  - Wie wurde mit Ausreißern umgegangen?
- Welche Daten sehe ich nicht?
  - Wie sind Sie mit fehlenden Werten umgegangen?
  - Können diese Daten abbilden, was Sie mit ihnen messen wollen?

In den folgenden Abschnitten erklären wir detailliert, warum Sie diese Fragen stellen sollten und welche Probleme sie oftmals offenlegen.

Vorher aber noch eine Denkübung.

Was würden Sie tun?

Sie leiten ein prestigeträchtiges Projekt für ein Technologieunternehmen, das kurz vor einem Durchbruch im Bereich selbstfahrender Autos steht. Es ist ein wichtiger Moment für Sie und Ihr Unternehmen und, nicht zu vergessen, für Ihre Karriere. Eine erfolgreiche Produktpräsentation wäre die Belohnung für viele Spätschichten, viel zu optimistische Versprechen an die Geschäftsführung, Vergebung für Projektverzögerungen und die Rechtfertigung für das riesige Forschungs- und Entwicklungsbudget, um das Sie gebettelt haben.

Und es ist der Abend vor der Vorstellung eines neuen Fahrzeugprototyps.

Die Leute aus der Chefetage, Dutzende Angestellte, potenzielle Investoren und die Medien sind Hunderte von Kilometern gereist, um einen möglicherweise entscheidenden Moment in der Automobilgeschichte mitzuerleben. Spätabends ruft Sie ein Ingenieur an und teilt Ihnen mit, dass für den nächsten Tag Temperaturen um den Gefrierpunkt (31 °F) vorhergesagt werden, was dazu führen könnte, dass wichtige Bauteile des innovativen Fahrzeugprototyps ausfallen. Allerdings können die Ingenieure nicht mit Sicherheit sagen, ob es wirklich zu Problemen kommen wird. Die Schwierigkeit ist, dass das System einfach noch nicht unter Kältebedingungen getestet wurde. Die Anpassungen und Tests für Temperaturen unter dem Gefrierpunkt sind geplant, aber noch nicht durchgeführt worden. Es besteht das Risiko einer öffentlichen und sehr teuren Katastrophe.

Die Risiken bei einer Verschiebung der Präsentation sind ebenfalls teuer. Wird sie am morgigen Tag nicht durchgeführt werden, kann man nicht einfach einen neuen Termin finden. Es könnte Monate dauern, bis die Bedingungen wieder perfekt sind. Ihr Unternehmen hat den größten Teil des vergangenen Jahres damit verbracht, genau für diesen Moment umfangreich Werbung zu machen. Sollte das Event morgen nicht stattfinden, wird die Begeisterung vermutlich nie wieder so groß sein.

Also bitten Sie den Ingenieur, Ihnen die Daten zu zeigen, auf denen seine Sorge beruht, dass zu niedrige Temperaturen das Innenleben des Autos beeinträchtigen könnten. Daraufhin erhalten Sie die Daten in Abbildung 4-1.

Der Ingenieur erklärt Ihnen, dass das Unternehmen 23 Probefahrten bei verschiedenen Temperaturen durchgeführt hat. Bei sieben davon (die in der Abbildung gezeigt werden) gab es Vorfälle, in denen ein wichtiger Teil des autonomen Fahrsystems Probleme hatte. Bei zwei der Probefahrten fielen kritische Bauteile aus.

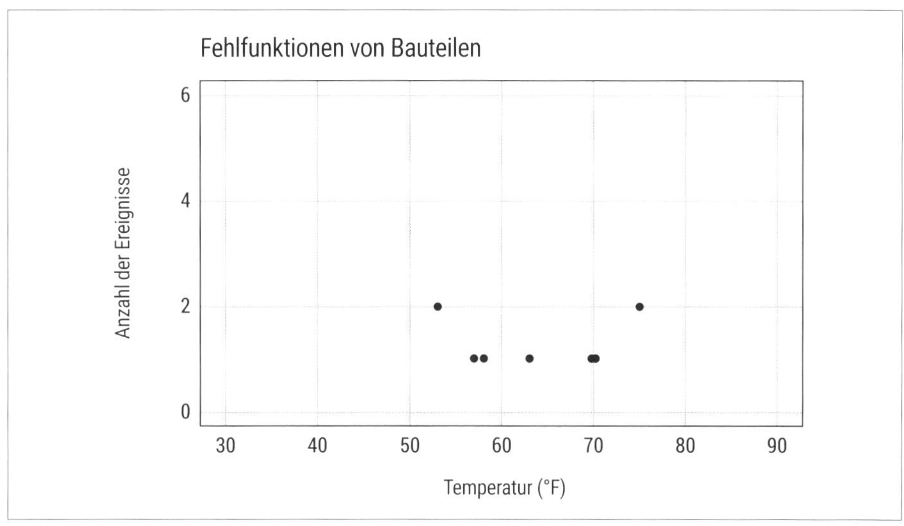

Abbildung 4-1: Darstellung von Probefahrten mit kritischen Bauteilausfällen bezogen auf die Temperatur

Allerdings haben Ihre Ingenieure die Möglichkeit bedacht, dass Bauteile ausfallen, und eine Redundanz eingebaut. Jedes System besteht aus sechs kritischen Bauteilen (dies ist der Grund dafür, dass die y-Achse des Diagramms bis zum Wert 6 geht). Da die Teile mehrfach vorhanden sind, können ein paar Teile ausfallen, bevor das ganze Auto stehen bleibt. Bei 23 Probefahrten gab es nie mehr als zwei Ausfälle von Bauteilen, und keines dieser Probleme hatte Auswirkungen auf die Benutzbarkeit des Fahrzeugs. In beiden Fällen, die bei 12 °C und 24 °C (53 und 75 °F im Diagramm) auftraten, konnte das Auto weiterfahren. Die niedrigste Temperatur, bei der ein Test durchgeführt wurde, betrug 12 °C (53 °F), die höchste lag bei 27 °C (81 °F).

»Wie dem auch sei, wir haben das System einfach noch nicht bei niedrigeren Temperaturen getestet«, sagen die Ingenieure, und Sie nehmen die Bedenken ernst.

Soweit Sie erkennen können, scheint die Temperatur den Ausfall der Bauteile nicht zu beeinflussen. Die Ausfälle traten deutlich über 0 °C auf. Ein Szenario, in dem mehr als zwei der sechs Bauteile durch niedrige Temperaturen Probleme bekommen, ist anhand der Daten der 23 Probefahrten nur schwer nachvollziehbar. Und selbst mit zwei defekten Bauteilen ist das Auto noch fahrbereit. Würde die Welt es überhaupt mitbekommen, wenn morgen maximal zwei Bauteile ausfallen?

Was würden Sie tun? Würden Sie die Präsentation verschieben oder wie geplant durchführen?

Denken Sie einen Moment darüber nach. Gibt es fehlende Datenpunkte, die Sie in Betracht ziehen sollten?

Katastrophe durch fehlende Daten

Am 28. Januar 1986 startete die NASA unter den Augen der Welt bei eisigen Temperaturen die Raumfähre *Challenger* vom Kennedy Space Center in Florida.

Viele von uns kennen diesen Teil der *Challenger*-Geschichte. Die Geschichte der Daten hinter der Katastrophe ist dagegen weit weniger bekannt. Auch die *Challenger* hatte sechs kritische Bauteile, sogenannte O-Ringe. Diese sollten »verhindern, dass brennender Raketentreibstoff aus den Nahtstellen der Booster-Raketen austritt«[1]. In 23 Probeläufen vor dem Starttermin gab es sieben Vorfälle mit schadhaften O-Ringen.

Kommt Ihnen das Szenario irgendwie bekannt vor?

Die NASA stand in der Nacht vorm Start vor dem gleichen Dilemma wie Sie. Nach dem Rogers Commission Report (der von Präsident Ronald Reagan nach dem Vorfall in Auftrag gegeben wurde) fand in der Nacht vor dem Start ein Treffen statt, um das Problem zu besprechen.

> Die Verantwortlichen verglichen die Flüge, bei denen eine thermische Belastung der O-Ringe beobachtet wurde, in Abhängigkeit von der Temperatur, aber nicht die Häufigkeit des Auftretens bezogen auf alle Flüge (siehe Abbildung 4-2).[2]

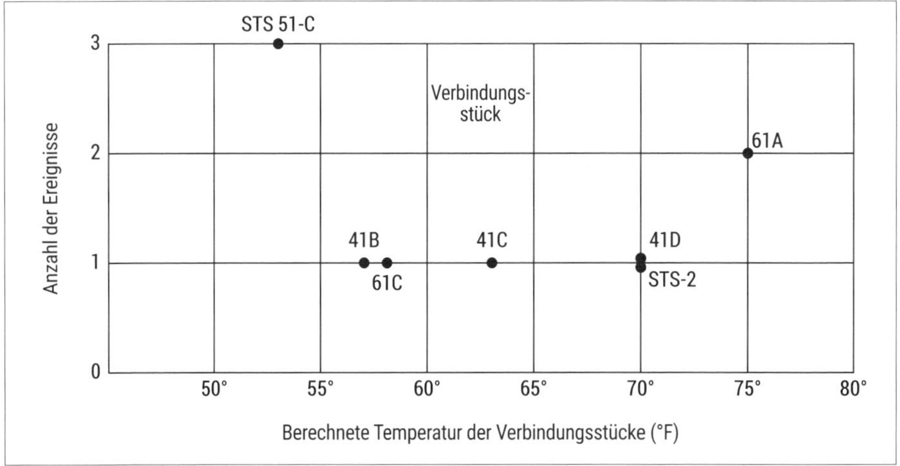

Abbildung 4-2: Darstellung der Flüge mit thermischer Belastung der O-Ringe als Funktion der Temperatur. Diese Abbildung stammt aus dem »Report of the Presidential Commission on the Space Shuttle Challenger Accident«.

1 Zitat aus dem NRP-Artikel »Challenger Engineer Who Warned Of Shuttle Disaster Dies«, *www.npr.org/sections/thetwo-way/2016/03/21/470870426/challenger-engineerwho-warned-of-shuttle-disaster-dies*.

2 Zitat aus dem *Report to the President by the Presidential Commission on the Space ShuttleChallenger Accident*, Seite 146. Online unter *atspaceflight.nasa.gov/outreach/SignificantIncidents/assets/rogers_commission_report.pdf*.

Im Bericht steht: »Bei solch einem Vergleich gibt es keine Unregelmäßigkeiten in der Verteilung der Belastung der O-Ringe über das Spektrum aller Temperaturen zwischen 53 und 75 °F (12 °C bis 24 °C).«

Basierend auf dieser Fehlerauswertung entschied die NASA, den Startvorgang nicht zu unterbrechen. Am Tag des Starts konnten die O-Ringe die Fugen in der ungewöhnlichen Kälte jedoch nicht korrekt schließen, und das Shuttle brach nach einer Flugzeit von 73 Sekunden auseinander. Alle sieben Astronauten an Bord starben.

Können Sie sich denken, welche Daten hier gefehlt haben?

Was ist mit den fehlerfreien 16 Testläufen? Abbildung 4-3 zeigt die übrigen Probeläufe, die von der Rogers Commission dokumentiert wurden.

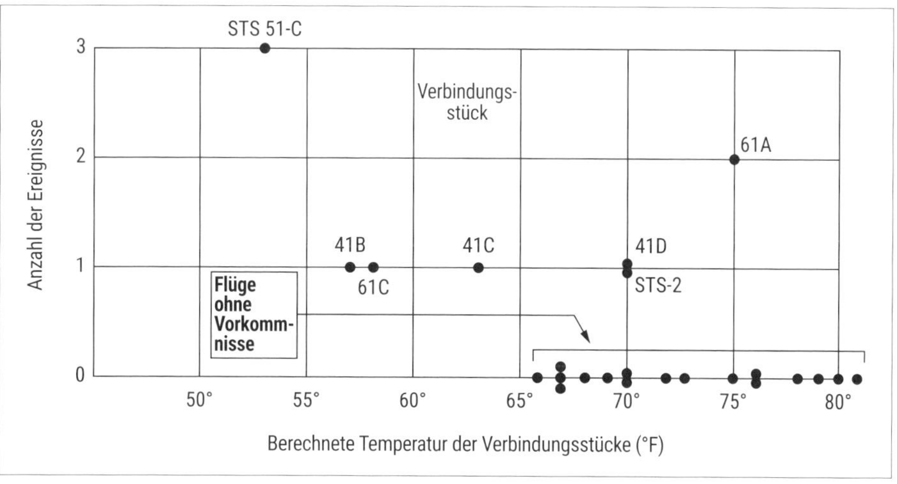

Abbildung 4-3: Darstellung der Flüge mit thermischer Belastung der O-Ringe als Funktion der Temperatur inklusive der Probeflüge ohne Vorkommnisse. Diese Abbildung stammt aus dem »Report of the Presidential Commission on the Space Shuttle Challenger Accident«.

Übertragen wir dies auf unsere Denkübung. Hätten Sie daran gedacht, nach den fehlenden Daten zu fragen? In diesem Fall, und sofern Sie die Daten zur Bewertung an Statistiker übergeben hätten, wäre Ihnen möglicherweise aufgefallen, dass es einen subtilen Trend gab, dass Bauteile bei niedrigen Temperaturen ausfallen könnten. Abbildung 4-4 zeigt die Probefahrten unseres autonomen Autos inklusive der Fahrten, bei denen es keine kritischen Fehler gab.

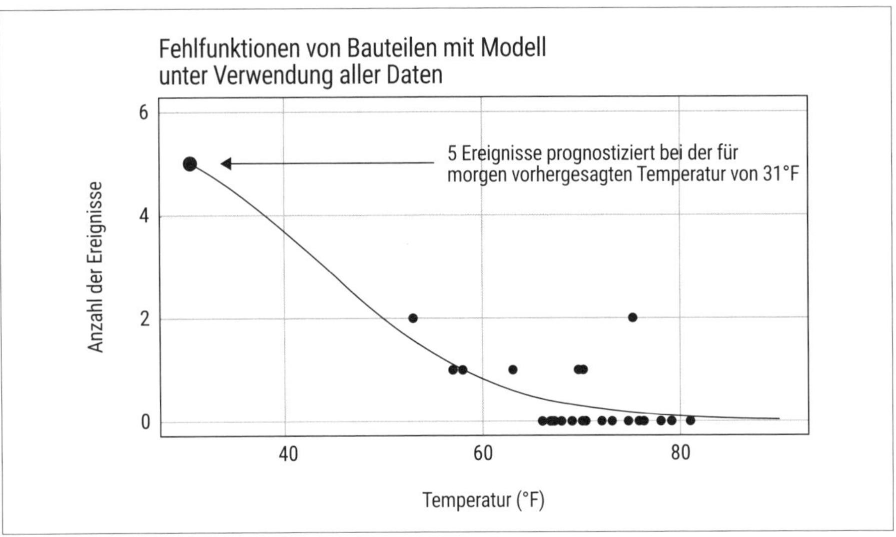

Abbildung 4-4: Darstellung der Probefahrten mit und ohne Ausfall kritischer Komponenten als Funktion der Temperatur. Die Kurve zeigt ein logistisches Regressionsmodell.

HINWEIS

In Kapitel 2, *Was sind Daten?*, haben wir darauf hingewiesen, dass Daten die Analysemethode bestimmen. Dies ist einer dieser Fälle. Die Anzahl der Vorfälle ist in Form numerischer Zähldaten erfasst, die eine besondere Form der Modellierung erfordert: die *logistische (oder binomiale) Regression*. Da es sich hier um Zähldaten und nicht um kontinuierliche Daten handelt, können Sie keine lineare Regression (siehe Kapitel 9, *Das Regressionsmodell verstehen*) verwenden. Eine lineare Regression würde zu einer Vorhersage einer negativen Anzahl von Fehlschlägen für hohe Temperaturen führen, was keinen Sinn ergibt. Mehr zur logistischen Regression erfahren Sie in Kapitel 10, *Das Klassifikationsmodell verstehen*.

In den folgenden Jahrzehnten haben zahlreiche Statistiker, Ingenieure und Forscher die *Challenger*-Daten untersucht.[3] Wir wollten Ihnen hier einen realen Fall zeigen, um zu veranschaulichen, mit welchen Fragen Datenanalysten umgehen müssen. Ein 1989 erschienener Artikel im *Journal of the American Statistical Association (JASA)*, einer führenden statistischen Fachzeitschrift, stellte eine Analyse der *Challenger*-Daten vor, die wir in Abbildung 4-4 auf unser selbstfahrendes Auto übertragen haben. Sie sagte vorher, dass fünf der sechs primären O-Ringe bei Minusgraden versagen könnten. Dieses Diagramm berücksichtigt auch die Daten, die

3 Diese Daten können aus dem Machine-Learning-Repository der University of California, Irvine, heruntergeladen werden: *archive.ics.uci.edu/ml/datasets/Challenger+USA+Space+Shuttle+O-Ring*

ursprünglich in der Nacht vor dem *Challenger*-Start nicht verwendet wurden. Der Artikel vertritt die Auffassung, dass »statistische Wissenschaft bei der Entscheidung über diesen Start einen wertvollen Beitrag hätte leisten können.«[4]

Hätten Sie dieses Diagramm in der Nacht vor dem Start sehen wollen?

Alex' Kommentar zu den Challenger-Daten

Aufmerksamen Lesern wird eine kleine Diskrepanz zwischen den Daten in Abbildung 4-1 und den für die Diagramme in den Abbildungen 4-2 und 4-3 verwendeten Daten aufgefallen sein. Der Flug bei 53 °F in Abbildung 4-1 hatte zwei Vorfälle, in den Abbildungen 4-2 und 4-3 sind es dagegen drei. (Alle anderen Datenpunkte stimmen überein.) Pro Shuttle gibt es sechs primäre und sechs sekundäre O-Ringe. Der dritte Vorfall bei 53 °F in den Abbildungen 4-2 und 4-3 ereignete sich an einem sekundären O-Ring und war der einzige Fall einer Beschädigung eines sekundären O-Rings in den 23 Probeflügen vor dem Unglück. Die Analyse konzentrierte sich hier auf die sechs primären O-Ringe, damit sie mit der Analyse im JASA-Artikel vergleichbar war.

Die *Challenger*-Geschichte zeigt auf ernüchternde Weise ein häufiges Phänomen: Oft sehen wir Daten, die die benötigten Informationen zu codieren scheinen, während wir Daten unberücksichtigt lassen, von denen wir annehmen, dass sie nicht relevant sind. Allerdings müssen wir zugeben, dass die Folgen nur selten so schwerwiegend sind wie bei der *Challenger*-Katastrophe. Aber weil so viel auf dem Spiel stand, dient dieses Szenario als nachdrückliches Beispiel für den fehlerhaften Umgang mit Daten, der sofortige und offensichtliche Auswirkungen hat.

Wir wollen hier nicht darüber spekulieren, ob die Verantwortlichen mit dem vollständigen Datensatz die richtige Entscheidung getroffen hätten. Das lässt sich schlicht nicht herausfinden. Stattdessen wollten wir darauf hinweisen, dass es oft hintergründigere Geschichten zu entdecken gibt, wenn wir die Daten stärker infrage stellen.

Und was das angeht, ist die Geschichte der *Challenger* klar. Die meisten Unternehmen stellen ihre Daten nicht infrage und pflegen stattdessen eine Kultur der Akzeptanz. Das führt dazu, dass die Anzahl der gescheiterten Projekte langsam, aber sicher steigt, weil wichtige Fragen während des Projekts nicht gestellt wurden.

Und damit kehren wir zum Thema dieses Kapitels zurück, Ihnen beizubringen, Daten wörtlich *infrage* zu stellen.

4 Dalal, S. R., Fowlkes, E. B., & Hoadley, B. (1989). Risk Analysis of the Space Shuttle: Pre-Challenger Prediction of Failure. *Journal of the American Statistical Association*, 84(408), S. 945–957.

Erzählen Sie mir die Herkunftsgeschichte der Daten

Alle Daten haben einen Ursprung. Dennoch sollten Sie ihre Herkunft nicht als gegeben betrachten. Daher empfehlen wir Ihnen zu fragen: »Woher stammen die Daten?«

Wir mögen diese Frage, weil sie keine Antworten vorgibt und Sie schnell beurteilen können, ob die zugrunde liegenden Rohdaten zur Fragestellung passen, die man mit ihnen erforschen will. Zudem wird für diese Antwort kein mathematisches oder statistisches Wissen benötigt. Noch wichtiger erscheint uns aber, dass diese Frage ein Gefühl der Offenheit vermittelt und Vertrauen in die darauffolgenden Ergebnisse schafft (oder auch Zweifel weckt).

Achten Sie bei der Antwort sehr sorgfältig auf Korrektheit und Integrität der Person oder Organisation, die die Daten erzeugt hat.

Insbesondere suchen wir nach Antworten auf die folgenden Fragen:

- Wer hat die Daten gesammelt?
- Wie wurden die Daten gesammelt? Handelt es sich um beobachtungsbasierte oder experimentelle Daten?

Wer hat die Daten gesammelt?

Wenn wir danach fragen, wer die Daten gesammelt hat, wollen wir erstens die exakte Quelle der Daten ermitteln und zweitens, ob es um die Herkunft der Daten herum irgendwelche Punkte gibt, die weitere Folgefragen nötig machen.

Viele große Unternehmen gehen einfach davon aus, dass ihre Daten firmenintern gesammelt wurden. Beispielsweise könnte eine Firma davon ausgehen, dass sie Mitarbeiterdaten – also Daten, die auf Umfragen und damit verbundene Informationen über die eigenen Angestellten beruhen – verwendet. Tatsächlich wurden die Daten jedoch von einem externen Anbieter gesammelt und gehören diesem auch. Die geplante Nutzung dieser Daten könnte beispielsweise durch ein Portal erfolgen, das dem Unternehmen gehört. Dies erweckt den Anschein, dass die gesammelten Daten dem Unternehmen gehören, selbst wenn das nicht der Fall ist.

Insbesondere sollten Sie herausfinden, wer genau die Daten gesammelt hat. Als Data Head müssen Sie sich die Frage stellen, ob externe Daten zuverlässig sind und ob sie wirklich einen Bezug zu dem Geschäftsproblem haben, das gelöst werden soll. Zudem können die meisten Drittanbieterdaten nicht direkt im übergebenen Format weitergenutzt werden. Sie oder eine andere Person im Datenteam wird dafür verantwortlich sein, diese externen Daten richtig zu strukturieren und zu formatieren, damit sie mit den Datenbeständen Ihres Unternehmens gemeinsam verwendet werden können.

Wie wurden die Daten gesammelt?

Sie sollten außerdem überprüfen, wie die Daten gesammelt wurden. Diese Frage hilft aufzudecken, ob aus den Daten unzulässige Schlussfolgerungen gezogen werden. Die Antwort kann Ihnen auch zeigen, ob es versteckte ethische Probleme mit der Datensammlung gibt.

Bedenken Sie, dass es zwei grundlegende Arten der Datensammlung gibt: beobachtungsbasiert und experimentell.

Beobachtungsbasierte Daten werden passiv gesammelt. Beispiele sind Besuche einer Website, die Teilnahme an Kursen oder Verkaufszahlen. *Experimentelle* Daten werden dagegen unter experimentellen Bedingungen erhoben. Hierbei sollen verschiedene Behandlungsgruppen (zum Beispiel bei medizinischen Studien) und bewährte Vorsichtsmaßnahmen die Datenintegrität sicherstellen und Missverständnisse vermeiden. Experimentelle Daten gelten als der Goldstandard, weil sehr sorgfältig darauf geachtet wird, dass diese Daten verlässlich sind. Das schafft die Möglichkeit, kausale Zusammenhänge zu untersuchen. So können experimentelle Daten beispielsweise bei den folgenden Fragen helfen:[5]

- Wird der Patient gesund, wenn wir ihm dieses Medikament geben?
- Werden die Verkäufe im kommenden Quartal steigen, wenn wir unser Produkt um 15 % billiger anbieten?

Die meisten Geschäftsdaten sind jedoch beobachtungsbasiert. Sie sollten nicht (zumindest nicht ausschließlich) verwendet werden, um daraus kausale Beziehungen abzuleiten.[6] Da die Daten ohne besondere Rücksicht auf bestimmte experimentelle Bedingungen erhoben wurden, müssen der Nutzen dieser Daten und ihre zugrunde liegenden Ergebnisse entsprechend kritisch betrachtet werden. Alle Aussagen über Kausalitäten auf Basis von beobachtungsbasierten Daten sollte mit Skepsis begegnet werden.

Das Wissen darüber, wie die Daten gesammelt wurden, wird Ihnen helfen, herauszufinden, ob eine Kausalität angenommen wurde, wo dies eigentlich nicht möglich ist. Tatsächlich ist das Problem falsch angenommener Kausalität so groß, dass wir in diesem Buch noch mehrmals darauf zurückkommen werden.

Das Problem lässt sich leicht lösen, indem man experimentelle Daten nutzt, wo immer dies möglich ist. Die ohnehin schon große Komplexität bei der Arbeit mit Daten wächst noch, weil es nicht immer möglich ist, kosteneffektiv oder gar ethisch vertretbar experimentelle Daten zu verwenden. Stellen Sie sich vor, Sie sollen die Auswirkungen des »Vaping« (des Dampfens, also des Rauchens elektronischer Zigaretten) auf Jugendliche untersuchen. Dann können Sie nicht einfach per Zufalls-

5 Beachten Sie, dass Sie bestimmte Arten von geschäftlichen Fragen stellen sollten, bevor Sie ein Data-Science-Projekt beginnen, wie in Kapitel 1, *Was ist das Problem?*, beschrieben.

6 Es gibt ein paar clevere Verfahren für die Benutzung beobachtungsbasierter Daten, um darin Kausalbeziehungen zu finden. Sie basieren auf starken Annahmen und ausgefeilten Statistiken. Hierfür gibt es den Wissenschaftszweig der kausalen Inferenz.

auswahl Heranwachsende einer Behandlungs- und einer Kontrollgruppe zuweisen, die im Namen der Wissenschaft vapen. Das ist nicht gerade ethisch.

Als Data Head müssen Sie mit den Daten arbeiten, die Ihnen zur Verfügung stehen. Gleichzeitig müssen Sie im Auge behalten, wie weit Sie in der Lage sind, geschäftliche Entscheidungen voranzubringen. Einige Unternehmen und Abteilungen verfügen über die Ressourcen, vielversprechende beobachtungsbasierte Daten mit soliden Experimenten zu untermauern. Andere Geschäftsprobleme lassen sich dagegen nicht so einfach experimentell untersuchen.

Sind die Daten repräsentativ?

Sie müssen sicherstellen, dass Ihre Daten für den Zusammenhang, an dem Sie interessiert sind, repräsentativ sind. Wenn es Ihnen um die Konsumgewohnheiten von Jugendlichen in den USA geht, sollte Ihr Datensatz repräsentativ für den größeren Zusammenhang des Einkaufsverhalten aller Jugendlichen im Land sein.

Nur selten stehen uns alle Daten zur Verfügung, die wir für die Lösung eines Problems benötigen. Genau aus diesem Grund gibt es die Inferenz- oder schlussfolgernde Statistik. Wir müssen uns also auf Stichproben verlassen.[7] Sind diese Stichproben nicht repräsentativ für das untersuchte Thema, wird keine der daraus gewonnenen Erkenntnisse die Realität des größeren Zusammenhangs wirklich abbilden.

Hier sind die zielgerichteten Fragen, die Sie stellen müssen, um herauszufinden, ob die Daten repräsentativ sind:

- Gibt es eine Stichprobenverzerrung?
- Wie sind Sie mit Ausreißern umgegangen?

Gibt es eine Stichprobenverzerrung?

Von einer *Stichprobenverzerrung* (engl. *Sampling Bias*) spricht man, wenn Ihre Daten durchgängig von den Daten, die im Fokus stehen, abweichen oder sich von ihnen unterscheiden. Eine Stichprobenverzerrung wird oft indirekt entdeckt, nachdem bereits viele Entscheidungen auf Basis von Daten getroffen wurden, die das zu lösende Problem nur schlecht wiedergeben. Erst wenn diese Entscheidungen nicht zu den auf Basis der Daten vorhergesagten Ergebnissen führen, überprüfen die Analysten erneut, ob die Daten überhaupt korrekt waren.

Wenn Sie die Beliebtheit eines Politikers herausfinden wollen und hierfür nur die Wähler seiner eigenen Partei befragen, haben Sie es mit einer Stichprobenverzerrung der Daten zu tun. Je besser Ihr Experiment geplant ist, desto geringer ist das Risiko einer Stichprobenverzerrung.

7 Wenn Sie jede Beobachtung in einer Population oder einem Zusammenhang sammeln können, spricht man von einem *Zensus*.

Bei Ihrer Arbeit werden Ihnen möglicherweise auch Daten begegnen, die »von Natur aus« Verzerrungen oder Vorurteile enthalten. Die Frage »Warum wurden diese Daten gesammelt?« sollte aufdecken, warum diese von Ihnen genutzten Daten existieren. Nur selten wird darauf geachtet, dass die Daten frei von Verzerrungen sind.

Vielmehr sollten Sie davon ausgehen, dass alle beobachtungsbasierten Daten verzerrt oder mit Vorurteilen behaftet sein können. Deshalb sind sie nicht gleich wertlos, aber Sie dürfen die möglichen Mängel dieser Daten nicht außer Acht lassen.

Wie wurde mit Ausreißern umgegangen?

Angenommen, Sie betrachten die Gehaltsdaten eines Unternehmens und sehen, dass ein neu eingestellter Manager ein Jahresgehalt von 50.000.000 US-Dollar bekommt. Würden Sie das als Ausreißer einordnen? Wie würden Sie damit umgehen?

Ausreißer nennt man Datenpunkte, die sich deutlich von anderen unterscheiden. Die Entdeckung von Ausreißern sollte eine Diskussion darüber anstoßen, welche Daten vernünftigerweise von der Analyse ausgeschlossen werden sollten. Nur weil Ihnen die Auswirkungen eines Extremwerts auf eine Analyse nicht gefällt, heißt das nicht automatisch, dass der Wert gelöscht werden sollte. Für die Löschung eines Datenpunkts sollte es grundsätzlich eine gute geschäftliche Rechtfertigung geben.

Willkürliche Auswahl und Rosinenpickerei bei der Behandlung möglicher Ausreißer kann leicht zu einer Stichprobenverzerrung führen. Werden Ausreißer entfernt, sollten der ursprüngliche Datenpunkt und der Grund für seine Löschung dokumentiert und kommuniziert werden, besonders wenn sich die Ergebnisse dadurch substanziell verändern.

Welche Daten sehe ich nicht?

Fehlende Daten wurden entweder erst gar nicht aufgezeichnet (sie haben keine Herkunft), oder Sie haben sie einfach bisher nicht angesehen. Nehmen Sie die folgenden Beispiele:

- Daten, die Unterbeschäftigung darstellen, werden in der Arbeitslosenrate nicht berücksichtigt (wie z.B. erkrankte Arbeitslose).
- Ein Investmentfonds-Unternehmen schickt Fonds mit schlechter Performance »in den Ruhestand«, was die langfristige Rendite der verbleibenden Fonds im Durchschnitt höher erscheinen lässt.
- Im Fall der *Challenger* fehlten 16 von 23 Datenpunkten der Probeflüge.

Es lohnt sich, darüber nachzudenken, welche Informationen in den Ihnen vorliegenden Daten nicht codiert wurden. Spielen Sie Detektiv.[8]

Wie gehen Sie mit fehlenden Werten um?

Fehlende Werte sind Löcher im Datensatz. Sie stehen für Datenpunkte, die nicht gesammelt oder als Ausreißer entfernt wurden (siehe den vorherigen Abschnitt). Der Umgang mit fehlenden Werten ist nicht einfach, aber es gibt Verfahren, die helfen können. Es lohnt sich also immer zu fragen »Wie sind Sie mit fehlenden Werten umgegangen?«

Angenommen, Sie arbeiten für ein Kreditkartenunternehmen und sammeln Daten von Antragstellenden: Name, Adresse, Alter, Beschäftigungsstatus, Einkommen, monatliche Wohnkosten und die Anzahl der vorhandenen Bankkonten. Ihre Aufgabe ist es, vorherzusagen, ob diese Antragsteller ihre Kreditkartenschulden im kommenden Jahr rechtzeitig begleichen würden. Viele Antragsteller haben ihr Einkommen aber nicht angegeben. Das System speichert dies als Leerstelle – als fehlenden Wert.

Kommen wir noch einmal auf die Herkunft der Daten zu sprechen. Die Geschichte beginnt damit, dass jemand eine Kreditkarte beantragt. Es kann sein, dass Bewerber ihr Einkommen nicht angeben, weil sie Sorge haben, dass ihnen bei zu geringem Gehalt die Karte verweigert wird. Damit wäre allein schon das Fehlen dieses Werts ein Hinweis darauf, dass Schulden in der Zukunft zu spät beglichen werden. Sie sollten diese Information nicht wegwerfen!

Mit dieser zusätzlichen Erkenntnis könnte ein Data Scientist ein neues Feature namens »Einkommen angegeben?« erstellen und den Wert 1 verwenden, wenn die Person ihr Gehalt offenbart hat, oder 0, falls nicht. Auf diese Weise haben Sie fehlende Daten in einer eigenen kategorialen Variablen neu codiert.

Können die Daten abbilden, was Sie mit ihnen messen wollen?

Oft sind wir der Meinung, alles und jeden messen zu können. Sie sollten dennoch überlegen, ob die verfügbaren Daten komplizierte Sachverhalte wirklich abbilden können. Nehmen Sie die folgenden Beispiele:

- Wie würden Sie die Kundentreue gegenüber Ihrem Unternehmen messen?
- Welche Daten würden Sie verwenden, um Dinge wie »Markenwert« (Brand Equity) und »Reputation« zu messen?
- Welche Daten können zeigen, wie sehr Sie Ihr Kind lieben? Oder Ihr Haustier?

Diese Dinge sind schwer zu messen. Daten können helfen, uns den Antworten zu nähern, indem sie Informationen codieren. Im Großen und Ganzen sind die von

8 Wir werden uns in einem späteren Kapitel noch einmal mit dieser Idee beschäftigen, wenn es um den *Survivorship Bias* geht.

uns verwendeten Daten aber nur ein Ersatz, ein Stellvertreter für das, was wir eigentlich messen wollen. Der Grad, zu dem dieser Ersatz die Realität wiedergibt, kann sehr unterschiedlich ausfallen.[9]

Wenn Ihre Daten indirekt etwas messen, sollten Sie darüber ehrlich und wahrheitsgemäß berichten. Das Messen komplexer Sachverhalte wie Markenwert oder Reputation erfordert indirekte Näherungswerte, denn diese Dinge sind wahrlich schwer zu erfassen.

Stellen Sie Daten infrage, egal wie groß die Datenmenge ist

Man könnte meinen, die Probleme mit Stichprobendaten ließen sich einfach durch größere Datenmengen lösen. Sie könnten denken: »Je größer die Stichprobe, desto verlässlicher ist sie.« Dies ist jedoch ein Missverständnis beim statistischen Denken. Wurden die Daten korrekt erhoben, kann eine größere Stichprobe helfen. Sind Daten dagegen verzerrt, werden zusätzliche Daten Sie auch nicht retten können.

Und aus diesem Grund suggerierte der kurzlebige Hype um Big Data, dass mehr Daten aus sich selbst heraus allein durch ihre schiere Menge eine größere wissenschaftliche Tragkraft entwickeln. Doch kein Datensatz ist zu groß, um ihn infrage zu stellen. Statistiken besitzen keine Obergrenze für die absolute Datenmenge, ab der eine Stichprobe keine Verzerrung mehr aufweist. Statistik befasst sich mit den Kompromissen zwischen den verfügbaren Daten und dem, was Sie letztendlich wissen wollen.[10]

Zusammenfassung

Wir haben dieses Kapitel mit den Einzelheiten zum *Challenger*-Unfall eröffnet. Allerdings hatten Sie dabei das Steuer in der Hand. Wie wir zu Beginn dieses Buchs schon gesagt haben: Auch schlaue Leute begehen Datenfehler. Menschen und Unternehmen können und werden Fehler machen.

Aus diesem Grund haben wir Ihnen Fragen vorgestellt, die Sie stellen sollten. Außerdem haben wir gezeigt, welche Probleme diese Fragen offenbaren können. Wir wünschen uns, dass Sie diese Fragen benutzen, um sich eingehender mit den Problemen im Zusammenhang mit Ihren Daten zu befassen. Wir möchten Sie dringend darum bitten, diese Fragen an Ihr Team weiterzugeben, damit sie auf dem gleichen Stand sind wie Sie. Data Heads demonstrieren ihre Fähigkeit, Daten zu durchdringen, indem sie ein gutes Beispiel geben und immer wieder unbequeme Fragen stellen.

9 Fertigungs-, Entwicklungs- und Forschungseinrichtungen sollten auch Studien zur Bestimmung der Wiederholbarkeit und Reproduzierbarkeit der mit technischen Geräten gemessenen Daten in Betracht ziehen.

10 Statistiker denken viel über die richtige Stichprobengröße (auch *Trennschärfe* oder *Power* genannt) nach. Mehr dazu in Kapitel 7, *Hinterfragen Sie Statistiken*.

KAPITEL 5
Daten erkunden

Wenn Sie einen Data Scientist anweisen, im Trüben zu fischen, dann sind Sie an schlechten Analysen am Ende selbst schuld.[1]

– Thomas C. Redman, genannt »the Data Doc«,
Mitarbeiter der Harvard Business Review

Datenprojekte sind niemals so einfach, wie sie in der Präsentation für die Führungskräfte aussehen. Typischerweise bekommen die Entscheider eine polierte PowerPoint-Präsentation gezeigt, die sich, einem strengen Skript folgend, von Frage zu Daten zu Antwort bewegt. Die eigentliche Geschichte geht dabei jedoch verloren. Alle Ideen, die es nicht in die Endrunde geschafft haben, die wichtigen Entscheidungen und Annahmen, die das Datenteam auf seinem Weg zur Antwort getroffen haben, bleiben unbeachtet. Dabei verläuft der Weg eines guten Datenteams selten gerade, sondern windet sich wie ein Fluss, wobei die in den Daten gefundenen Entdeckungen mit einbezogen werden. Auf dem weiteren Weg können auch frühere Ideen wieder aufgegriffen werden, weil man gemerkt hat, dass es mehrere Möglichkeiten gibt, ans Ziel zu gelangen.

Der Prozess der Iteration, Entdeckung und Untersuchung von Daten wird als *explorative Datenanalyse* (EDA) bezeichnet. Sie wurde erstmals in den 1970er-Jahren von John Tukey als Möglichkeit formuliert, in Daten anhand zusammenfassender Statistiken und Visualisierungen einen Sinn zu erkennen, bevor komplexere Methoden angewandt wurden.[2] Tukey betrachtete die EDA als Detektivarbeit. Die Indizien verbergen sich in den Daten, und die richtige Erkundung würde zeigen, welche Schritte folgen müssten. In diesem Sinne ist die EDA eine weitere Möglichkeit, Ihre Daten »infrage zu stellen«. Sie ist ein wesentlicher Teil aller Arbeit mit Daten. Auf Basis der Entdeckungen kann die Richtung eines Projekts bestimmt und auch wieder verändert werden.

1 Zitiert in »Understand Regression Analysis« von Amy Gallo, Kapitel 10 in *HBR Guide to Data Analytics Basics for Managers* (HBR Guide Series).

2 Tukey, J. W. (1977). *Exploratory Data Analysis* (Vol. 2, S. 131–160).

Ihre Rolle in der explorativen Datenanalyse

Für einige Menschen ist die EDA ein unangenehmer Gedanke, denn sie legt die subjektive Natur (die Kunst?) hinter aller Datenarbeit frei. Zwei Teams, konfrontiert mit der gleichen Problemstellung und ausgestattet mit den gleichen Daten, können vollkommen verschiedene Analysewege wählen und trotzdem zum gleichen Ergebnis kommen. Vielleicht aber auch nicht. Unterwegs müssen so viele Entscheidungen getroffen werden, dass zwei Teams (oder Personen) nur selten exakt den gleichen Weg nehmen. Jeder Mensch hat seinen eigenen Hintergrund sowie seine eigenen Ideen und Werkzeuge, um Empfehlungen für die bestmögliche Lösung eines Problems zu geben.

Daher präsentieren wir Ihnen die EDA in diesem Kapitel als fortlaufenden Prozess, für den alle Data Heads verantwortlich sind, ob nun als Datenanalysten, die sich die Hände schmutzig machen, oder als Führungskraft. Sie werden lernen, welche Fragen Sie stellen müssen und worauf Sie bei der Erforschung der Daten achten sollten.

Sind Sie Managerin oder Führungskraft?

Als Stakeholder, Manager oder Fachexperte sollten Sie dem Datenteam so weit wie möglich zur Verfügung stehen. Führen Sie einen offenen Dialog und erwarten Sie Iteration. Arbeiten Sie mit dem Team zusammen, um korrekte Annahmen zu treffen. Verhindern Sie, dass das Datenteam ohne den richtigen geschäftlichen Kontext im Trüben fischt. Eine falsche Annahme kann alles Folgende in Gefahr bringen.

Uns ist völlig klar, dass Managerinnen und Manager sich mit den Einzelheiten eines Projekts nicht so detailliert beschäftigen können wie Datenanalysten. Aber für Verbesserungen ist immer Platz. Sie brauchen kein Mikromanagement zu betreiben, Sie dürfen die Details nur nicht ignorieren.[3]

Wie ein Forscher denken

Dutzende von Werkzeugen und Programmiersprachen helfen Datenteams, ihre Daten mit zusammenfassenden Statistiken und Visualisierungen schnell und kostengünstig zu untersuchen. Dabei sollte die explorative Datenanalyse nicht als Werkzeugkasten oder als eine Art Checkliste betrachtet werden. Es ist mehr eine Geisteshaltung, die jede Phase der Arbeit mit Daten durchzieht und an der Sie sich auch ohne analytischen Hintergrund beteiligen können.

3 Um es noch einmal deutlich zu sagen: Entscheiderinnen und Entscheider sollten kein Mikromanagement betreiben. Zwischen den Geschäfts- und Datenteams muss Vertrauen herrschen.

Leitfragen

Um Ihnen dabei zu helfen, wie eine Forscherin oder ein Forscher zu denken, führen wir Sie durch ein kleines Beispiel, das einen beliebten Datensatz verwendet, der speziell für Lehrzwecke zusammengestellt wurde: Ames Housing Data.[4] Das Beispiel soll einen kurzen Einblick in den EDA-Prozess bieten.

Selbst wenn es den einen »richtigen« Weg nicht gibt, können Sie immerhin eine Reihe von Fragen stellen, die dem Team helfen werden, zu einer sinnvollen Schlussfolgerung zu kommen:

- Können die Daten die Frage beantworten?
- Sind Ihnen irgendwelche Beziehungen aufgefallen?
- Haben Sie in den Daten neue Einsatzmöglichkeiten oder unentdeckte Potenziale gefunden?

Bauen wir zunächst das Beispielszenario auf und gehen wir dann alle drei Fragen nacheinander durch. Dabei überlegen wir, ob es sich lohnt, sie zu stellen, und welche Herausforderungen Ihnen dabei begegnen können.

Der Versuchsaufbau

Sie arbeiten für ein Start-up in der Immobilientechnologiebranche und sollen für mehr Traffic auf Ihrer Website sorgen. Allerdings ist es schwer, Besucher von Immotech-Giganten wie dem US-basierten *Zillow.com* abzuwerben. Sein berühmtes Werkzeug zur Immobilienbewertung Zestimate® sorgt für großen Zulauf (und Profit).[5] Um damit konkurrieren zu können, braucht Ihr Unternehmen sein eigenes Vorhersagewerkzeug. Sie haben die Aufgabe, ein *Modell* zu entwickeln, das die Informationen zu Immobilien als *Eingabe* verwendet und einen geschätzten Verkaufspreis als *Ausgabe* erzeugt.

Für den Anfang stellt Ihnen der Chef einen Datensatz zur Verfügung. Er enthält 80 Spalten, die verschiedene Aspekte Hunderter Immobilien enthält, die zwischen 2006 und 2011 in Ames, Iowa verkauft wurden.

Eine solche Datenmenge wirkt schnell einschüchternd. Die zuvor gezeigten Fragen können Ihnen helfen, den richtigen Einstiegspunkt für Ihre Arbeit mit den Daten zu finden.

Gehen wir sie einmal durch.

4 De Cock, D. (2011). Ames, Iowa: Alternative to the Boston Housing Data as an End of Semester Regression Project. *Journal of Statistics Education*, *19*(3). Sie finden die Daten zum Download unter *www.kaggle.com/c/house-prices-advanced-regression-techniques*.

5 Zillow nehmen ihre Zestimate®-Plattform sehr ernst. 2019 erhielt ein Team von Data Scientists eine Million US-Dollar für die Verbesserung der Genauigkeit der Zestimate®-Vorhersagen: *venturebeat.com/2019/01/30/zillow-awards-1-million-to-team-that-reduced-home-valuation-algorithm-error-to-below-4*.

Können die Daten Ihre Frage beantworten?

So groß die Versuchung auch ist, die Daten einfach an den gerade angesagtesten Algorithmus zu verfüttern (zum Beispiel an das in Kapitel 12 und den Folgekapiteln vorgestellte Deep Learning) – Sie müssen zuerst überlegen, ob die Daten Ihre Frage überhaupt beantworten können.

Legen Sie Erwartungen fest und benutzen Sie Ihren gesunden Menschenverstand

Sie sollten eine ziemlich gute Vorstellung davon haben, welche Daten gebraucht werden, um den Verkaufspreis eines Hauses zu schätzen: Wohnfläche, Anzahl der Schlafzimmer, Badezimmer, Baujahr und so weiter. Dies sind die beliebtesten Features, nach denen Käufer auf Ihrer Website suchen. Ohne diese Angaben scheint die Vorhersage eines Verkaufspreises unrealistisch.

Beim Öffnen der Datei sehen Sie die Spaltennamen und Datentypen. Neben den offensichtlich notwendigen Features enthält sie auch hilfreiche Zusatzinformationen (Gesamtqualität des Hauses von 1 bis 10, wobei 10 für »besonders ausgezeichnet« steht), nominalskalierte Daten (Nachbarschaft, Stadtviertel) und eine Reihe weiterer Details. Auf den ersten Blick scheinen die Daten in Ordnung zu sein.

Als Nächstes untersuchen Sie, welche Werte die Variablen haben können. Decken sie die Szenarien ab, die Sie analysieren wollen? Wenn Sie beispielsweise entdecken, dass die Variable »Gebäudetyp: Art der Wohnung« nur Einfamilienhäuser, aber keine Apartments, Doppelhäuser oder Eigentumswohnungen enthält, hat Ihr Modell im Vergleich mit Zillows Werkzeug nur eine beschränkte Aussagekraft. Zestimate® kann den Preis einer Eigentumswohnung vorhersagen. Wenn Ihrem Unternehmen hierzu aber keine historischen Daten zur Verfügung stehen, kann es den Preis von Eigentumswohnungen nicht verlässlich vorhersagen.

Die Lektion: Vermeiden Sie es, im Trüben zu fischen. Wir haben Sie bereits im Zitat zu Beginn dieses Kapitels davor gewarnt. Stellen Sie sicher, dass die Daten für die Fragestellung tatsächlich relevant sind.

Ergeben die Werte intuitiv einen Sinn?

Software kann eine Vielzahl zusammenfassender Statistiken für Sie erstellen. Ihre Aufgabe ist es, die Daten in den richtigen Zusammenhang zu bringen. Überprüfen Sie, ob die zusammenfassende Statistik mit Ihrem intuitiven Verständnis des Problems übereinstimmt. Visualisierungen sind ein weiteres Schlüsselelement der EDA – benutzen Sie diese Möglichkeit, um Anomalien und andere mögliche Fehler in den Daten zu entdecken.

Kleine Auffrischung zum Thema Datenvisualisierung

Lassen Sie uns kurz ein paar EDA-Beispiele mit Histogrammen, Box-Plots, Balken- und Streudiagrammen betrachten. Sie können diesen Teil überspringen, wenn Sie mit den Abbildungen und den darin vermittelten Informationen vertraut sind.

Histogramme zeigen die Verteilung von kontinuierlichen numerischen Daten, wie in Abbildung 5-1 zu sehen. So gibt es hier 125 Häuser im Bereich um 200.000 Dollar und ein langes Segment auf der rechten Seite, das die teuersten Häuser zeigt. Dieses Segment zieht den durchschnittlichen Verkaufspreis (181.000 Dollar) über den Medianpreis (163.000 Dollar) hinaus. Eine geringe Anzahl sehr teurer Häuser sorgt also dafür, dass der Durchschnittpreis über dem Medianwert liegt.

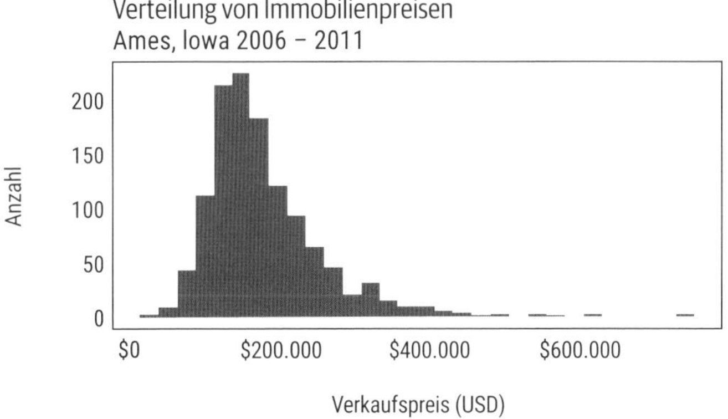

Abbildung 5-1: Ein Histogramm zeigt die Verteilung von Verkaufspreisen.

Histogramme können helfen, Anomalien zu finden. In folgenden Fällen sollten Sie vermutlich ein paar Fragen stellen: wenn Sie negative Werte sehen (wenn Sie also für den Kauf eines Hauses bezahlt würden) oder wenn es in Abbildung 5-1 Bereiche mit vielen hohen Zahlen auf der rechten Seite gäbe. Das passiert oft, wenn Daten mit einer Obergrenze (Deckelung) versehen werden, das heißt, jeder Wert über 500.000 Dollar wird als 500.000 Dollar eingegeben.

Box-Plots[6] (Kastendiagramme) können helfen, Daten über mehrere Gruppen zu vergleichen. In Abbildung 5-2 sehen Sie einen Box-Plot für jede Qualitätsbewertung eines Hauses: 1 steht für »schlecht« und 10 für »besonders ausgezeichnet«.

6 Box-Plots werden auch Box-Whisker-Plots genannt. Die »Box« enthält die mittlere Hälfte der Daten (Werte zwischen dem 25 %- und dem 75 %-Perzentil), die Linie in der Box ist der Median, und die »Whisker« (Schnurrhaare) zeigen den Wertebereich der übrigen Datenpunkte. Die Punkte außerhalb der Whisker sind potenzielle Ausreißer.

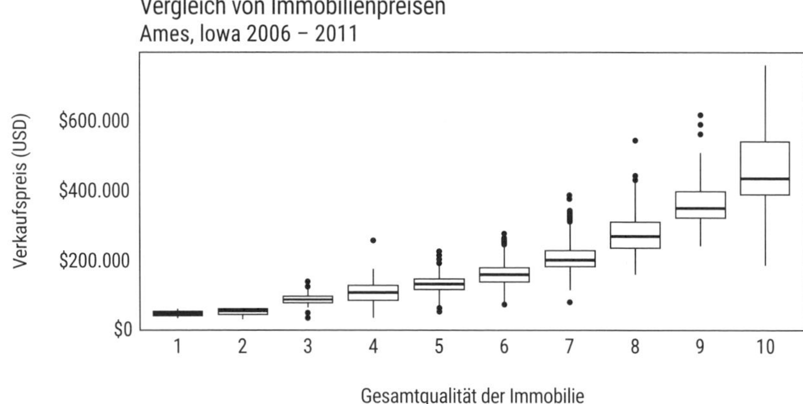

Abbildung 5-2: Verwendung von Box-Plots, um Preise bei verschiedenen Qualitätsstandards zu vergleichen

Hier scheint die Beziehung zwischen der Gesamtqualität und dem Wohnungspreis intuitiv. Wohnungen mit höherer Qualität haben normalerweise einen höheren Preis. Wir sehen aber auch ein 200.000-Dollar-Haus mit einer Qualitätsbewertung von 10 (das untere Ende der Linie ganz rechts). Offenbar haben hier andere Faktoren ebenfalls für diesen niedrigen Preis gesorgt. Genau nach dieser Art von Informationen sollten Datenanalysten die Augen offen halten.

Balkendiagramme wie das in Abbildung 5-3 geben die Anzahl kategorialer Daten wieder.

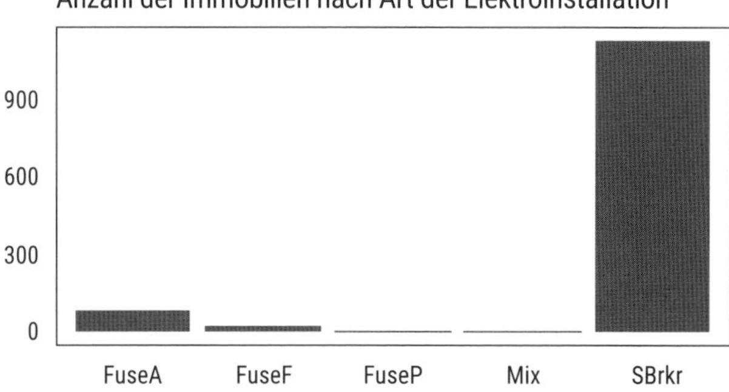

Abbildung 5-3: Das Balkendiagramm zeigt die Anzahl der Häuser nach Art des Stromanschlusses.

Nicht alle Visualisierungen wirken auf den ersten Blick interessant. Dennoch ist es sinnvoll, sie zu betrachten, auch wenn es nur dabei hilft, die vorherige Frage (oder Herausforderung) besser beantworten zu können: Ergeben die Daten intuitiv einen Sinn? In Abbildung 5-3 ist beispielsweise zu sehen, dass fast alle Häuser den gleichen Wert für diese Variable besitzen, was den Schluss nahelegt, dass die Art des Stromanschlusses die Verkaufspreise kaum beeinflusst.

Abbildung 5-4 zeigt ein **Liniendiagramm** (auch Kurvendiagramm genannt) mit der Anzahl der monatlich verkauften Häuser. Es ist leicht erkennbar, dass die Preise im Sommer ansteigen und im Winter wieder sinken, ein Beispiel für *Saisonalität*. Liniendiagramme können helfen, solche Trends zu erkennen.

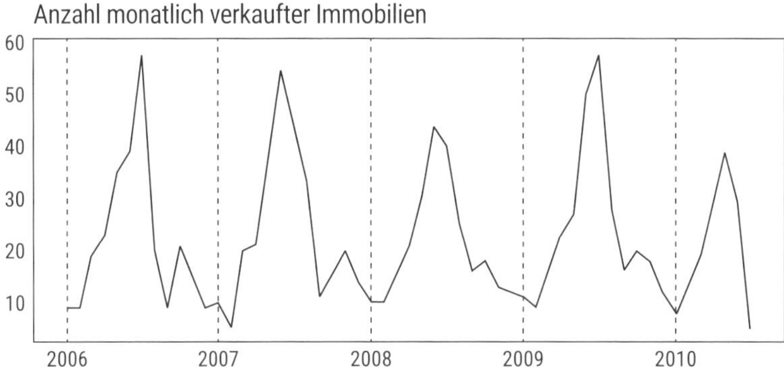

Abbildung 5-4: Ein Liniendiagramm, das die Anzahl der in verschiedenen Monaten verkauften Häuser darstellt

Als Nächstes sehen wir uns ein **Streudiagramm** an, das den Bezug zwischen Wohnfläche (Square Footage im Erdgeschoss) und Verkaufspreis darstellt (siehe Abbildung 5-5).

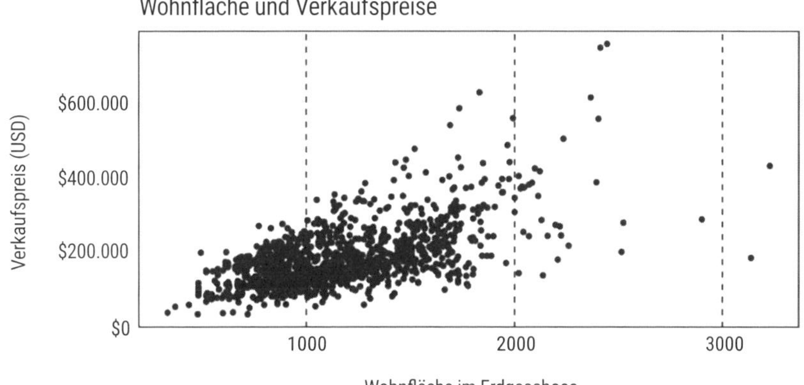

Abbildung 5-5: Ein Streudiagramm, das das Verhältnis zwischen Wohnfläche und Verkaufspreis darstellt

Abbildung 5-5 zeigt ein intuitives Muster: Je größer die Wohnfläche eines Hauses oder einer Wohnung, desto höher ist normalerweise der Verkaufspreis. Natürlich ist diese Regel nicht allgemeingültig. Manchmal sind kleine Häuser teurer als große. Variation kommt immer vor, aber der grobe Trend ist sichtbar. Und da wir hier versuchen, in der Ausgabe Verkaufspreise vorherzusagen, scheint die Wohnfläche eine wertvolle Information zu sein.

Dieser Abschnitt ist allerdings nur ein sehr kurzer Überblick darüber, welche Informationen und Erkenntnisse Diagramme schnell zugänglich machen können. Wenn Sie mehr über Visualisierungen für die Exploration von Daten erfahren möchten, empfehlen wir Ihnen die folgenden Bücher:

- *Now You See it: Simple Visualization Techniques for Quantitative Analysis* von Stephen Few (Analytics Press, 2009)
- *The Visual Display of Quantitative Information* von Edward Tufte (Graphics Press, 2011)
- *Datenvisualisierung – Grundlagen und Praxis: Wie Sie aussagekräftige Diagramme und Grafiken gestalten* von Claus O. Wilke (O'Reilly, 2020)

Achtung: Ausreißer und fehlende Werte

In jedem Datensatz gibt es Anomalien, Ausreißer und fehlende Werte. Wie sollen Sie damit umgehen?

Der Box-Plot in Abbildung 5-2 verwendet beispielsweise eine Faustregel, um bestimmte Datenpunkte als mögliche Ausreißer zu kennzeichnen. Nur weil eine Datengrafik bestimmte Punkte als Ausreißer kennzeichnet, sollten Sie Ihr kritisches Denken aber nicht einfach ausschalten und die Punkte löschen, weil Sie glauben, sie wären nicht nützlich. Bei Zillow wird es Ihnen nie passieren, dass nützliche Informationen aus den Datensätzen gelöscht werden, weil eine Visualisierung sie als Ausreißer beschrieben hat. Behalten Sie den Kontext der Daten stets im Hinterkopf – Häuser, die deutlich teurer sind als die große Masse, sind ein häufiges Merkmal von Immobiliendaten. Vergessen Sie nicht die Lektion aus dem vorherigen Kapitel: Für das Entfernen eines Ausreißers sollte es immer einen guten Grund geben. Ist das hier der Fall?

Und was ist mit fehlenden Werten? Bedeutet ein fehlender Wert für »Basement Size« (Größe des Kellers), dass das Haus zwar unterkellert ist, aber dass dessen Größe unbekannt ist? Oder heißt es, dass das Haus keinen Keller hat und der Wert eigentlich 0 sein sollte?

Wir gehen hier übrigens absichtlich etwas mehr ins Detail. Datenanalysten treffen während ihrer Projekte Hunderte dieser kleinen Entscheidungen. Auf das große Ganze kann das erhebliche Auswirkungen haben. Auf sich selbst gestellt – und ohne die Beratung von Experten –, löschen die Datenanalysten möglicherweise mehr und mehr von den Daten und lassen dadurch die schwierigen und komplizierten Fälle außer Acht. Das Ergebnis sind Daten, die so realitätsfern geworden sind, dass sie nutzlos sind. Deshalb ist es so wichtig, dass alle Beteiligten, auch die Managerinnen und Manager, wirklich verstehen, was ihre Datenteams eigentlich tun.

Sind Ihnen irgendwelche Beziehungen aufgefallen?

Zum Glück ist der erste Eindruck der Daten zum Immobilienmarkt auf Basis zusammenfassender Statistiken und Visualisierungen recht vielversprechend. Sie sind der Meinung, die Daten könnten tatsächlich für die Erstellung eines Modells der Verkaufspreise verwendet werden. Also machen Sie mit der nächsten Frage weiter: »Haben Sie irgendwelche Beziehungen entdeckt?«

Die Visualisierung hat Sie ein gutes Stück weitergebracht: Eine höhere Gesamtqualität einer Immobilie und eine größere Wohnfläche führen – wenig überraschend – zu höheren Verkaufspreisen. Dies ist die Rückmeldung, die Sie sich von den Daten erhofft hatten. Die Beziehungen ergeben einen Sinn, und die Diagramme der Variablen werden Ihnen helfen, ein Vorhersagemodell für die Verkaufspreise zu erstellen. Welche Variablen stehen noch in Verbindung zu dem Verkaufspreis?

An diesem Punkt sind zusammenfassende Statistiken besser geeignet, interessante Muster und Beziehungen in den Daten zu entdecken. Es ist nicht praktikabel, alle möglichen Streudiagramme zu erzeugen. Stattdessen kann die in Streudiagrammen gefundene Beziehung zwischen zwei Zahlen auf die zusammenfassende Statistik der *Korrelation* reduziert werden. Sie ist ein Hinweis (aber kein Beweis!) für eine Beziehung zwischen zwei numerischen Variablen.

Korrelation verstehen

Die Korrelation ist eine Messgröße für die Stärke einer Beziehung zweier Variablen. Der *Korrelationskoeffizient* nach Pearson ist eine Stichprobenfunktion mit einem Wert zwischen –1 und 1, die die lineare Beziehung (stellen Sie sich eine gerade Linie vor) zwischen Zahlenpaaren auf einem Streudiagramm angibt. Die Korrelation kann positiv sein, was bedeutet, dass die Steigerung einer Variablen mit der Steigerung einer anderen Variablen verbunden ist: Größere Häuser sind teurer. Oder die Korrelation kann negativ sein: Schwere Autos haben eine geringere Reichweite. Zu sehen ist das in Abbildung 5-6. Dort liegt die Korrelation zwischen Wohnfläche und Kaufpreis bei 0,62. Je näher die Punkte entlang eines linearen Trends (der Linie) liegen, desto größer ist die Korrelation.[7]

Korrelation kann auf zwei Arten unterstützen. Zum einen kann das Finden von Variablen, die mit dem Verkaufspreis korrelieren, bei dessen Vorhersage helfen. Zum anderen kann Korrelation helfen, Redundanzen in Ihren Daten zu verringern, weil zwei stark korrelierende Variablen offenbar sehr ähnliche Informationen enthalten. Stellen Sie sich zwei Spalten in Ihren Daten vor: die Wohnfläche in Quadratfuß (Square Foot) und die Wohnfläche in Quadratmetern. Diese beiden Variablen korrelieren perfekt, für die Analyse wird aber nur eine von beiden benötigt.

7 Korrelation ist kein Maß für »Steilheit«. Zwei perfekt korrelierte Variablen können fast vollkommen flach erscheinen (aber nicht ganz horizontal).

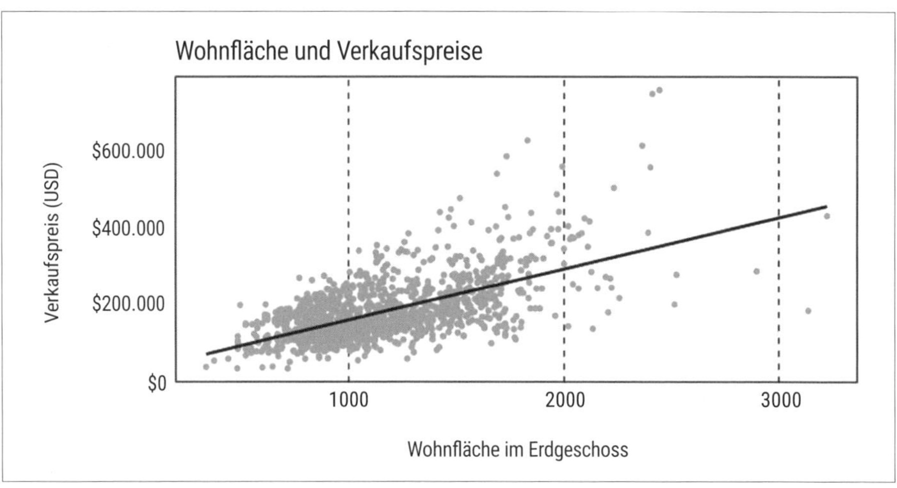

Abbildung 5-6: Wohnfläche und Verkaufspreis haben eine Korrelation von 0,62. Der Wert bezeichnet die Nähe der Datenpunkte zur Trendlinie.

Obwohl die meisten von uns ein grundlegendes Verständnis von Korrelation haben und diese Kennzahl häufig verwenden, kann sie doch täuschen. Lassen Sie uns sehen, wie.

Achtung: Korrelation falsch interpretieren

Oft wird vergessen, dass Korrelation eine Kennzahl für einen linearen Trend ist. Aber nicht alle Trends sind linear.

Angenommen, Sie vergleichen zwei Stadtviertel aus dem Immobiliendatensatz, die jeweils elf Häuser enthalten. Nach der Analyse zeigt sich, dass die Anzahl der Bäume auf einem Grundstück eine hohe Korrelation zum Verkaufspreis in diesen Stadtvierteln aufweist. Die Korrelation liegt bei einem hohen Wert von 0,8. Grundstücke mit mehr Bäumen werden teurer verkauft.

Eine visuelle Überprüfung der Daten ergibt jedoch etwas Unerwartetes. In Abbildung 5-7 zeigen die Daten für das Stadtviertel auf der linken Seite, was wir typischerweise bei einer hohen Korrelation erwarten: einen linearen Trend, um den herum die Datenpunkte angeordnet sind. Das Diagramm auf der rechten Seite zeigt jedoch, dass die Zahl der Bäume nur *bis zu einem bestimmten Datenpunkt* mit den Verkaufspreisen korreliert (elf Bäume). Danach zeigt der Trend nach unten. Im Stadtviertel Hilltop gibt es offenbar Grundstücke mit zu vielen Bäumen. Wie kann das sein?

Also gut, Karten auf den Tisch: Die Daten in Abbildung 5-7 stammen nicht aus den von uns untersuchten Ames-Daten, sondern aus einem anderen beliebten Datensatz namens Anscombe-Quartett.[8] Hierbei handelt es sich eigentlich um vier Da-

8 Anscombe, F. J. (1973). Graphs in Statistical Analysis. *The American Statistician,* 27(1), 17–21. Wir haben die abhängige Variable mit 22.000 multipliziert, um vernünftige Beispiele für Verkaufspreise zu erzeugen.

tensätze, deren zusammenfassende Statistiken identisch sind, die aber klar unterschiedliche Visualisierungen erzeugen. (Wir haben hier nur zwei gezeigt und die Daten so angepasst, dass sie zum Immobilienthema passen.)

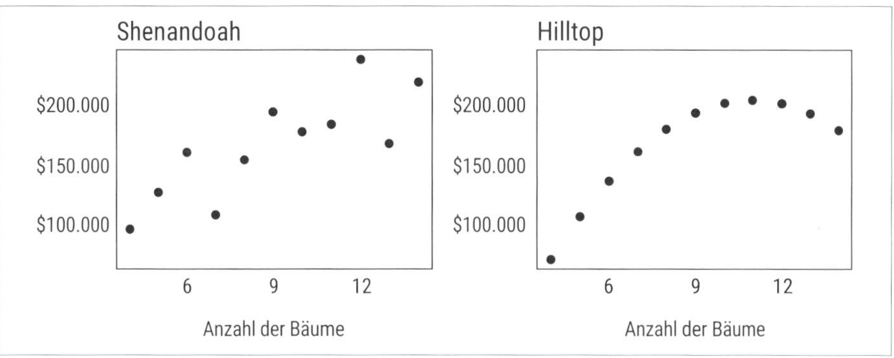

Abbildung 5-7: Zwei Datensätze mit einer Korrelation von 0,8

Die Lehre daraus: Verwenden Sie Visualisierungen, um anscheinend wichtige Korrelationen zu überprüfen. Der mit einer Korrelation einhergehende lineare Trend zeigt nicht immer das große Ganze.

Keine Korrelation, aber trotzdem interessant

Abbildung 5-8 zeigt zwei Diagramme mit identischen Korrelationskoeffizienten nahe null. Glauben Sie aber nicht, dass hier deshalb nichts Spannendes passiert. Und während Ihnen wohl nicht viele *Datasaurier* (linkes Diagramm) begegnen werden, kann es gut sein, dass Ihnen die rechte Darstellung bekannt vorkommt. Dort gibt es fünf Gruppen linear korrelierter Daten, die, als einzelne Gruppe betrachtet, jedoch keinerlei Korrelation aufweisen. Dies ist als *Simpson-Paradoxon* bekannt, mit dem wir uns in Kapitel 13 näher beschäftigen werden.

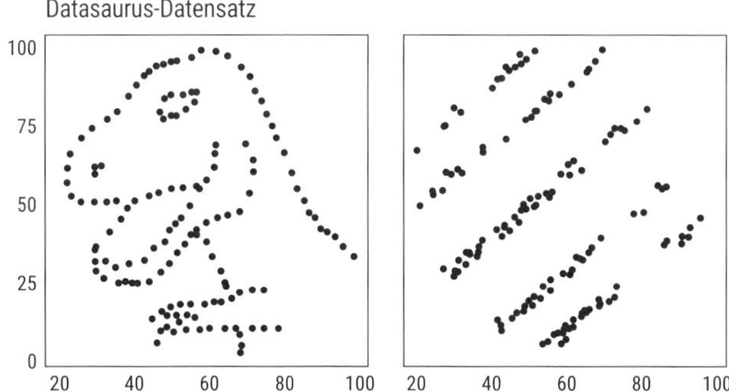

Abbildung 5-8: Datasaurus: Die Daten können kostenlos heruntergeladen und erforscht werden. Wie beim Anscombe-Quartett haben beide Datensätze identische zusammenfassende Statistiken.

Achtung: Korrelation bedeutet nicht Kausalität

Sehr wahrscheinlich haben Sie den Satz »Korrelation bedeutet nicht Kausalität« schon einmal gehört.[9] Trotzdem lohnt es sich, ihn zu wiederholen, denn er wird immer noch viel zu oft ignoriert oder falsch verstanden.

Wenn zwei Variablen korrelieren, egal wie stark die Korrelation ist, bedeutet das nicht, dass eine Variable die Ursache für die andere ist. Dennoch tappen Menschen viel zu oft in diese Falle und versuchen, ein Narrativ aufzubauen, sobald sich zwei Variablen gleichzeitig bewegen. Statistiker verwenden eine ganze Reihe von Beispielen, um zu beweisen, dass Korrelation eine Kausalität nicht beweist: Eiskremverkäufe korrelieren beispielsweise mit Haiattacken (beide treten gehäuft im Sommer auf). Schuhgröße korreliert mit der Fähigkeit zu lesen (beide steigern sich mit dem Alter). Dennoch ist der Vorschlag, weniger Eis zu verkaufen, um Haiangriffe zu verhindern, oder größere Schuhe zu kaufen, damit man besser lesen kann, natürlich nur ein Witz. Es sind andere Faktoren am Werk, die offenbar eine Rolle bei den falschen Beziehungen spielen: Außentemperatur beim Eiskrem-Beispiel, Alter bei der Schuhgröße.

Sobald Korrelationen aber nicht auf einem offensichtlichen Witz aufbauen und der wahre Grund unklar ist, wird das Mantra »Korrelation bedeutet nicht Kausalität« leider oft vergessen.

In den Immobiliendaten werden Sie beispielsweise die Information finden, dass die Kennzahlen zur Bewertung von US-Schulen mit den Immobilienpreisen korrelieren. Bedeutet dies, dass bessere Schulen den Wert einer Immobilie steigern? Gute Schulen machen ein Stadtviertel offenbar attraktiver. Oder läuft die Korrelation andersherum: Höhere Immobilienpreise sorgen für eine bessere Performance der Schulen? Vielleicht sorgen höhere Steuereinnahmen dafür, dass der Schule mehr Ressourcen zur Verfügung stehen. Oder zeigt die Kausalität in beide Richtungen, sodass eine Rückkopplungsschleife entsteht? Meistens wissen wir es einfach nicht. Klar ist auf jeden Fall, dass es eine Vielzahl anderer Faktoren gibt und dass die nötigen Antworten nur selten im Datensatz zu finden sind.

Es ist deutlich sicherer, anzunehmen, dass es keine Kausalität zwischen zwei korrelierenden Variablen gibt, bis in einem Experiment das Gegenteil bewiesen wurde. Aber treiben Sie es nicht auf die Spitze. Beide Autoren kennen Fälle aus dem Unternehmensumfeld, der Universität und aus der Medienbranche, in denen von Kausalität ausgegangen wurde, wo dies nicht angebracht war. Aber es gibt auch Fälle, in denen eine wichtige Verbindung sofort verworfen wird, weil sie als falsche Kausalitätsbeziehung angesehen wird. (Ein Beispiel für eine fälschlicherweise verworfene Kausalität finden Sie im Kasten unten.)

9 Die Autoren haben darüber debattiert, ob es überhaupt möglich ist, den Satz »Korrelation bedeutet nicht Kausalität« in einem Buch über Daten nicht zu erwähnen. Das Ergebnis sehen Sie.

Rauchen und Lungenkrebs

Als einer der führenden Statistiker des 20. Jahrhunderts gilt Ronald A. Fisher, der zu den in diesem Buch beschriebenen Techniken nicht nur beigetragen, sondern sie teilweise sogar selbst entwickelt hat. Er stand Studien, die einen Zusammenhang zwischen Tabakkonsum und Krebs herstellen, weitgehend skeptisch gegenüber.

Am meisten beschäftigten Fisher die Störvariablen. Was wäre beispielsweise, wenn einige Personen eine genetische Disposition für Lungenkrebs hatten und rauchen wollten, um die Symptome zu lindern? Fisher war der Meinung, frühe Studien zu den Risiken des Tabakkonsums hätten »einen alten Fehler begangen, indem sie von Korrelation auf eine Kausalität« geschlossen hätten.[10]

Und dennoch wissen wir inzwischen, dass die Verbindung zwischen beiden Variablen nicht zu bestreiten ist. Daher sollten wir nicht nur vermeiden, Kausalitäten dort zu sehen, wo es keine gibt, sondern auch vorsichtig sein, wenn wir einen Zusammenhang verwerfen wollen, nur weil nicht bewiesen ist, dass es eine Kausalität gibt. *Noch* nicht.

Haben Sie in den Daten neue Einsatzmöglichkeiten oder unentdeckte Potenziale gefunden?

Die EDA ist nicht nur ein Prozess, um Daten besser zu verstehen und Lösungswege zu finden, sie ist auch eine Chance, um andere Einsatzmöglichkeiten in den Daten zu entdecken, etwa Probleme, die vielleicht einen Mehrwert für Ihr Unternehmen bedeuten. Ein Data Scientist könnte in einem Datensatz etwas Seltsames entdecken und daraus ein neues Problem formulieren.

Hinzu kommt, dass Sie nicht wissen können, ob jemand die von Ihnen gefundene Lösung gebrauchen kann, bis Sie den Schritten aus Kapitel 1, *Was ist das Problem?*, gefolgt sind.

Zusammenfassung

Um ein Data Head zu werden, müssen Sie sich auf einen kontinuierlichen Prozess explorativer Datenanalyse einlassen. Das ermöglicht:

- einen klareren Weg in Richtung der Problemlösung,
- die Verfeinerung des geschäftlichen Ausgangsproblems unter Berücksichtigung der in den Daten gefundenen Beschränkungen,
- die Identifizierung neuer Probleme, die mit den Daten gelöst werden können,

10 Fisher, R. A. (1958). Cancer and smoking. *Nature*, *182* (4635), 596.

- die Einstellung des Projekts. Obwohl unbefriedigend, ist die EDA erfolgreich, wenn Sie sie davon abhält, Zeit und Geld auf ein Problem zu verschwenden, wenn der Weg nur in eine Sackgasse führt.

Wir haben einen Datensatz zu Immobilien verwendet, um Sie durch diesen Prozess zu führen (einen Datensatz, auf den wir Kapitel 9 noch einmal zurückkommen, um das hier besprochene Modell tatsächlich zu erstellen). Außerdem haben wir über einige typische Hindernisse gesprochen, die Ihnen dabei begegnen können.

Im Verlauf dieses Kapitels sind wir davon ausgegangen, dass Sie von Anfang bis Ende Teil des EDA-Prozesses sein können. Das ist nicht immer möglich, besonders nicht für Führungskräfte, die viele Projekte im Auge behalten müssen. Auch wenn Sie die ersten Schritte verpassen, ist das keine Absolution dafür, dass Data Heads wie Entdecker und Forscherinnen denken sollten. Wenn Sie erst gegen Ende in ein Projekt einsteigen, fragen Sie, wie das Team die durchgeführten Analysen ausgewählt hat und welche Herausforderungen dabei zu meistern waren. Sie werden vielleicht Annahmen aufdecken, die Sie selbst nicht gemacht hätten.

KAPITEL 6

Wahrscheinlichkeiten untersuchen

»Viele Menschen nehmen Wahrscheinlichkeiten so beschränkt wahr, dass es für sie nur einen von zwei möglichen Werten geben kann: 50/50 oder 99 %, unentschieden oder so gut wie sicher.«

– John Allen Paulos, Mathematiker und Autor von »Innumeracy: Mathematical Illiteracy and Its Consequences«[1] (sinngemäß: Die Unfähigkeit zu rechnen: Mathematischer Analphabetismus und seine Folgen)

Reden wir über Wahrscheinlichkeiten – die Sprache der Unsicherheit – und nehmen wir das Gespräch aus Kapitel 3, *Vorbereitungen für das statistische Denken*, noch einmal auf. Wie schon gesagt: Variation ist allgegenwärtig; Variation erzeugt Unsicherheit; Wahrscheinlichkeitsrechnung und Statistik sind die Werkzeuge, die uns beim Umgang mit diesen Unsicherheiten helfen.

Der leider viel zu kurze Abschnitt zur Wahrscheinlichkeit endete mit der Aufforderung: *Beobachten Sie Ihre Intuition aufmerksam und seien Sie sich darüber klar, dass auch sie uns täuschen kann.*

Das ist eine ehrliche Aussage. Dennoch haben Wahrscheinlichkeit und ähnliche Themen mehr als nur eine kleine Randnotiz verdient. Für ein umfassendes Verständnis, falls es so etwas überhaupt gibt, ist dagegen das Lesen vieler dicker Bücher, der Besuch langer Vorlesungen sowie lebenslanges Lernen und Debattieren nötig. Und selbst dann sind sich die Experten nicht einig über Interpretation und Philosophie der Wahrscheinlichkeitsrechnung.[2] Sie haben möglicherweise weder die Zeit noch das Bedürfnis nach einer derart tiefgehenden Diskussion (wir auch nicht). Daher ersparen wir Ihnen diese Debatten und konzentrieren uns auf die Dinge, die nötig sind, um Ihre Intuition zu schärfen und gute Arbeit zu leisten.

In diesem Kapitel möchten wir etwas mehr in die Tiefe gehen. Wir möchten Ihnen die Sprache, die Schreibweise sowie die nötigen Werkzeuge und mögliche Fallstri-

1 Paulos, J. A. (1989). *Innumeracy: Mathematical Illiteracy and Its Consequences* (1st ed.). Hill and Wang.

2 Suchen Sie online nach »Probability Interpretations« und »Wahrscheinlichkeitsbegriff«, um zu sehen, was damit gemeint ist.

cke im Umgang mit Wahrscheinlichkeiten zeigen. Am Ende dieses Kapitels werden Sie bei Ihrer Arbeit über Wahrscheinlichkeiten sprechen können, auch wenn Sie die Zahlen nicht selbst berechnen – und Sie werden in der Lage sein, präzise Fragen zu den berechneten Wahrscheinlichkeiten zu stellen, die man Ihnen vorlegt. Die Bereitschaft, sich Diskussionen über Wahrscheinlichkeiten und Unsicherheiten auszusetzen, ist ein wichtiger Entwicklungsschritt auf dem Weg zum Data Head.

Raten Sie mal

Hier ein Gedankenexperiment, um Sie in Stimmung zu bringen:

Ihr Fortune-500-Unternehmen fiel einem Cyberangriff zum Opfer, und Hacker haben es geschafft, 1 % aller Laptops mit einem Virus zu infizieren. Das tapfere IT-Team entwickelt auf die Schnelle eine Möglichkeit, zu testen, ob ein Laptop infiziert ist. Der Test ist fast perfekt. Nach Untersuchungen des IT-Teams ist der Test zu 99 % positiv, wenn der Laptop infiziert ist, und zu 99 % negativ, wenn der Laptop keinen Virus hat.

Schließlich kommt auch Ihr Laptop an die Reihe, und das Ergebnis ist positiv. Die Frage ist: Wie hoch ist die Wahrscheinlichkeit, dass Ihr Rechner tatsächlich von dem Virus infiziert ist?

Nehmen Sie sich vor dem Weiterlesen einen Moment Zeit, über die Antwort nachzudenken.

Die korrekte Antwort lautet 50 %. (Wir werden das später in diesem Kapitel beweisen.)

Überrascht? Dann sind Sie nicht allein.

Die Antwort ist nicht intuitiv. Und obwohl Sie wussten, dass Wahrscheinlichkeit Ihrer Wahrnehmung Streiche spielen kann, ist es wieder passiert. Das ist das Frustrierende an der Wahrscheinlichkeit – jedes Problem ist eine Denksportaufgabe. Lassen Sie sich aber von einer falschen Antwort nicht entmutigen. Der eigentliche Test bestand darin, ob Sie sich tatsächlich die Zeit genommen haben, darüber nachzudenken, wie unsicher Sie sind. Haben Sie das?

Das macht längst nicht jeder. In Wahrheit haben die meisten Menschen keine Ahnung von Wahrscheinlichkeit oder keinen Respekt vor ihr. Sie wollen Beweise? Die Leute kaufen immer noch Rubbellose, gehen ins Spielcasino und kaufen Garantieverlängerungen für ihre Fernseher. Und sie sind mit ihrer Ignoranz gegenüber der Wahrscheinlichkeit rundum zufrieden – besonders wenn die Entscheidungen mit einem möglichen Gewinn (Spielautomaten) oder der Vermeidung von zukünftigen Enttäuschungen (Garantieverlängerungen) verbunden sind. Zum Glück gibt Ihnen dieses Kapitel ein solides Fundament für Wahrscheinlichkeiten, ihren Regeln und Irrtümern.

Dann mal los.

Die Spielregeln

Mithilfe der Wahrscheinlichkeitsrechnung lässt sich ermitteln, wie groß die Chancen sind, dass ein bestimmtes Ereignis eintritt.

Bevor wir uns mit der Mathematik beschäftigen, sollten wir uns klarmachen, dass unsere Gehirne auf bestimmte Weise mit Wahrscheinlichkeiten umgehen. Wir treffen täglich probabilistische Aussagen. Bei fast keinem Ereignis wissen Sie mit absoluter Sicherheit, was passieren wird. Aber Sie wissen, dass manche Ergebnisse wahrscheinlicher sind als andere. Folgende Sätze haben Sie im Büro vermutlich schon mal gehört:

- »Der Vertrag wird *sehr wahrscheinlich* unterzeichnet!«
- »Es besteht *eine geringe Chance*, dass wir den Termin am Montag nicht einhalten können.«
- »Es ist *zweifelhaft*, ob wir die Quartalsziele erreichen.«
- »Trevor kommt *normalerweise* zu spät zum Meeting.«
- »Nach der Wettervorhersage wird es morgen *wahrscheinlich* regnen. Wir sollten den Firmenausflug besser verschieben.«

Diese alltäglichen Begriffe für Wahrscheinlichkeit sind schwammig genug, um auch dann richtig zu erscheinen, wenn sie es nicht sind. Zwei Personen können sehr unterschiedliche Wahrnehmungen davon haben, wie oft ein »sehr wahrscheinliches« oder ein »wahrscheinliches« Ereignis eintritt. Mit Alltagssprache kommen wir hier also nicht weiter. Wir brauchen Zahlen, Daten und eine spezielle Schreibweise, um genaue und klare Aussagen zur Wahrscheinlichkeit treffen zu können, damit unsere Aussage mehr ist als nur ein Bauchgefühl (obwohl unser Bauchgefühl oft äußerst verlässlich sein kann). Und nicht nur das. Wir müssen uns in der Wahrscheinlichkeitsrechnung an ganz bestimmte Regeln und eine klare Logik halten.

Schreibweise

Wie gesagt, die Wahrscheinlichkeitsrechnung ermöglicht uns genau dies: zu berechnen, wie wahrscheinlich ein bestimmtes Ereignis eintritt. Ein Ereignis kann beliebig komplex sein, von einfach (eine Münze werfen) bis komplex (Donald Trump gewinnt 2016 die Präsidentschaftswahl). Ein Kind kann die 50/50-Chance beim Werfen einer Münze verstehen, während die gesamte Umfrage- und Vorhersagebranche große Schwierigkeiten hatte, das US-Wahlergebnis von 2016 vorherzusagen, selbst nach der Analyse von Datenmengen im Terabyte-Bereich.

Für diese Lektion konzentrieren wir uns zunächst auf die einfachen Fälle.

Wahrscheinlichkeit wird als Zahl zwischen 0 und 1 ausgedrückt, inklusive 0 für unmöglich (das Würfeln einer 7 auf einem sechsseitigen Würfel mit den Zahlen 1 bis 6) und 1 für absolut sicher (das Würfeln einer Zahl kleiner als 7 auf einem sechsseitigen Würfel). Oft wird dieser Wert als einfacher Bruch ausgedrückt (beim

Werfen einer Münze liegt die Wahrscheinlichkeit für Kopf oder Zahl bei ½) oder als Prozentwert (die Wahrscheinlichkeit, eine Herz-Karte aus einem normalen Kartenspiel mit 52 Karten zu ziehen, liegt bei 25 %). Die meisten Menschen benutzen diese Schreibweisen – also Zahlen, Brüche und Prozentwerte – gleichbedeutend.

Um Platz zu sparen, verwenden wir eine Kurzschreibweise. Dabei nennen wir die Wahrscheinlichkeit wie international üblich *P* (für *Probability*). Die Beschreibung der Ereignisse wird ebenfalls »gekürzt«. Der Satz »Die Wahrscheinlichkeit, beim Wurf einer ausgewogenen Münze das Ergebnis *Kopf* zu erhalten, liegt bei ½« kann so geschrieben werden:

$$P(M == K) = \frac{1}{2}$$

oder noch kürzer:

$$P(K) = \frac{1}{2}$$

Hierbei steht *M* für *Münze* und *K* für *Kopf*. Im Folgenden verwenden wir außerdem *W* für den Wert des *Würfels*.

Tatsächlich kann der gesamte letzte Absatz so geschrieben werden, wie in Tabelle 6-1 gezeigt.

Tabelle 6-1: Wahrscheinlichkeitsszenarien und entsprechende Kurzschreibweisen

Szenario	Schreibweise
Wahrscheinlichkeit, auf einem sechsseitigen Würfel eine 7 zu werfen	$P(W == 7) = 0$
Wahrscheinlichkeit, auf einem sechsseitigen Würfel einen Wert kleiner 7 zu werfen	$P(W < 7) = 1$
Wahrscheinlichkeit, aus einem Kartenspiel ein Herz zu ziehen	$P(H) = 0{,}25$

Der Gebrauch von == anstelle von =

Wenn Sie schon mal einen Kurs in Wahrscheinlichkeitsrechnung oder Statistik belegt haben, ist Ihnen diese Schreibweise vermutlich schon bekannt. Wir haben allerdings einen kleinen Dreh eingebaut, um sie noch etwas deutlicher zu machen.

Wenn wir die Wahrscheinlichkeit testen, dass eine geworfene Münze *Kopf* ergibt, schreiben wir $P(M == K)$ anstelle von $P(M = K)$. Der Grund ist, dass wir in unserer Gleichung zwischen zwei Arten von Gleichheit unterscheiden wollen. Wenn wir == schreiben, testen wir tatsächlich, was dem Ergebnis des Münzwurfs *M* entspricht, in unserem Fall also *K* für Kopf.

Wenn wir dagegen $P(M == K) = \frac{1}{2}$ schreiben, besagt das einzelne Gleichheitszeichen am Ende: »Die Wahrscheinlichkeit für $P(M == K)$ liegt bei ½.«

Diese Schreibweise folgt der Syntax der booleschen Logik in vielen Programmiersprachen.

Die Schreibweise $P(W < 7)$ beschreibt dagegen einen Bereich möglicher Ergebnisse, eine sogenannte *kumulative Wahrscheinlichkeit*. Sie besagt: »Die Wahrscheinlichkeit, dass Sie eine Zahl kleiner als 7 würfeln, ist 1.« Dabei werden die folgenden Teilaussagen addiert: $P(W == 1) + P(W == 2) + P(W == 3) + P(W == 4) + P(W == 5) + P(W == 6) = 6 \times 1/6 = 1$ (siehe Tabelle 6-2).

Tabelle 6-2: Kumulative Wahrscheinlichkeit, dass eine Augenzahl kleiner als 7 gewürfelt wird

Szenario	Schreibweise	Wahrscheinlichkeit
Sie würfeln eine 1	$P(W == 1)$	1 / 6
Sie würfeln eine 2	$P(W == 2)$	1 / 6
Sie würfeln eine 3	$P(W == 3)$	1 / 6
Sie würfeln eine 4	$P(W == 4)$	1 / 6
Sie würfeln eine 5	$P(W == 5)$	1 / 6
Sie würfeln eine 6	$P(W == 6)$	1 / 6
Sie würfeln eine Zahl kleiner 7	$P(W < 7)$	6 / 6 = 1 = 100 %

Bedingte Wahrscheinlichkeit und unabhängige Ereignisse

Hängt die Wahrscheinlichkeit eines Ereignisses von einem anderen Ereignis ab, spricht man von einer *bedingten Wahrscheinlichkeit* und verwendet in der Schreibweise einen senkrechten Strich (|), den man als »gegeben« oder »unter der Bedingung, dass« oder schlicht »falls« lesen kann. Zur Klärung ein paar Beispiele:

- Die Wahrscheinlichkeit, dass Alex (A) zu spät zur Arbeit kommt, liegt bei 5 %: $P(A) = 5\,\%$.
- Die Wahrscheinlichkeit, dass Alex zu spät zur Arbeit kommt, *falls* er einen platten Reifen (R) hat, liegt bei 100 %: $P(A \mid R) = 100\,\%$.
- Die Wahrscheinlichkeit, dass Alex zu spät zur Arbeit kommt, *falls* vor dem Elbtunnel wieder einmal Stau (S) ist, liegt bei 50 %: $P(A \mid S) = 50\,\%$.

Wie Sie sehen, kann die Wahrscheinlichkeit, dass ein Ereignis eintritt, stark von dem oder den Ereignissen abhängen, die ihm vorausgehen.

Hängt die Wahrscheinlichkeit für das Eintreten eines Ereignisses dagegen nicht von einem anderen Ereignis ab, sind sie *unabhängig* voneinander. So ist die Wahrscheinlichkeit, aus einem Kartenspiel ein Herz (H) zu ziehen, falls bei einem Münzwurf Kopf (K) herauskam, $P(H \mid K)$, genauso hoch wie die Wahrscheinlichkeit, ohne den Münzwurf ein Herz zu ziehen, $P(H)$. Oder kurz: $P(H \mid K) = P(H)$. Und zur Sicherheit umgekehrt auch: $P(K \mid H) = P(K)$, weil es zwischen beiden Ereignissen keine Abhängigkeit gibt. Dem Kartenspiel ist es vollkommen egal, was mit der Münze passiert und umgekehrt.

Die Wahrscheinlichkeit mehrfacher Ereignisse

Soll die Wahrscheinlichkeit mehrerer Ereignisse modelliert werden, hängen Schreibweise und Regeln davon ab, wie die Ereignisse auftreten, also ob zwei Ereignisse gleichzeitig passieren (es kommt zu einer Überflutung, *und* der Strom fällt aus) oder ob entweder ein Ereignis oder das andere eintritt (*entweder* kommt es zu einer Überflutung, *oder* der Strom fällt aus).

Zwei Dinge passieren gleichzeitig

Sprechen wir zunächst über gleichzeitige Ereignisse.

P(Münzwurf mit Ergebnis Kopf) = $P(K) = 1/2$

P(Ziehen von Herz aus einem Kartenspiel mit 52 Karten) = $P(H) = 13/52 = 1/4$[3]

Die Wahrscheinlichkeit, Kopf zu werfen und ein Herz zu ziehen, schreibt man also $P(K, H)$, wobei das Komma für »und« steht.

In diesem Fall sind die Ereignisse voneinander unabhängig. Sie beeinflussen sich nicht gegenseitig. Sind die Ereignisse unabhängig, können Sie die Wahrscheinlichkeiten miteinander *multiplizieren*: $P(K, H) = P(K) \times P(H) = 1/2 \times 1/4 = 1/8 = 12{,}5\,\%$. Das scheint noch recht einfach zu sein.

Und damit zu einem etwas schwierigeren Beispiel. Wie gesagt, liegt die Wahrscheinlichkeit, dass Alex zu spät zur Arbeit kommt, bei 5 %, also $P(A) = 5\,\%$. Die Wahrscheinlichkeit, dass Jordan zu spät kommt, liegt dagegen bei 10 %, $P(J) = 10\,\%$. Was können Sie über die Wahrscheinlichkeit sagen, dass Alex *und* Jordan[4] zu spät kommen, also $P(A, J)$? Zum besseren Verständnis: Wir leben in verschiedenen US-Bundesstaaten, Alex hat einen geregelten Arbeitstag von 9 bis 17 Uhr, während Jordan selbstständig ist.[5]

Eine erste Vermutung könnte lauten: $P(A, J) = P(A) \times P(J) = 5\,\% \times 10\,\% = 0{,}5\,\%$. Ein eher seltenes Ereignis, aber sind beide Ereignisse wirklich voneinander unabhängig? Jedenfalls scheint es so, da wir an unterschiedlichen Orten arbeiten. Dennoch gibt es zwischen den Ereignissen eine Beziehung. Schließlich arbeiten wir zusammen an einem Buch. Es kann also gut sein, dass wir beide spät dran sind, weil wir bis tief in die Nacht darüber diskutiert haben, wie wir am besten die Wahrscheinlichkeitsrechnung erklären. Die Wahrscheinlichkeit, dass Alex zu spät kommt, kann also davon abhängen, ob Jordan ebenfalls nicht rechtzeitig zur Arbeit erscheint. Daher müssen wir hier mit bedingten Wahrscheinlichkeiten rechnen. Gehen wir davon aus, dass die Wahrscheinlichkeit, dass Alex zu spät kommt, falls auch Jordan zu spät dran ist, bei 20 % liegt. Das können wir schreiben als $P(A \mid \mathrm{J}) = 20\,\%$.

3 Das funktioniert natürlich auch mit einem normalen Skatspiel: 8/32 = 1/4.

4 Mit Alex und Jordan sind hier natürlich die Autoren dieses Buchs gemeint.

5 Können Sie als Selbstständiger wirklich zu spät kommen? In diesem Beispiel ja.

Das wiederum bringt uns zu der richtigen Formel für zwei gleichzeitig stattfindende Ereignisse, die *nicht* voneinander unabhängig sind – *Multiplikationssatz* genannt. Die Schreibweise lautet $P(A, J) = P(J) \times P(A \mid J) = 10\,\% \times 20\,\% = 2\,\%$. In Worten ausgedrückt: Die Wahrscheinlichkeit, dass Alex und Jordan beide zu spät kommen, entspricht der Wahrscheinlichkeit, dass Jordan zu spät kommt, multipliziert mit der Wahrscheinlichkeit, dass Alex zu spät kommt, *falls* Jordan zu spät kommt.

Die abschließende Wahrscheinlichkeit von 2 % kann niemals größer sein als die kleinste der einzelnen Wahrscheinlichkeiten, dass einer von uns beiden zu spät kommt, $P(A)$ und $P(J)$, die für Alex bei 5 % liegt. Der Grund ist, dass die 5%ige Wahrscheinlichkeit für alle Szenarien gilt, inklusive der, dass Jordan zu spät kommt.

Das bringt uns zu einer wichtigen Regel der Wahrscheinlichkeitsrechnung: *Die Chance, dass zwei Ereignisse eintreten, kann nicht größer sein als die Wahrscheinlichkeit, dass eines der beiden Ereignisse eintritt.*

Abbildung 6-1 zeigt die Anwendung dieser Regel unter Verwendung von Venn-Diagrammen. Wenn Sie sich die Wahrscheinlichkeit als eine Fläche vorstellen, können Sie erkennen, dass die Schnittmenge, also der Teil, an dem sich die Kreise (Ereignisse) A und J überschneiden, niemals größer sein kann als der kleinste Kreis.

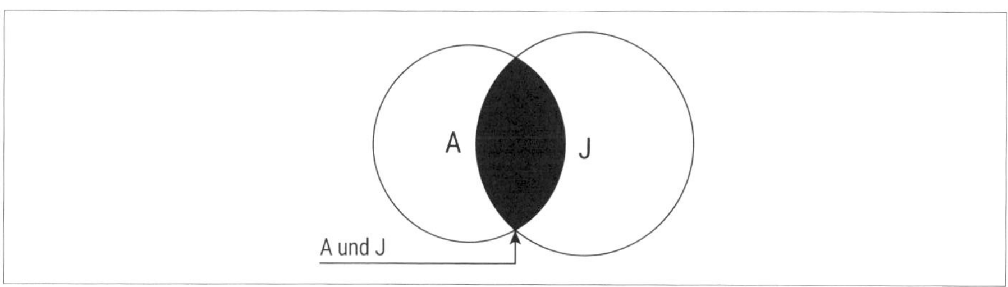

Abbildung 6-1: Venn-Diagramm, das zeigt, dass die Wahrscheinlichkeit, dass zwei Ereignisse zusammen auftreten, nicht größer sein kann als jedes der beiden Ereignisse für sich

Ein Ereignis oder das andere

Was ist mit einem Ereignis *oder* einem anderen Ereignis, die gleichzeitig eintreten? Die Antwort lautet, wie bei allen Lektionen in Statistik und Wahrscheinlichkeitsrechnung: Kommt drauf an. Beginnen Sie mit einer Vermutung und passen Sie diese an, je mehr Beweise Ihnen zur Verfügung stehen.

Wenn die Ereignisse nicht gleichzeitig eintreten können, reicht eine einfache Addition. Sie können mit einem Würfel *W* nicht gleichzeitig eine 1 und eine 2 würfeln. Die Wahrscheinlichkeit, eine 1 *oder* eine 2 zu würfeln, ist also $P(W == 1 \text{ oder } W == 2) = P(W == 1) + P(W == 2) = 1/6 + 1/6 = 2/6 = 1/3$.

Und damit zurück zu Ihren faulpelzigen Autoren für ein etwas schwierigeres Beispiel. Anstatt zu fragen, wann Alex *und* Jordan zu spät kommen, wollen wir jetzt herausfinden, wie hoch die Wahrscheinlichkeit ist, dass Alex *oder* Jordan zu spät kommt. Das schreibt man als $P(A \text{ oder } J)$.

Was wir bereits wissen: $P(A) = 5\,\%$ und $P(J) = 10\,\%$. Als erste Vermutung scheint $P(A) + P(J) = 15\,\%$ ein vernünftiger Startpunkt. Von 100 Tagen kommt Alex 5 Tage zu spät und Jordan 10. Addiert, ergibt das 15 Tage oder 15 % von 100. Würden sich die Ereignisse *gegenseitig ausschließen* oder *niemals gleichzeitig eintreten*, wäre diese Schätzung korrekt.

Aber vergessen Sie nicht, dass es eine Überschneidung geben kann, wenn beide zu spät kommen, wie in Abbildung 6-1 gezeigt. Manchmal kommen wir auch zu spät, weil wir uns gegenseitig beeinflussen. Das heißt, die Wahrscheinlichkeit, dass Alex zu spät kommt und dass Jordan zu spät kommt, $P(A, J)$, ist größer als 0. Wir können die beiden Wahrscheinlichkeiten aber nicht einfach addieren, weil die Tage, an denen wir beide zu spät kommen, dann doppelt gezählt würden. Um das auszugleichen, müssen wir die Wahrscheinlichkeit, mit der wir beide nach einer Nachtschicht mit verschlafenen Augen zur Arbeit gestolpert kommen, subtrahieren. Diese lag bei $P(A, J) = 2\,\%$. Das waren 2 Tage von 100, in denen wir beide zu spät kamen. Bei 5 Tagen für Alex und 10 Tagen für Jordan minus die 2 Tage mit Überschneidungen lautet das Endergebnis also: $5 + 10 - 2 = 13$ und $13/100 = 13\,\%$.

Mit dieser Information können wir formal die Additionsregel für den Fall angeben, dass ein Ereignis oder ein anderes zur gleichen Zeit eintritt: $P(A \text{ oder } J) = P(A) + P(J) - P(A, J) = 5\,\% + 10\,\% - 2\,\% = 13\,\%$.

Vergessen Sie nicht die Überschneidung

Spannend wird es, wenn in der Wahrscheinlichkeitsrechnung für mehrere Ereignisse die Überschneidung subtrahiert werden muss. Das muss sein, denn die Wahrscheinlichkeit kann nicht größer als 1 sein. Für dieses Beispiel nehmen wir Würfel, weil es leichter verständlich ist. Die Wahrscheinlichkeit, eine Zahl größer als 2 zu würfeln, liegt bei 4/6 (»vier von sechs Möglichkeiten«). Die Wahrscheinlichkeit, eine ungerade Zahl zu würfeln, liegt bei 3/6. Wenn Sie wissen möchten, wie wahrscheinlich ein Ereignis oder ein anderes eintritt, können Sie nicht addieren. Ansonsten hätten Sie $4/6 + 3/6 = 7/6 = 1\ 1/6$. Das ist größer als 1 und verletzt die Regel der Wahrscheinlichkeit. Wir müssen die Überschneidung subtrahieren, wenn die Augenzahl größer als 2 ist *und* ungerade, also eine der beiden Zahlen 3 und 5, was eine Wahrscheinlichkeit von 2/6 ergibt.

Problem: $P(W > 2 \text{ oder } W \text{ ist ungerade}) =$

Additionsregel: $P(W > 2) + P(W \text{ ist ungerade}) - P(W > 2, W \text{ ist ungerade}) =$

Wahrscheinlichkeiten zusammenführen: $4/6 + 3/6 - 2/6 =$

Antwort: 5/6

2 ist die einzige Zahl, die keine der beiden Bedingungen erfüllt.

Das war eine Menge Schreibweise, Gewürfel und Münzwurf. Außerdem kommen Ihre Autoren zu spät zur Arbeit. Nehmen wir also wieder etwas Abstand von Schreibweise und Zahlen und führen wir ein Gedankenexperiment durch, in dem keins der beiden Themen vorkommt.

Gedankenexperiment zur Wahrscheinlichkeit

Sam ist 29 Jahre alt, etwas reserviert und ziemlich helle. In seinem Heimatstaat Kalifornien hat er Wirtschaftswissenschaften studiert. Schon als Student war er von Daten besessen, arbeitete ehrenamtlich im statistischen Beratungszentrum der Universität und brachte sich selbst die Programmierung mit Python bei.

Welche dieser Aussagen ist wahrscheinlicher?

1. Sam lebt in Ohio.
2. Sam lebt in Ohio *und* arbeitet als Data Scientist.

Aussage Nummer 1 ist die richtige Antwort, auch wenn nichts in der Beschreibung darüber gesagt wird, dass Sam in Ohio lebt und *kein* Data Scientist ist. Dies ist eine andere Form des beliebten »Linda-Problems« aus dem Buch *Schnelles Denken, langsames Denken*[6], bei dem die meisten Menschen falsch liegen. Wie haben Sie sich geschlagen?

Wenn Sie sich für Antwort 2 entschieden haben, liegt das vielleicht daran, dass wir Ihnen die Hintergrundinformation gegeben haben, dass Sam programmieren kann und daher ein Data Scientist *sein könnte*. Antwort 2 *erscheint* wahrscheinlicher, weil sie ein Ereignis erwähnt, das zu Sams Hintergrund passt. Dennoch ist Antwort 2 weniger wahrscheinlich als Antwort 1.

Und hier ist der Grund: Wir haben in diesem Beispiel absichtlich auf Schreibweise und Zahlen verzichtet. Dennoch enthält es eine wichtige Lektion aus dem vorherigen Abschnitt. *Die Chance, dass zwei Ereignisse gleichzeitig eintreten, kann nicht größer sein als die Wahrscheinlichkeit, dass eines der beiden Ereignisse eintritt.* Je mehr *und*-Verknüpfungen Sie den Aussagen hinzufügen, desto stärker schränken Sie die Möglichkeiten ein. Damit Sam ein Data Scientist ist und in Ohio lebt, muss er erst einmal in Ohio leben. Vielleicht lebt er ja tatsächlich in Ohio, arbeitet aber als Versicherungsfachmann.

Wie Sie wissen, wird für die Berechnung der Wahrscheinlichkeit von zwei gleichzeitig eintretenden Ereignissen die Multiplikationsregel angewandt. Die Wahrscheinlichkeit, dass Sam in Ohio (O) lebt und als Data Scientist (D) arbeitet, kann als $P(O, D) = P(O) \times P(D \mid O)$ ausgedrückt werden. Und weil die Wahrscheinlichkeit nie größer als 1 sein kann, kann die Multiplikation von $P(O)$ (die Wahrscheinlichkeit, dass Sam in Ohio wohnt) mit *einer beliebigen anderen Wahrscheinlichkeit*

6 Kahneman, D. (2016). *Schnelles Denken, langsames Denken*. Penguin Verlag.

das Ergebnis von $P(O) \times P(D \mid O)$ auf keinen Fall vergrößern. Demnach ist es unmöglich, dass $P(O, D)$ größer ist als $P(O)$, egal wie richtig sich Antwort 2 anfühlt.

Immer noch nicht ganz klar? Sie können Antwort 2 auch als bedingte Wahrscheinlichkeit lesen: Wie hoch ist die Wahrscheinlichkeit, dass Sam in Ohio lebt, *vorausgesetzt*, er arbeitet als Data Scientist, also $P(O \mid D)$? Das *kann* wahrscheinlicher sein, als dass Sam in Ohio lebt, $P(O)$. Hier spielt allerdings der Bedeutungsunterschied zwischen *und* und *vorausgesetzt* eine wesentliche Rolle.

Nehmen wir ein einfacheres Beispiel. Das Baseballteam New York Yankees hat treue Fans in aller Welt. Angenommen, genau jetzt läuft ein Spiel, bei dem Millionen von Menschen im Stadion und am Fernseher zuschauen. Jetzt wählen Sie per Zufall irgendeine Person auf der Welt aus. Bei mehreren Milliarden Menschen auf der Welt ist es sehr unwahrscheinlich, dass Sie ausgerechnet einen Yankees-Fan erwischen. Noch unwahrscheinlicher ist es sogar, dass Sie einen Yankees-Fan auswählen, der sich das Spiel im Stadion ansieht, weil nicht alle Fans vor Ort sein können. *Vorausgesetzt*, Sie wählen eine zufällige Person aus, die beim Spiel vor Ort dabei ist, verändert sich alles. Plötzlich ist es sehr wahrscheinlich, dass die Person ein Yankees-Fan ist.[7]

Aus diesem Grund unterscheidet sich die Wahrscheinlichkeit, dass eine Person ein Yankees-Fan ist und beim Spiel im Stadion ist, besonders deutlich von der Wahrscheinlichkeit, dass eine Person ein Yankees-Fan ist, *vorausgesetzt*, sie ist beim Spiel im Stadion.

Die nächsten Schritte

Nach diesem Gedankenexperiment möchten wir die Warnung vom Anfang dieses Kapitels noch einmal wiederholen: *Beobachten Sie Ihre Intuition aufmerksam und seien Sie sich darüber klar, dass auch sie uns täuschen kann.* Es wird immer Wahrscheinlichkeiten geben, die Sie irreleiten und verwirren. Das Beste, was wir dagegen tun können, ist, Ihnen einige der am häufigsten anzutreffenden Fallstricke zu zeigen.

In diesem Geist und nun gerüstet mit den Regeln und Schreibweisen der Wahrscheinlichkeit, werden wir die übrigen Abschnitte dieses Kapitels der Aufgabe widmen, Ihnen zu helfen, aufmerksam und kritisch über Wahrscheinlichkeiten nachzudenken, die Ihnen bei Ihrer Arbeit begegnen. Hier ein paar Faustregeln, um Sie auf dem richtigen Weg zu halten:

- Seien Sie vorsichtig bei der Annahme von Abhängigkeiten.
- Seien Sie sich darüber klar, dass alle Wahrscheinlichkeiten bestimmten Bedingungen unterliegen.
- Stellen Sie sicher, dass die Wahrscheinlichkeiten einen Sinn ergeben.

---

7 Nicht 100 %, weil auch Fans des gegnerischen Teams im Stadion sind.

Seien Sie vorsichtig bei der Annahme von Abhängigkeiten

Sind die Ereignisse voneinander unabhängig, können Sie ihre Wahrscheinlichkeiten miteinander multiplizieren: Die Wahrscheinlichkeit, mit einer fairen Münze zweimal hintereinander Kopf zu werfen, liegt bei $P(K) \times P(K) = 1/2 \times 1/2 = 1/4$. Aber nicht alle Ereignisse sind unabhängig. Das heißt, Sie müssen mit diesen Annahmen vorsichtig sein, wenn Sie Wahrscheinlichkeiten berechnen oder überprüfen.

Im Vorwort zu diesem Buch haben wir die Hypothekenkrise von 2008 erwähnt. Die Wahrscheinlichkeit, dass jemand seine Hypothek nicht zurückzahlen kann, ist *nicht* unabhängig davon, mit welcher Wahrscheinlichkeit dessen Nachbar nicht zahlen kann. Trotzdem ist man an der Wall Street viele Jahre lang genau davon ausgegangen. Beide Wahrscheinlichkeiten hängen letztendlich mit der weltwirtschaftlichen und der allgemeinen Lage der Welt zusammen.

Dennoch wird immer wieder angenommen, zwei Ereignisse seien voneinander unabhängig. Ihrem Unternehmen könnte dieser Fehler bei strategischen Entscheidungen passieren. Das Risiko ist die – möglicherweise sogar grobe – Fehleinschätzung der Wahrscheinlichkeit, dass mehrere Ereignisse gleichzeitig eintreten können.

Nehmen wir beispielsweise eine Strategiesitzung im Konferenzsaal der Geschäftsleitung. Drei große Vorhaben für das Unternehmen im kommenden Jahr werden platziert – hochkarätige, spannende, aber riskante Projekte, die wir hier Projekt *A*, *B* und *C* nennen. Die Chefs wissen, dass jedes einzelne Projekt fehlschlagen kann, und schätzen die Wahrscheinlichkeit für jedes Projekt als *P*(*A schlägt fehl*) = 50 %, *P*(*B schlägt fehl*) = 25 % und *P*(*C schlägt fehl*) = 10 %.

Irgendjemand schnappt sich einen Taschenrechner und multipliziert die Wahrscheinlichkeiten: 50 % × 25 % × 10 % = 1,25 %. Die Chefs sind begeistert. Die Chance, dass alle drei Projekte scheitern, liegt nur bei 1,25 %. Hier geht es schließlich um hohe Einsätze. Sogar nur ein erfolgreiches Projekt würde die Investitionen in alle drei rechtfertigen. Und da die Summe aller Ergebnisse 1 ergeben muss, läge die Wahrscheinlichkeit, dass *mindestens ein* Projekt erfolgreich ist, bei 1 minus der Wahrscheinlichkeit, dass alle Projekte scheitern, also 1 – 0,0125 = 0,9875 = 98,75 %. »Wow!«, denken die Chefs, »eine Erfolgswahrscheinlichkeit von fast 99 %!«

Dummerweise haben die Chefs falsch gerechnet. Die Ereignisse hängen vom Gesamterfolg des Unternehmens ab, der durch eine ganze Reihe von Dingen gefährdet sein kann: ein Unternehmensskandal, schlechte Quartalsergebnisse oder ein Ereignis, das mit der Gesundheit der Weltwirtschaft zusammenhängt, wie die Covid-19-Pandemie. Das heißt, die Projekte *A*, *B* und *C* hängen von einer Vielzahl von Faktoren ab. Daher gehen die Chefs fälschlicherweise von einer Unabhängigkeit aus, sie unterschätzen die Wahrscheinlichkeit, dass alle Projekte im kommenden Jahr fehlschlagen, und überschätzen dadurch die Chancen, dass zumindest eines der Projekte erfolgreich ist.

Und damit Sie nicht denken, dass sei nicht wichtig, erinnern Sie sich an den Kollaps der Finanzmärkte im Jahr 2008 und die darauffolgende Rezession.

Fallen Sie nicht auf den Spieler-Fehlschluss herein

Auf der anderen Seite gibt es Ereignisse, die eigentlich unabhängig sind, aber nicht so wahrgenommen werden. Das erzeugt ein großes Risiko, von dem viele Spielcasinos leben, weil Menschen überschätzen, wie wahrscheinlich etwas auf Basis kürzlicher Ereignisse eintreten kann.

Selbst wenn in 10 aufeinanderfolgenden Würfen jedes Mal Kopf (K) geworfen wird, ist die Wahrscheinlichkeit beim nächsten Wurf immer noch $P(K) = 50\,\%$. Bei unabhängigen Ereignissen *steigern oder verringern sich Ihre Chancen nicht* aufgrund vorheriger Ergebnisse. Dennoch glauben viele Spieler, dass sich die Wahrscheinlichkeiten ändern – daher der Name Spieler-Fehlschluss (*Gambler's Fallacy*).[8]

Kein Wurf eines Würfels ist vom vorherigen abhängig. Der einarmige Bandit hat keine Erinnerung daran, wie oft Sie ihn bereits benutzt haben, keine Drehung am Rouletterad hat eine Beziehung zur vorherigen. Und dennoch fallen Spieler diesem Trugschluss immer wieder zum Opfer, weil sie versuchen, Muster in diesen Ereignissen zu finden. Sie könnten denken, der einarmige Bandit sei jetzt für einen Gewinn »fällig«, weil er schon eine ganze Zeit keine Münzen mehr ausgespuckt hat, oder Sie glauben, die Würfel seien »heiß« – weil die Gewinnerwürfel immer wieder gewinnen.

Dabei besitzt jedes einzelne Ereignis die gleiche Wahrscheinlichkeit, einzutreten, wie das vorherige. Und da sich diese Szene in einem Casino abspielt, entwickeln sich die Wahrscheinlichkeiten nicht zu Ihren Gunsten. Trotzdem setzen Amateurspieler hohe Beträge ein, wenn eine Gruppe seltener Ereignisse auftritt, weil sie glauben, es sei ihr Glückstag, an dem sie endlich Kasse machen. Wie falsch sie dabei liegen! Aber vielleicht ist beim Casinohotel zumindest das Frühstück »kostenlos«.[9]

Alle Wahrscheinlichkeiten unterliegen bestimmten Bedingungen

Alle Wahrscheinlichkeiten unterliegen bestimmten Bedingungen. Ein Münzwurf $P(K) = 50\,\%$ basiert darauf, dass eine faire Münze verwendet wird. Die Voraussetzung für $P(W == 1) = 1/6$ beim Würfeln ist ein ungezinkter Würfel. Die Erfolgswahrscheinlichkeit eines Datenprojekts hängt von dem kollektiven Wissen des Datenteams, der Korrektheit der Daten oder der Schwere des Problems ab und davon,

8 Der Glaube, dass ein bestimmtes Ereignis in bestimmten Zeiträumen mit einer Häufigkeit auftritt, die seiner Wahrscheinlichkeit entspricht, wird manchmal auch als das »Gesetz des Durchschnitts« bezeichnet. Tatsächlich ist es aber nur eine wissenschaftlich klingende Bezeichnung für ein Missverständnis von Wahrscheinlichkeit und für reines Wunschdenken.

9 Die Autoren haben nichts gegen Frühstücksbüfetts.

ob sich der Computer einen Virus einfängt, eine Pandemie das Unternehmen dichtmacht – und von vielen anderen Dingen.

Überlegen Sie auch, wie Unternehmen und Personen Erfolg und Kompetenz einschätzen. Normalerweise basiert die Einschätzung auf vorherigen Erfolgen. Unternehmen engagieren eine Beraterin mit einer großen Erfolgsbilanz oder einen Rechtsanwalt, der die meisten Fälle gewinnt. Oder jemand fordert, von der Herzchirurgin mit der geringsten Sterberate operiert zu werden. Die Beraterin könnte ihr Honorar in 90 % aller Fälle wert sein, der Anwalt gewinnt in 80 % aller Fälle, die vor Gericht kommen, und die Patienten der Herzchirurgin haben eine Mortalitätsrate von 2 %.

Aber diese Personen können die Wahrscheinlichkeiten beeinflussen: Die Beraterin, der Anwalt und die Herzchirurgin können entscheiden, ob sie die Aufgabe übernehmen oder nicht. Sie können gut einschätzen, in welchen Situationen sie erfolgreich sind. Stehen die Chancen nicht gut, könnten sie einfach nein sagen. Die Erfolgswahrscheinlichkeit für diese Personen hängt also davon ab, inwieweit sie Projekte mit den größten Erfolgsaussichten ausgewählt und diejenigen vermieden haben, die ihre Werte verschlechtern.[10]

Daher müssen Sie immer alle Faktoren hinter den Wahrscheinlichkeitszahlen bedenken, die Ihnen präsentiert werden.

Vertauschen Sie Abhängigkeiten nicht

Eine weitere vermeidbare Falle ist die Annahme von $P(A \mid B) = P(B \mid A)$ für zwei Ereignisse A und B. Beachten Sie, wie hier die Abhängigkeiten gegeneinander ausgetauscht wurden: In einem Fall hängt A von B ab, im anderen B von A.

Hier ein Beispiel, das zeigt, dass die Reihenfolge nicht egal ist. Ereignis A sei »Leben in New York State« (also im US-Bundesstaat New York), und Ereignis B sei »Leben in New York City«. Die Wahrscheinlichkeit, in New York State zu leben, *vorausgesetzt*, Sie leben in New York City, $P(A \mid B)$, unterscheidet sich deutlich von der Wahrscheinlichkeit, in New York City zu leben, *vorausgesetzt*, Sie leben in New York State, $P(B \mid A)$. Der erste Fall ist garantiert, weil New York City ein Teil von New York State ist, also $P(A \mid B) = 1$. Der zweite Fall ist nicht garantiert, da 60 % aller Einwohner von New York State außerhalb von New York City leben.

In einem Beispiel wie diesem ist der Fehler deutlich erkennbar. Aber das Vertauschen der Abhängigkeiten und die Annahme von $P(A \mid B) = P(B \mid A)$ ist so weit verbreitet, dass es einen eigenen Namen und einen Wikipedia-Artikel bekommen hat: *Confusion of the Inverse* (zu Deutsch *Verwechslung der Umkehrung*).[11] Tatsächlich ist dies genau der Fehler, den Sie vermutlich im Gedankenexperiment am Kapitelanfang zu den virusinfizierten Laptops begangen haben.

10 Wir wollen nicht wirklich behaupten, dass Berater oder Chirurgen so etwas tun. Nur Anwälte.

11 Deutscher Wikipedia-Artikel zu Confusion of the Inverse unter *https://de.wikipedia.org/wiki/Confusion_of_the_Inverse*. Zugriff am 18.11.2021.

Lassen Sie uns jetzt auf dieses Problem zurückkommen.

Ihr Unternehmen wurde gehackt, und 1 % der Laptops ist mit einem Virus infiziert. Ereignis + steht für einen positiven Test, Ereignis – bedeutet einen negativen Test, und Ereignis V steht für eine Infektion mit dem Virus. Sie haben die folgenden Informationen erhalten: $P(+ \mid V) = 99\,\%$, $P(- \mid \textit{nicht}\ V) = 99\,\%$ und $\mathrm{P}(V) = 1\,\%$. Anders gesagt, die Wahrscheinlichkeit eines positiven Tests liegt bei 99 %, *vorausgesetzt*, der Rechner hat den Computervirus. Die Wahrscheinlichkeit eines negativen Tests liegt bei 99 %, *vorausgesetzt*, der Rechner hat keinen Virus, und die Wahrscheinlichkeit, dass ein zufälliger Laptop infiziert ist, liegt bei 1 %.

Wir wollen wissen, wie hoch die Wahrscheinlichkeit ist, dass ein Rechner tatsächlich infiziert ist, wenn wir ein positives Testergebnis haben, $P(V \mid +)$. Und hier kommt die Verwechslung der Umkehrung ins Spiel. Wir haben nach $P(V \mid +)$ gefragt, nicht nach $P(+ \mid V)$. Dennoch schätzen viele Menschen bei diesem Gedankenexperiment eine Zahl nahe $P(+ \mid V) = 99\,\%$.

Die Zahlen $P(V \mid +)$ und $P(+ \mid V)$ sind nicht gleich. Dennoch sind sie durch eines der berühmtesten Theoreme der gesamten Wahrscheinlichkeitsrechnung und Statistik miteinander verbunden, dem *Satz von Bayes*.

Der Satz von Bayes

Der Satz von Bayes wurde erstmals 1763 veröffentlicht. Er ist eine clevere Art, mit bedingten Wahrscheinlichkeiten umzugehen, und kommt seitdem eigentlich überall zum Einsatz – bei der Planung von Schlachten über Finanzen bis hin zur DNA-Decodierung.[12] Der Satz von Bayes sagte über die zwei Ereignisse A und B Folgendes aus:

$$P(A \mid B) \times P(B) = P(B \mid A) \times P(A)$$

Das wollen wir etwas aufdröseln, denn die Schreibweise kann leicht einschüchternd wirken. Anstatt sich die Formel (oder irgendeine andere Formel) zu merken, ist es viel wichtiger zu verstehen, was sie tut und warum es sich lohnt, sie zu kennen.

Mit dem Satz von Bayes können wir die bedingten Wahrscheinlichkeiten zweier Ereignisse aufeinander beziehen. Die Wahrscheinlichkeit von Ereignis A – *vorausgesetzt* Ereignis B – steht in Beziehung zur Wahrscheinlichkeit von Ereignis B – *vorausgesetzt* Ereignis A. Die Ereignisse sind nicht gleich (das wäre die »Verwechslung der Umkehrung«), aber durch die obige Gleichung miteinander *verwandt*.

Aber warum ist das überhaupt wichtig? In der Praxis ist eine der bedingten Wahrscheinlichkeiten bekannt, und man möchte die andere herausbekommen, zum Beispiel:

12 Eine umfassende und ausgezeichnete Geschichte über den Satz von Bayes finden Sie im Buch *The Theory That Would Not Die: How Bayes' Rule Cracked the Enigma Code, Hunted Down Russian Submarines, and Emerged Triumphant from Two Centuries of Controversy* (American First ed.). Yale University Press von McGrayne, S. B. (2011).

- Medizinische Forscher wollen herausfinden, wie wahrscheinlich es ist, dass eine Krebs-Früherkennung positiv (+) ausfällt, *vorausgesetzt*, die Person hat Krebs (K), $P(+ \mid K)$. Auf diese Weise sollen genauere Tests entwickelt werden, um sofort mit der Behandlung beginnen zu können. Politische Entscheidungsträger wollen möglicherweise das umgekehrte Ergebnis kennen – die Wahrscheinlichkeit, ob eine Person Krebs hat, falls der Früherkennungstest positiv ausfällt, $P(K \mid +)$. Schließlich wollen sie Menschen nicht unnötig einer Krebsbehandlung auf Basis falsch positiver Ergebnisse aussetzen (wenn der Test also Krebs ergibt, obwohl die Person nicht erkrankt ist).
- Staatsanwälte wollen wissen, wie wahrscheinlich ein Angeklagter angesichts der Beweise (*E*, Evidenz) schuldig (*S*) ist, also $P(S \mid E)$. Das hängt davon ab, wie wahrscheinlich Beweise gefunden werden, *vorausgesetzt*, die Person ist tatsächlich schuldig, $P(E \mid S)$.
- Ihr E-Mail-Anbieter möchte wissen, wie wahrscheinlich es sich um eine Spam-E-Mail handelt, *vorausgesetzt*, sie enthält die Phrase »Free Money!«, $P(Spam \mid Money)$. Auf Basis bereits vorhandener Daten kann der Anbieter ermitteln, wie oft eine E-Mail die Phrase »Free Money!« enthält, *vorausgesetzt*, sie ist als Spam bekannt, $P(Money \mid Spam)$. (Mehr zu diesem Beispiel finden Sie in Kapitel 11.)
- In unserem Gedankenexperiment wollen Sie herausfinden, wie wahrscheinlich Ihr Computer einen Computervirus (*V*) hat, *vorausgesetzt*, es gibt einen positiven Test (+), $P(V \mid +)$. Die Umkehrung davon ist bekannt, die Wahrscheinlichkeit, dass der Test positiv ausfällt, falls der Computer einen Virus hat, $P(+ \mid V)$.

Alle diese Beispiele sind durch den Satz von Bayes miteinander verbunden – einer raffinierten Methode, bedingte Wahrscheinlichkeiten umzukehren. Das ist die gute Nachricht. Die schlechte und eher anstrengende Nachricht ist, dass die Berechnung einiger Teile des Satzes von Bayes ziemlich mühsam sein kann. Nicht alle Wahrscheinlichkeiten sind leicht zu ermitteln. So ist es beispielsweise leichter, die Wahrscheinlichkeit zu ermitteln, mit der eine Person Krebs hat, falls sie bei einer Krebs-Früherkennung positiv getestet wurde, als die Häufigkeit, mit der eine Person Krebs hat, falls der vorherige Test negativ ausgefallen ist.

Um herauszufinden, ob Sie genügend Informationen für die Anwendung des Satzes von Bayes haben, können Sie ein Baumdiagramm verwenden (siehe Abbildung 6-2). Wir benutzen das Gedankenexperiment als Beispiel und erklären endlich, warum die richtige Antwort 50 % lautet. Angenommen, es gibt im Unternehmen 10.000 Laptops. Wir verwenden die implizierte Annahme, dass, wenn 99 % der infizierten Computer positiv auf den Virus getestet werden, 1 % ein negatives Ergebnis (–) haben, also $P(- \mid V) = 1\,\%$. Entsprechend gilt: Wenn 99 % der nicht infizierten Laptops ein negatives Ergebnis haben, wird 1 % der nicht infizierten Laptops ein positives Testergebnis bekommen, $P(+ \mid \textit{nicht } V) = 1\,\%$.

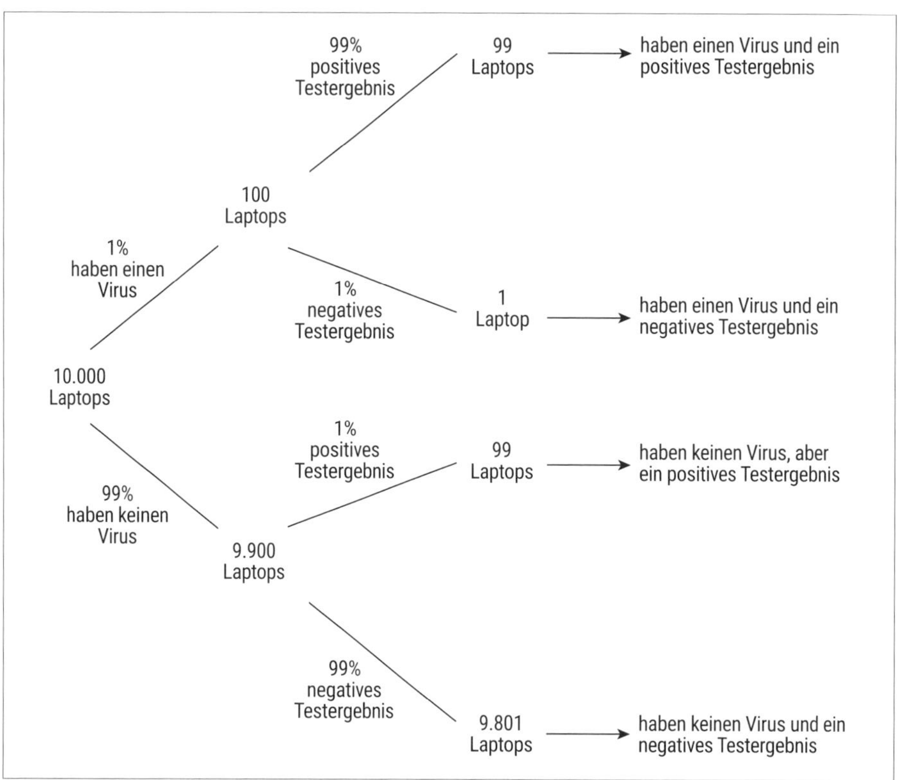

Abbildung 6-2: Baumdiagramm für die Untersuchung von Computern auf einen Virus in einem Großunternehmen

Beginnend mit den 10.000 Laptops und den verfügbaren Informationen zeigt Abbildung 6-2, wie sich die Laptops auf vier Gruppen verteilen: Laptops mit dem Virus, bei denen der Test negativ oder positiv war, und Laptops ohne den Virus, bei denen der Test negativ oder positiv war. Überlegen wir, was das bedeutet. Ein Blick auf das Baumdiagramm zeigt, dass wir an zwei möglichen Zweigen interessiert sind. Der erste Fall ist eine »Infektion« und ein positiver Test – das sind 99 Laptops. Der zweite Fall sind Computer ohne »Infektion«, die trotzdem ein positives Ergebnis haben – ebenfalls 99 Laptops. Diese bezeichnet man als *falsch positiv*.

Die Sache ist so: Wir wissen bereits, dass unser Computer mit einem positiven Test zurückgekommen ist. Das heißt, Sie können sich nur in einer dieser beiden Gruppen befinden (tatsächlich positiv oder falsch positiv). Sie wissen nicht, in welcher, aber wenn Sie so tun, als sei jeder Laptop eine Murmel, und Sie nehmen blind eine aus einem Beutel, haben Sie eine 50%ige Chance, in einer der beiden Gruppen zu landen, weil beide Gruppen gleich groß sind.

Setzen wir diese Bausteine in den Satz von Bayes ein, um zu sehen, ob die Mathematik Ihre (neue) Intuition bestätigt. Wir beginnen mit Bayes, verwenden aber V (Virus) und + (positiv) anstelle von A und B: $P(V \mid +) \times P(+) = P(+ \mid V) \times P(V)$. Danach setzen wir die bekannten Wahrscheinlichkeiten ein:

$P(+)$ = Wahrscheinlichkeit eines positiven Tests =
198 positive Tests/10000 = 1,98 %

$P(+ \mid V) = 99/100 = 99\,\%$

$P(V) = 100/10000 = 1\,\%$

Wenn wir $P(V \mid +) \times P(+) = P(+ \mid V) \times P(V)$ etwas umstellen, erhalten wir:

$P(V \mid +) \times 1{,}98\,\% = 99\,\% \times 1\,\% =$

$P(V \mid +) = (99\,\% \times 1\,\%)/1{,}98\,\%$

$= 50\,\%$

Das ist eine Menge Rechnerei, aber wir haben eine Antwort: Die Wahrscheinlichkeit, mit der Ihr Rechner den Virus hat, falls der Test positiv war, liegt bei 50 %.

Stellen Sie sicher, dass die Wahrscheinlichkeiten einen Sinn ergeben

In diesem Kapitel haben wir Sie mit Zahlen und Schreibweise überschüttet, besonders im vorherigen Abschnitt. Jetzt wollen wir die Sache mit etwas mehr Abstand betrachten und darüber reden, wie Sie über Wahrscheinlichkeiten denken und wie Sie sie benutzen sollen.

Kalibrierung

Wenn Wahrscheinlichkeiten definiert werden, sollten sie einen Sinn ergeben.

Zum Beispiel: Bei gleichen Kosten und Nutzen ist ein Projekt mit einer Erfolgschance von 60 % riskanter als eines mit einer Erfolgschance von 75 %.

Auch wenn das offensichtlich erscheint, ordnet man Wahrscheinlichkeiten wie 60 % und 75 % innerlich als *sehr wahrscheinlich* ein, weil beide über 50 % liegen. In diesem Fall würden die Wahrscheinlichkeiten aber keinen Sinn ergeben – sie wären auf die binäre Entscheidung reduziert, dass ein Ereignis entweder eintritt oder eben nicht. Damit wird der Grund, überhaupt statistisch zu denken und mit Unsicherheiten umzugehen, komplett ignoriert.

Liegt die Wahrscheinlichkeit eines Ereignisses bei 75 %, sollte es außerdem auch in ungefähr 75 % aller Fälle eintreffen.[13] Das erscheint ebenfalls offensichtlich, doch es gibt Ihrer Wahrscheinlichkeit einen Sinn. Dieses Konzept nennt man *Kalibrierung*. »Die Kalibrierung misst, ob Ereignisse langfristig so oft eintreten, wie Sie behauptet haben.«[14]

13 Wir sagen hier »ungefähr«, weil es überall Variationen gibt. Auf lange Sicht sollte ein 75-%-Ereignis aber auch in 75 % aller Fälle eintreten.

14 *https://fivethirtyeight.com/features/when-we-say-70-percent-it-really-means-70-percent*

Eine schlechte Kalibrierung erschwert eine Einschätzung des Risikos. Wenn Sie als Staranwalt glauben, Sie könnten eine Verhandlung mit 90%iger Wahrscheinlichkeit gewinnen, aber in der Vergangenheit nur 60 % der Fälle gewonnen haben, sind Sie schlecht kalibriert und überschätzen Ihre Erfolgschancen.

Daher sagen wir auch hier, dass Wahrscheinlichkeiten einen Sinn ergeben sollten. Bedenken Sie, dass seltene Ereignisse nicht unmöglich sind und dass es für sehr wahrscheinliche Ereignisse keine Garantie gibt, dass sie wirklich eintreffen.

Seltene Ereignisse können und werden eintreffen

Ein seltenes Ereignis mag für Sie und keinen Ihrer Bekannten eintreffen. Das heißt aber nicht, dass es überhaupt nicht eintrifft. Dennoch fällt es uns schwer, zu verstehen, dass auch sehr seltene Ereignisse eintreten können.

Vermutlich werden Sie nie im Leben einen Lotto-Jackpot knacken. Dennoch gibt es Menschen, die gewinnen. Wenn Sie sich überlegen, wie viele Lottoziehungen jeden Tag in der ganzen Welt durchgeführt werden, ist die Wahrscheinlichkeit, dass ein solch seltenes Ereignis jemandem auf der Welt widerfährt, gar nicht mal so unrealistisch, selbst wenn Sie leider kein Glück haben.

Oft vergessen wir, wie unglaublich viele Menschen auf diesem Planeten leben. Bei einer Bevölkerung, die in Milliarden gemessen wird, scheinen »1 aus einer Million«-Ereignisse deutlich wahrscheinlicher zu sein. Tatsächlich betreffen solche Ereignisse weit mehr Menschen, als wir es uns vorstellen können. In einer Welt mit 7,8 Milliarden Menschen bedeutet ein »1 aus einer Million«-Ereignis, dass es jeden Tag für 7.800 Menschen eintritt.

Andererseits ist es sehr einfach, eine Aktivität so weit zu qualifizieren, dass sie als selten empfunden wird, und sei es nur (und vielleicht irreführenderweise), um ein Gefühl der Dramatik zu erzeugen. Die American-Football-Kommentare sind beispielsweise voll von Versuchen, einem Ereignis auf dem Bildschirm eine gewisse Seltenheit anzudichten: »Dies ist das erste Mal, dass ein 28-jähriger Neuling nach zwei Auswärtsspielen und nur einem Spiel in der Vorsaison die 30 Yards gelaufen ist.« Wenn Sie es so betrachten, wirkt es tatsächlich wie ein sehr seltenes Vorkommnis.

Multiplizieren Sie Wahrscheinlichkeiten nicht ohne Grund

Multiplizieren Sie Wahrscheinlichkeiten vergangener Ereignisse nicht ohne Grund. Damit können Sie alles sehr unwahrscheinlich aussehen lassen.

Lassen Sie uns kurz schätzen, wie wahrscheinlich es ist, dass Sie genau diese Zeile auf genau dieser Seite im Buch lesen. Es gibt etwa 40 Zeilen pro Seite (1/40) auf einer von etwa 300 Buchseiten (1/300), und Sie lesen unser Buch als eines von *Millionen* verfügbaren. Multiplizieren Sie diese Zahlen, erhalten Sie eine Infinitesimalzahl. Wir sind also füreinander geschaffen, so viel ist klar!

Zusammenfassung

Dieses Kapitel war nicht nur eine Lektion in Wahrscheinlichkeitsrechnung, sondern auch eine Lektion in Bescheidenheit. Wahrscheinlichkeiten sind schwer zu verstehen. Aber ein wichtiger Teil des Lernens eines neuen Themas ist der Respekt vor möglichen Fehlschlägen. Die hier gelernten Informationen werden Ihnen helfen, weitere Informationen anzufordern, bevor Sie Entscheidungen über Wahrscheinlichkeiten treffen. Das gilt besonders für Entscheidungen, die auf den ersten Blick intuitiv erscheinen, aber die Sie mittlerweile hoffentlich kritischer betrachten.

In diesem Kapitel haben wir gezeigt, wie einfach Wahrscheinlichkeiten falsch verstanden werden können. Diese Missverständnisse beruhen manchmal darauf, wie wir eine Frage stellen, oder auf den Annahmen, die hinter den gegebenen Informationen stehen. Um Missverständnisse zu vermeiden, sollten Sie unsere Faustregeln beim Betrachten von Wahrscheinlichkeiten nicht vergessen:

- Seien Sie vorsichtig bei der Annahme von Abhängigkeiten.
- Seien Sie sich darüber klar, dass alle Wahrscheinlichkeiten bestimmten Bedingungen unterliegen.
- Stellen Sie sicher, dass die Wahrscheinlichkeiten einen Sinn ergeben.

KAPITEL 7

Hinterfragen Sie Statistiken

Kent Brockman: »Mr. Simpson, wie wehren Sie sich gegen den Vorwurf, dass minimaler Vandalismus wie Graffiti um 80 % gesunken, während Prügeln mit schweren Säcken auf schockierende 900 % hochgeschnellt ist?«

Homer: »Ach, es gibt immer Querulanten, die mit Statistiken irgendwas beweisen wollen. 40 %[1] aller Leute wissen das.«

– Die Simpsons, Staffel 5, Episode 11
»Die Springfield Bürgerwehr«, ab ca. 11 min 49 s

Haben Sie in den Nachrichten oder bei der Arbeit schon einmal eine statistische Behauptung gehört, die Sie besser verstehen oder vielleicht hinterfragen wollten? Genau darum geht es in diesem Kapitel. Wir zeigen Ihnen, was statistische Schlussfolgerungen sind, wie diese Inferenzstatistiken (oder lt. Wikipedia auch »mathematischen Statistiken«) funktionieren und wie Sie ihre Ergebnisse hinterfragen können. Außerdem geben wir Ihnen die Fragen an die Hand, die Sie stellen müssen, um die zugrunde liegenden Schlussfolgerungen zu verstehen.

Kleine Einführung in die statistische Inferenz

In Kapitel 3, *Vorbereitungen für das statistische Denken*, haben wir gesagt, dass die statistische Inferenz (oder schlussfolgernde Statistik) uns die Möglichkeit gibt, Stichproben der Daten aus der realen Welt zu nehmen und mit ihrer Hilfe fundierte Annahmen über diese Welt zu treffen.

In diesem Abschnitt sehen wir uns eine Reihe kurzer Beispiele an, die zeigen, wie intuitiv statistische Schlussfolgerungen sein können. Dabei werden wir nach und nach die nötigen statistischen Fachbegriffe einführen (eine kleine Auffrischung kann nie schaden, auch wenn Sie einige bereits kennengelernt haben). Die gute Nachricht ist: Unabhängig davon, ob Sie bereits einen statistischen Hintergrund haben oder nicht, werden Sie der hier gezeigten Logik der statischen Inferenz folgen können.

1 Anmerkung des Übersetzers: Wie schnell sich selbst bei sorgfältiger Überprüfung Fehler einschleichen können, zeigt sich hier auf wunderbare Weise. Während Homer im Original »40 %« sagt, sind es in der deutschen Synchronfassung plötzlich nur noch 14 %.

Schaffen Sie sich etwas Spielraum

Umfragedaten sind ein häufiges und wichtiges Beispiel für Inferenzstatistiken. Sie können nicht jeden Menschen fragen – Sie können nur die in der *Stichprobe* enthaltenen Personen fragen, zu denen Sie Zugang haben. Anhand solcher Stichproben versuchen wir die Welt, in der wir leben, zu verstehen. Kurz gesagt: Die *Stichprobe* hilft uns beim Verständnis der *Population*.

Sehen wir uns eine Umfrage an. In Einführungskursen zur Statistik im ganzen Land wird eine zufällige Stichprobengruppe von 1.000 Studierenden gefragt: *»Sind Sie es leid, dass Statistiker Umfragen als Beispiel nehmen, um statistische Grundkonzepte zu erklären?«*

Im Ergebnis haben 655 Studierende mit »Ja« geantwortet. (Wie würden Sie antworten?)

Könnten Sie aufgrund dieser einen Stichprobe von 1.000 Studentinnen und Studenten guten Gewissens behaupten, dass der wahre Prozentsatz aller Statistik-Grundkurs-Studierenden (der Population), die keine Lust mehr auf Umfragebeispiele haben, genau bei 65,5 % liegt?

Wahrscheinlich brauchen Sie etwas mehr Spielraum für Ihre Schätzung. Das passt gut, denn eine Woche später wurden weitere 1.000 Studierende befragt, von denen diesmal 670 mit »Ja« stimmten. Nun sind 655 und 670 nicht besonders weit voneinander entfernt, und vermutlich hat diese Umfrage Sie dem tatsächlichen Anteil an »Ja«-Stimmen ein gutes Stück nähergebracht. In Wirklichkeit werden Sie bei weiteren Umfragen noch mehr unterschiedliche Ergebnisse erhalten. Dieses Phänomen nennt man *Stichprobenvarianz*. Und dagegen können Sie nichts tun, außer Ihre Ergebnisse im Kontext darzustellen. Umfrageinstitute sind sich der Stichprobenvarianz bewusst und geben eine Fehlerquote oder *Abweichung* für die Umfrageergebnisse von zum Beispiel +/– 3 % an. Das soll die durch Varianz und Zufall verursachte Unschärfe abbilden.

In unserer ersten Umfrage waren die 65,5 % eine *Punktschätzung*, und wir konnten die Ergebnisse als 65,5 % +/– 3 % oder (62,5 %, 68,5 %) präsentieren. Die Schreibweise (62,5 %, 68,5 %) wird als *Konfidenzintervall* bezeichnet und ist ein Beispiel für eine Inferenzstatistik. Anhand der wenigen verfügbaren Informationen wird versucht, etwas über die Welt, in der wir leben, auszusagen. Wir hoffen, das Konfidenzintervall bildet den wahren Prozentsatz aller Statistik-Grundkurs-Studierenden ab, die keine Umfragen mehr sehen können.

Die Lehre daraus: Stichproben sorgen für Variation, was in Ihrer Schätzung der Studierenden zu Unsicherheit führt. Glücklicherweise können Sie anhand von Konfidenzintervallen einen Bereich plausibler Werte angeben, in dem der wahre Prozentwert liegt. Das ist Ihr Spielraum.

Mehr Daten, mehr Evidenz

Wenn Sie bei Amazon ein 1-Sterne-Produkt sehen, dessen Einordnung auf nur einer einzigen Bewertung beruht, können Sie diese getrost ignorieren. Es ist nur die Meinung einer einzigen Person. Wurde ein Produkt dagegen, sagen wir mal, 300-mal bewertet und hat es dennoch eine geringe Sternezahl, ändert sich die Sichtweise. Es bildet sich ein Konsens heraus, dass das Produkt offenbar nichts taugt. Also wählen Sie stattdessen ein Produkt mit 4,9 Sternen bei 200 Bewertungen.[2]

Das zeigt, dass Sie bereits daran gewöhnt sind, dass die Anzahl der Datenpunkte hinter einer Statistik Ihr Vertrauen beeinflusst, selbst wenn es sich dabei nur um eine einfache Sternebewertung bei Amazon handelt. Wenn wir von der *Stichprobengröße* (oder dem *Stichprobenumfang*) sprechen, benutzen wir den Buchstaben N. Einer Bewertung N = 1 haben Sie nicht vertraut, Stichprobengrößen von N = 300 und N = 200 dagegen schon. Sie können sich denken, dass die Stichprobengröße für Inferenzstatistiken eine enorme Rolle spielt. Es wäre tatsächlich unwahrscheinlich (wenn auch nicht komplett unmöglich), dass ein Produkt mit 4,9 Sternen bei N = 200 kompletter Müll ist. Aber das Produkt mit N = 1? Diese einzelne Bewertung kann auch von irgendeinem Internettroll stammen.

Die Lehre daraus: Die Stichprobengröße ist wichtig. Je mehr Daten, desto mehr Beweiskraft. (Wie Sie sehen, ist dieses Thema wirklich intuitiv zu verstehen.)

Hinterfragen Sie den Status quo

Grundsätzlich geht es in der Wissenschaft und bei der Schaffung neuen Wissens darum, den Status quo zu hinterfragen. Gibt es genug Beweise dafür, dass eine alte Denkweise nicht mehr stimmt, passen wir uns an. Das Gleiche gilt für statistische Schlussfolgerungen.

Die einfachste Analogie ist das US-amerikanische Rechtssystem. Angeklagte gelten als »unschuldig, bis ihre Schuld bewiesen ist« (der Status quo), und nur wenn die Beweislage zweifelsfrei zeigt, dass der Status quo falsch ist, wird der Angeklagte »schuldig« gesprochen. Es ist Aufgabe der Staatsanwaltschaft, zu beweisen, dass die ursprüngliche Annahme der Unschuld sehr wahrscheinlich falsch ist.

Forscher, Wissenschaftler und Unternehmen verwenden diese Logik, um neues Wissen zu schaffen, das die Gesellschaft oder ihre Geschäfte verbessern soll. Hier zeigen wir, wie das funktioniert. Zuerst beginnt man mit Fragen[3] wie den in Tabelle 7-1 gezeigten und verwandelt sie in einen sogenannten *Hypothesentest*.

Der Status quo wird als *Nullhypothese* bezeichnet, üblicherweise geschrieben als H_0. Dieser Name wird allgemein in der Hoffnung gewählt, sie zugunsten neuen Wissens verwerfen zu können, das *alternative Hypothese* oder kurz H_a genannt

2 Vergessen Sie nicht, uns eine Bewertung auf Amazon zu hinterlassen.

3 In Kapitel 1 haben wir bereits gesagt, dass ein Data-Science-Projekt mit einer klaren Frage beginnen muss.

wird. Tabelle 7-1 zeigt, wie einige allgemeine Fragen in ihre entsprechenden Hypothesentests aufgeteilt werden können. Forscher versuchen, Beweise zu finden, um die Nullhypothese zu verwerfen und die alternative zu untermauern.

Tabelle 7-1: Fragen, Nullhypothesen (H_0) und alternative Hypothesen (H_a)

Frage	Nullhypothese H_0	Alternative Hypothese H_a
Hat sich die Kundenzufriedenheit von MegaCorp im letzten Quartal verändert?	Die Kundenzufriedenheit von MegaCorp hat sich im letzten Quartal *nicht verändert*.	Die Kundenzufriedenheit von MegaCorp hat sich im letzten Quartal *verändert*.
Hat der SuperBowl-Werbespot der MegaBank den Gewinn im Vergleich zum Vorjahr gesteigert?	Der SuperBowl-Werbespot der MegaBank hat den Gewinn im Vergleich zum Vorjahr *nicht gesteigert*.	Der SuperBowl-Werbespot der MegaBank hat den Gewinn im Vergleich zum Vorjahr *gesteigert*.
Schützt ein experimenteller COVID-19-Impfstoff gegen das Virus?	Der experimentelle Impfstoff ist *nicht besser* als ein Placebo.	Der experimentelle Impfstoff ist *besser* als ein Placebo.
Hat sich die Arbeitslosenquote in den USA im letzten Monat verändert?	Die Arbeitslosenquote in den USA hat sich im letzten Monat *nicht verändert*.	Die Arbeitslosenquote in den USA hat sich im letzten Monat *verändert*.

Sehen Sie sich genau an, wie die Hypothesentests in Tabelle 7-1 aufgebaut sind. Was auch immer Sie an neuen Erkenntnissen annehmen und hoffen, dass sie wahr sind, Sie beginnen grundsätzlich mit der Annahme, dass dies nicht so ist (dem Status quo). Gibt es genügend Beweise dafür, dass die Nullhypothese nicht zu stimmen scheint, würden Sie die Nullhypothese (H_0) zugunsten der Alternative (H_a) verwerfen.

Die Lehre daraus: Hypothesentests sind ein Hauptmerkmal wissenschaftlichen Experimentierens. Um den Status quo infrage zu stellen, gehen Sie in der Nullhypothese davon aus, dass er wahr ist. Gibt es genügend Beweise (Daten), dass die Nullhypothese unwahrscheinlich ist, verwerfen Sie sie zugunsten des neuen Wissens der alternativen Hypothese.

Beweise für das Gegenteil (Evidenz)

Angenommen, Sie spielen eine Runde Basketball mit Ihren Kollegen und ein Praktikant möchte in Ihrem Team mitmachen. Er versichert Ihnen, dass mindestens 50 % seiner Würfe erfolgreich wären. *Klasse*, denken Sie sich. Ihr Team kann einen guten Werfer gebrauchen.[4]

Vor dem Spiel merken Sie sich, dass der Prozentwert für die Würfe des Praktikanten bei ≥ 50 % liegt (die Nullhypothese).

Das Spiel beginnt, und Sie passen ihm den Ball für einen Weitwurf zu. *Der Wurf geht daneben.* Nicht so schlimm, denken Sie. Aber dann versemmelt er auch den

4 Es ist uns klar, dass eine Trefferquote von 50 % im Basketball ein ausgezeichneter Wert ist. LeBron James hatte beispielsweise eine 50%ige Trefferquote aus dem Feld über seine gesamte Karriere. Das heißt, der Praktikant ist sehr wahrscheinlich nicht so gut, aber mit 50 % lässt sich leichter rechnen. Als Data Head werden Sie sich sicher schon gefragt haben, ob die Zahl nicht etwas zu optimistisch ist.

nächsten Wurf, dann noch einen und ... noch einen. Vier Fehlwürfe hintereinander. *Wow, das ist ja furchtbar!*

Ihr Vertrauen in ihn schwindet. Ist dieser Typ wirklich ein guter Basketballer, oder macht er nur Scherze? Schließlich haben selbst die Profis mal einen schlechten Tag und treffen viermal daneben. Also geben Sie ihm weitere Chancen, aber die Fehlwürfe nehmen kein Ende. Bei Spielende hat der Praktikant zehnmal hintereinander danebengeworfen, und Ihr Team hat verloren. Frustriert denken Sie, *der Typ sei ein Lügner*.

Sie kehren an den Schreibtisch zurück und entscheiden sich, die miserable Performance, deren Zeuge Sie gerade werden mussten, zu quantifizieren.

Wie groß sind die Chancen, dass jemand, dessen Würfe zu 50 % treffen, zehnmal hintereinander danebenwirft?

Sie verwenden einfache Wahrscheinlichkeitsrechnung, um ein paar Zahlen durchzurechnen. Die Chance, dass er bei einem Wurf danebenwirft, liegt bei 50 %, für zwei Würfe bei 50 % × 50 % = 25 % (wobei Sie davon ausgehen, dass die Würfe gemäß den Regeln aus dem vorherigen Kapitel jeweils voneinander unabhängig sind). Diesem Muster folgend, multiplizieren Sie 50 % zehnmal mit sich selbst – oder 0,5^10 = 0,00098. Die Wahrscheinlichkeit liegt also offenbar bei 0,1 % oder ungefähr bei 1 aus 1.000.

Das heißt, die Wahrscheinlichkeit, dass dieses Ergebnis eintritt – 10 Fehlwürfe – liegt bei 1 zu 1.000, *vorausgesetzt*, dass der Praktikant 50 % der Würfe treffen kann. Diese Wahrscheinlichkeit, also 1 zu 1.000 oder auch 0,001, wird *p*-Wert genannt (*p* steht für *probability*, das englische Wort für Wahrscheinlichkeit). Jetzt müssen Sie entscheiden. Glauben Sie, dass der Praktikant einfach nur einen schlechten Tag hatte? Oder war Ihre Nullhypothese (der Praktikant trifft in ≥ 50 % aller Würfe) einfach falsch?

Zehn Fehlwürfe sind schlicht unglaubwürdig. Ein schlechter Tag mit einer Chance von 1 zu 1000 ist ein ausreichend starker Beweis dafür, dass die ursprüngliche Behauptung falsch war. Sehr wahrscheinlich haben Sie die Nullhypothese schon früher im Spiel verworfen und die alternative Hypothese H_a angenommen: dass die Trefferquote des Praktikanten bei < 50 % liegt.

Nehmen Sie sich etwas Zeit und fragen Sie sich, wann Sie angefangen haben, an den Aussagen Ihres Praktikanten zu zweifeln, anstatt Ausreden für ihn zu suchen. Wie viele Fehlwürfe hat es gebraucht, bis Sie die Nullhypothese verworfen haben?

Gehen wir der Einfachheit halber davon aus, dass dieser Schwellenwert bei fünf Fehlwürfen lag. Wären dem Praktikanten nur vier Würfe hintereinander danebengegangen, was einer Wahrscheinlichkeit von 50 %= 6,25 % oder 1 aus 16 entspricht,[5] hätten Sie ihm vermutlich noch vertraut. Als fünf Würfe danebengegan-

5 O'Neil, C., & Schutt, R. (2013). *Doing Data Science: Straight Talk from the Frontline*. O'Reilly Media, Inc.

gen waren, gab es zu viele Beweise gegen seine Behauptung, ein guter Werfer zu sein. Dieser Schwellenwert von fünf Fehlwürfen hintereinander hat die Grenze des *Signifikanzniveaus* überschritten. Die Daten stimmten nicht länger mit der Behauptung überein.

Da das Universum vor Variation nur so strotzt, ist eine bestimmte Menge Zufall (und Fehlwürfe) quasi »eingebaut«. Manchmal spielt man aber auch einfach nur schlecht, ohne genau zu wissen, warum. Das Signifikanzniveau ist ein künstlicher Schwellenwert, über den Sie selbst entscheiden. Unterhalb dieses Werts tolerieren Sie Zufall und unerklärliche Variation und haben trotzdem das Gefühl, dass die Nullhypothese weiterhin stimmt. Ist der *p*-Wert kleiner als das Signifikanzniveau, können Sie die Nullhypothese verwerfen und sagen, das Ergebnis sei *statistisch signifikant*.

Die Lehre daraus: Der Test, ob ein *p*-Wert kleiner als das Signifikanzniveau ist, um eine Nullhypothese zu verwerfen, ist ein Schlüsselelement der statistischen Inferenz. Natürlich schafft das Vorhandensein von Varianz und die Wahl eines passenden Signifikanzniveaus neue Möglichkeiten für Entscheidungsfehler.

Entscheidungsfehler ausgleichen

Wenn Varianz zu einer falschen Schlussfolgerung führt, nennt man das einen *Entscheidungsfehler*.

Es gibt zwei Arten von Entscheidungsfehlern, die beide wenig selbsterklärend sind: Fehler 1. Art und Fehler 2. Art. Da aussagekräftige Begriffe wichtig sind, bevorzugen wir die Formulierungen *falsch positiv* und *falsch negativ* anstelle von Fehler 1. Art beziehungsweise Fehler 2. Art.

Was ist ein falsch positiver Fehler? Er tritt auf, wenn Beweise die Realität der alternativen Hypothese zu bestätigen scheinen, obwohl sie eigentlich verworfen werden sollte (z.B. dass ein Mann einen positiven Schwangerschaftstest hat). Ein falsch negativer Fehler tritt dagegen auf, wenn Sie eine falsche Nullhypothese akzeptieren (z.B. eine schwangere Frau hat einen negativen Schwangerschaftstest). Tabelle 7-2 zeigt weitere Beispiele für beide Arten von Fehlern.

Tabelle 7-2: Falsch positive und falsch negative Entscheidungsfehler im Vergleich

Frage	Nullhypothese	Falsch positiv	Falsch negativ
Hat der Angeklagte ein Verbrechen begangen?	Angeklagter ist unschuldig.	Eine unschuldige Person wird verurteilt.	Ein schuldiger Angeklagter wird freigesprochen.
Haben Sie eine Krankheit?	Sie haben keine Krankheit.	Sie werden positiv getestet, obwohl Sie die Krankheit nicht haben.	Sie haben die Krankheit, aber der Test hat sie nicht erkannt.
Hat sich die Kundenzufriedenheit von MegaCorp im letzten Quartal verändert?	Die Kundenzufriedenheit ist kleiner oder gleich der Kundenzufriedenheit des letzten Quartals.	Die Ergebnisse für dieses Quartal zeigen nur per Zufall eine Verbesserung.	Die Quartalsergebnisse haben sich verbessert. Die Verbesserung wurde aber nicht erkannt.

Als Entscheidungsträger wählen Sie die Wahrscheinlichkeit falsch positiver Entscheidungsfehler, indem Sie das Signifikanzniveau festlegen. Im Zusammenhang mit der statistischen Signifikanz steht die sogenannten *Trennschärfe* (engl. *Power*). Damit ist die Wahrscheinlichkeit gemeint, mit der die Nullhypothese korrekt verworfen wird, wenn die alternative Hypothese wahr ist. Je höher die Trennschärfe eines Tests, desto geringer ist die Gefahr von falsch negativen Ergebnissen.

Falsch positive und falsch negative Fehler haben ein inhärentes Problem: Solange Sie nicht mehr Daten sammeln, können Sie die eine Seite nicht verringern, ohne die andere zu verstärken. Sehr wahrscheinlich wünschen Sie sich eine möglichst geringe Rate von falsch positiven Spam-E-Mails. Die Nullhypothese lautet: »Die E-Mail ist kein Spam.« Ein falsch positives Ergebnis würde also bedeuten, dass die Nachricht als Spam eingeordnet wird, obwohl sie eigentlich von Ihrer Mutter stammt. Der Preis dafür ist, dass mehr »echte« Spam-E-Mails in Ihrem normalen Postfach landen (mehr falsch negative Ergebnisse). Das können Sie aber tolerieren, solange die meisten der wirklich für Sie bestimmten E-Mails auch bei Ihnen ankommen. Bei der Früherkennung bestimmter Krankheiten können die Spezialisten dagegen entscheiden, mehr falsch positive Ergebnisse zu akzeptieren, um die Zahl der falsch negativen Tests (eine nicht gestellte Diagnose) zu verringern. Hat jemand eine Krankheit, soll sie auf jeden Fall erkannt werden.

Die Lehre daraus: Variation erschwert das Treffen von Entscheidungen. Manchmal werden Sie denken, Ihre alternative Hypothese sei wahr, obwohl sie es nicht ist (falsch positiv), oder denken, die Nullhypothese sei wahr, obwohl sie es nicht ist (falsch negativ).

Die Vorgehensweise der statistischen Inferenz

Bis hierher haben wir viele der Bestandteile der statistischen Schlussfolgerung über fünf kleine Lektionen verteilt betrachtet. Jetzt wollen Sie vermutlich wissen, wie diese Bausteine zusammenpassen. Wir werden versuchen, sie zusammenzufassen, damit Sie als Data Head den Prozess der schlussfolgernden Statistik klar verstehen und weitergeben können.

Kurz gesagt, läuft die statistische Inferenz in fünf Schritten ab:

1. Stellen Sie eine sinnvolle Frage.
2. Formulieren Sie einen Hypothesentest. Verwenden Sie den Status quo als Nullhypothese H_0 und das, von dem Sie hoffen, dass es wahr ist, als alternative Hypothese H_a.
3. Legen Sie ein Signifikanzniveau fest. (5 % oder 0,05 ist ein willkürlicher, aber oft verwendeter Startwert.)
4. Berechnen Sie auf Basis eines statistischen Tests einen p-Wert.
5. Berechnen Sie relevante Konfidenzintervalle.

6. Verwerfen Sie die Nullhypothese und akzeptieren Sie die alternative Hypothese, wenn der *p*-Wert unter dem Signifikanzniveau liegt. Ansonsten bleiben Sie bei der Nullhypothese.

Machen wir eine kleine Verschnaufpause, um die Situation zu betrachten. Herzlichen Glückwunsch, wenn Sie diese sechs Schritte lesen und verstehen können! Sie lernen die Sprache der Statistik. Dabei haben wir die Idee des *statistischen Tests* bisher nur am Rande betrachtet. Hierbei geht es darum, wie der *p*-Wert berechnet wird. Im Beispiel des Praktikanten haben wir einfache Wahrscheinlichkeitsrechnung verwendet (50 % mit 10 potenziert). Tatsächlich gibt es aber Hunderte statistischer Tests, um die Risiken und Beziehungen in Ihren Daten zu beschreiben, zu vergleichen und zu bewerten. Die meisten Statistik-Lehrbücher konzentrieren sich auf genau diese Werkzeuge. Wir haben einen anderen Ansatz gewählt, weil wir der Meinung sind, dass Sie die Logik hinter den Statistiken verstehen müssen, und zwar unabhängig davon, wie die *p*-Werte berechnet werden.

Kommen wir also zur eigentlichen Aufgabe zurück. Es ist uns klar, dass Data Heads Statistiken eher benutzen, als sie selbst zu erstellen. Daher bringen wir Ihnen im folgenden Abschnitt die Fragen bei, die Sie stellen sollten, um die Ihnen vorgelegten Statistiken zu hinterfragen. Wenn Sie den vorherigen Abschnitten folgen konnten, sollten Sie in der Lage und darauf vorbereitet sein, diese Fragen zu stellen.

Die Fragen, die Sie stellen sollten, um Statistiken zu hinterfragen

Die folgenden Fragen können Sie Ihren Kolleginnen und Kollegen stellen, um Statistiken, die Ihnen vorgelegt werden, kritisch zu hinterfragen:

- Was ist der Kontext für diese Statistik?
- Wie groß ist der Stichprobenumfang?
- Was testen Sie?
- Wie lautet die Nullhypothese?
- Wie hoch ist das Signifikanzniveau?
- Wie viele Tests haben Sie durchgeführt?
- Kann ich bitte die Konfidenzintervalle sehen?
- Ist diese Statistik praktisch bedeutsam?
- Gehen Sie von Kausalität aus?

Gehen wir die Fragen der Reihe nach durch und überlegen wir, warum sie wichtig sind.

Was ist der Kontext für diese Statistik?

Der Kontext, auf den sich eine Statistik bezieht, ist genauso wichtig wie die Zahlen selbst. Wenn Sie den Satz »Die Verkaufszahlen sind um 10 % gestiegen!« hören, sollten Ihr erster Gedanke sein: »Im Vergleich zu was?«

Zum Beispiel: Ein Marketinganalyst teilt Ihrem Chef mit, die Verkäufe seien im Vergleich zum Vorquartal um 10 % gestiegen. Dabei versäumt er jedoch, zu erwähnen, dass die Verkäufe des größten Konkurrenten sogar um 15 % gestiegen sind. Diesen zusätzlichen Kontext will Ihr Chef mit Sicherheit auch haben. Der Versuch, Informationen zu stark zusammenzufassen, kann leicht die Realität verzerren. Data Heads sollten Kontext und Referenzwerte einfordern, mit denen verglichen werden kann.

Ein weiteres Beispiel: Angenommen, ein neuer YouTube-Werbespot erhöht die Wahrscheinlichkeit, dass jemand auf ein Werbebanner klickt, um 50 %. Ohne Kontext klingt das ziemlich eindrucksvoll. Betrachtet man die Statistik dagegen im richtigen Zusammenhang, stellt sich heraus, dass sich die Click-Through-Rate des Werbespots (die Klicks auf die Anzeige geteilt durch die Gesamtzahl der angezeigten Impressions) von 0,10 % auf 0,15 % verbessert hat (10 aus 10.000 verglichen mit 15 aus 10.000). Das ist eine absolute Steigerung um gerade einmal 0,05 %, und so sollte das Ergebnis auch berichtet werden. Stattdessen den relativen Prozentwert zu präsentieren $(0{,}0015 - 0{,}0001)/0{,}0001 \times 100 = 50\,\%$, vermittelt einen falschen Eindruck.

Beispiele wie diese sind Ihnen bei Ihrer Arbeit sicher auch schon begegnet. Sie sehen eine Statistik – genau, eindeutig und beeindruckend –, aber Sie wissen trotzdem nicht, was sie wirklich bedeutet. Haben Sie keine Angst, sich zu Wort zu melden und zu fragen: »Was ist der Kontext für diese Statistik?«

Wie groß ist der Stichprobenumfang?

Mittlerweise wissen Sie, warum die Stichprobengröße so wichtig ist. Wenn N klein ist, werden Sie eine Menge Variationen sehen. Nicht so schlimm – vergrößern Sie einfach den Datenbestand. Mehr Daten bedeutet weniger Variationen, oder? Im Zeitalter von Big Data ist die Versuchung groß, N so groß zu machen, dass alle Möglichkeiten abgedeckt sind.

Immer wenn N groß ist, ist die Versuchung groß, von N = ALLE auszugehen. Ihnen stehen alle möglichen Datenpunkte zur Verfügung. Dennoch befreit die Annahme N = ALLE Sie nicht davon, über Datenqualität und -verzerrungen nachzudenken. (Erinnern Sie sich an die Lektionen aus Kapitel 4, *Daten infrage stellen*.) Testen Sie wirklich Personen aus der Population, die Sie interessiert?

Hierzu ein Zitat aus dem Buch *Doing Data Science: Straight Talk from the Frontlines*[6]:

6 O'Neil, C., & Schutt, R. (2013). *Doing Data Science: Straight Talk from the Frontline*. O'Reilly Media, Inc.

> Wir sind sogar davon überzeugt, dass die Annahme N = ALLE eines der größten Probleme ist, denen wir im Zeitalter von Big Data begegnen können. Es ist vor allem eine Möglichkeit, die Stimmen von Menschen auszuschließen, die nicht die Zeit, die Energie oder den Zugang haben, um ihre Stimme in allen möglichen inoffiziellen und teilweise nicht einmal angekündigten Wahlen abzugeben.

Dieses *Ausschließen der Stimmen* beschränkt sich nicht nur auf Wahlen. Bedürftige könnten fälschlicherweise von Lebensmittel- und Kleidungszuschüssen ausgeschlossen werden oder von der Berücksichtigung in Umfragen zur Kommunalpolitik oder einfach, indem sie nicht gezählt werden. Es ist leicht, anzunehmen, ein ausreichend großer Datensatz würde die Bevölkerung korrekt abbilden. Aber Größe ist nicht alles. Noch schlimmer: Big Data macht es einfach – tatsächlich sogar zu einfach –, falsche Beziehungen zu finden. Wenn Sie die Daten ausreichend oft zerlegen und wieder zusammensetzen, wird sicherlich etwas Interessantes dabei herauskommen.

In den seltenen Fällen, in denen N für ALLE Menschen einer Population (auch bekannt als *Zensus*) steht, haben Sie Glück gehabt. Sie brauchen keine statistischen Schlussfolgerungen, weil es in der deskriptiven Statistik keine Unsicherheit gibt – sofern die Daten korrekt gesammelt wurden, versteht sich.

Was testen Sie?

Jeder statistischen Inferenz am Arbeitsplatz oder in den Nachrichten liegt (*hoffentlich*) eine spezifische Frage zugrunde, die anhand der Daten überprüft werden kann. Lassen Sie Datenanalysten keine Zahlen weitergeben, ohne die zugrunde liegende Frage ebenfalls mitzuteilen. Stellen Sie sicher, dass das Team weiß, *warum* die Statistik erstellt wird. Fragen Sie: »Was testen Sie?« – und erwarten Sie eine Antwort in klarer, nicht statistischer Sprache.[7]

Wie lautet die Nullhypothese?

Ihr Praktikant bei MegaCorp hat in diesem Quartal eng mit der Abteilung für den Kundendienst zusammengearbeitet und ein paar Ideen vorgestellt, um die Kundenzufriedenheit zu steigern. Sie wollen herausfinden, ob diese Ideen die Kundenzufriedenheit bei MegaCorp tatsächlich steigern. Dies wird mit einer einfachen Frage gemessen: »Würden Sie uns einem Freund empfehlen?«

Also formalisiert der Praktikant den Test und stellt eine Nullhypothese auf: »Die Empfehlungsrate dieses Quartals ist nicht schlechter als die Rate des vergangenen Quartals.« Daraus folgt:

- H_0: Empfehlungsrate für dieses Quartal ≥ Empfehlungsrate für das vergangene Quartal.

Wird die Nullhypothese verworfen, gilt die *alternative Hypothese* als akzeptiert. In diesem Fall lautet die alternative Hypothese: »Die Empfehlungsrate dieses Quar-

7 In Kapitel 1 finden Sie weitere Informationen dazu, wie Sie die Frage selbst hinterfragen können.

tals ist schlechter als die des vergangenen Quartals.« Mithilfe der statistischen Schreibweise würde die alternative Hypothese H_a so aussehen:

- H_a: Empfehlungsrate für dieses Quartal < Empfehlungsrate für das vergangene Quartal.

Machen Sie jetzt eine kleine Pause und überlegen Sie, welche Annahmen hier getroffen werden. Sie haben keinerlei Daten oder Statistiken gesehen, aber Sie können die Logik im Ansatz des Praktikanten infrage stellen. Durch die Nullhypothese hat er sich standardmäßig zum Gewinner gekürt. Liegen die Umfrageergebnisse der beiden Quartale relativ nah beieinander oder basieren auf einer kleinen Zahl an Kunden (also auf einer kleinen Stichprobengröße), könnte das bereits ausreichen, um die ursprüngliche Annahme zurückzuweisen. Wegen dieses Fehlers müssen Data Heads fragen, wie die Nullhypothese lautet. Eine schlecht definierte Nullhypothese kann zu einer Täuschung führen, bei der etwas nur deshalb als richtig gilt, weil es keine Daten gibt, die das Gegenteil beweisen.

Bedenken Sie, dass es in der Wissenschaft darum geht, den Status quo infrage zu stellen. In der Praxis sollten die Null- und die alternative Hypothese das wiedergeben, von dem Sie glauben oder hoffen, dass es wahr ist. Damit liegt die Beweislast auf den Daten, die zeigen müssen, dass die Nullhypothese unwahrscheinlich ist.

Ihr Praktikant, der seine Bemühungen zur Verbesserung der Kundenzufriedenheit zeigen möchte, sollte für seinen Hypothesentest eher folgenden Aufbau verwenden:

- H_0: Empfehlungsrate für dieses Quartal ≤ Empfehlungsrate für das vergangene Quartal.
- H_a: Empfehlungsrate für dieses Quartal > Empfehlungsrate für das vergangene Quartal.

(Wir werden gleich zu diesem Beispiel zurückkehren.)

Angenommene Äquivalenz

Angenommen, Sie tauschen die Hauptzutat eines Lebensmittels aus, um Kosten zu sparen. Ihr Team führt eine schnelle Geschmacksumfrage durch, die eine 10-Punkte-Skala verwendet, um herauszufinden, ob die Kunden etwas bemerkt haben. Beim ursprünglichen Rezept hatten 18 von 20 Personen angegeben, sie würden das Produkt kaufen. Bei der neuen Umfrage waren es noch 12 von 20.

Bei der Nullhypothese »Kaufquote des neuen Produkts = Kaufquote des alten Produkts« und einem Signifikanzniveau von 0,05 berechnet ein statistischer Test[8] einen p-Wert von 0,064. Damit liegt der p-Wert über 0,05, und die Nullhypothese wird nicht verworfen. George, Ihr Chef, versteht das als: »Mein Datenteam hat bewiesen, dass es keinen statistischen Unterschied zwischen dem alten und dem neuen, billigeren Rezept gibt. Wir sollten die Kosten einsparen.«

8 Wir haben einen zweiseitigen exakten Test nach Fisher verwendet.

George geht davon aus, dass das alte und das neue Rezept gleichwertig sind. Aber vielleicht hat er einfach noch nicht genug Daten, um zu zeigen, dass es einen Unterschied gibt. Die Lehre daraus: Fälschlicherweise einen Status quo nicht zu verwerfen, ist nicht das Gleiche, wie ihn zu beweisen.[9]

Wie hoch ist das Signifikanzniveau?

Wie bereits gesagt, das Signifikanzniveau gilt als Schwellenwert, bis zu dem wir tolerieren können, dass die Daten nicht mit der Nullhypothese zusammenpassen.

Das konventionelle und etwas beliebige Signifikanzniveau liegt üblicherweise bei 5 % (0,05). Andere Branchen oder Forscher nutzen vielleicht 1 % (0,01), manche sogar noch kleinere Werte. Bei der *European Organization for Nuclear Research* (CERN) verwendeten die Forscher ein unglaublich kleines Signifikanzniveau, um nach dem Elementarteilchen namens Higgs Boson zu suchen.[10] Je kleiner das Signifikanzniveau, desto geringer die Chance, falsch positive Ergebnisse zu erhalten.

Sehr wahrscheinlich beginnen Sie mit einem Signifikanzniveau von 5 %. Schließlich müssen Sie irgendwo anfangen. Trotzdem spielt die richtige Auswahl eine wichtige Rolle. Eine Signifikanz von 5 % bedeutet, dass Sie tolerieren können, dass Sie eine Nullhypothese in einem von 20 Fällen fälschlicherweise verwerfen (ein falsch positives Ergebnis haben). Macht Sie das nervös?

Vielleicht ist es zu einfach, ein Signifikanzniveau zu wählen, das sicherstellt, dass Ihre Ergebnisse grundsätzlich statistisch signifikant sind. Viele Werkzeuge verwenden ein Niveau von 5 % als Standardeinstellung. Dabei ist es möglich, dass dieses Niveau für Ihre Branche überhaupt nicht aussagekräftig ist. Oder der Wert wurde von Ihrem Datenwissenschaftler festgelegt, der Ihnen diese Änderung nicht mitgeteilt hat, sondern nur, dass das Ergebnis statistisch signifikant ist. Im schlimmsten Fall führt jemand einen Test durch und wählt das Signifikanzniveau erst danach aus – das ist, als würden Sie einen Dartpfeil werfen und dann die Zielscheibe an die richtige Stelle rücken. Zum Beispiel könnte jemand einen statistischen Test durchführen, der einen *p*-Wert von 0,11 ergibt, und dann das Signifikanzniveau auf 0,15 setzen, um ein statistisch signifikantes Ergebnis zu bekommen.

Genau aus diesem Grund ist es immer wichtig zu fragen: »Wie hoch ist das Signifikanzniveau?«

Für die Praxis müssen Sie wissen, dass bei einem von 5 % auf 1 % verringerten Signifikanzniveau auch die Zahl Ihrer falsch positiven Ergebnisse sinkt. Sie hängen die Messlatte zum Verwerfen der Nullhypothese also höher. Die Daten müssen extre-

9 Für dieses Beispiel wäre ein sogenannter Äquivalenztest nötig. Wir können in diesem Kapitel zwar nicht näher darauf eingehen, wollten aber sicherstellen, dass Sie zumindest wissen, dass es ihn gibt. Sprechen Sie mit Ihrem Team darüber und nutzen Sie ihn. Wenn Sie die Logik dieses Kapitels verstehen, können Sie auch einen Äquivalenztest verstehen.

10 Siehe den Artikel »5 Sigma What's That?« von Evelyn Lamb (2012) unter *https://blogs.scientificamerican.com/observations/five-sigmawhats-that*.

mer (oder zumindest überzeugender) sein, damit die Nullhypothese verworfen wird. Klingt doch gar nicht so schlecht, oder? Der Preis ist eine höhere Anzahl falsch negativer Ergebnisse. Diesen Kompromiss sollten Sie nicht auf die leichte Schulter nehmen. Eine allgemeingültige Empfehlung gibt es nicht. Die richtige Balance hängt von Ihrem Problem ab und von Ihrer Fähigkeit, mit den Auswirkungen falsch negativer und falsch positiver Ergebnisse umzugehen.

Wie viele Tests führen Sie durch?

Nachdem Sie das Signifikanzniveau kennen, sollten Sie auch fragen, wie viele Tests Ihre Datenanalysten durchführen. Während diese die Daten auf verschiedene Weise betrachten, führen sie möglicherweise Dutzende, wenn nicht Hunderte unverbindlicher Statistiktests mit einem Signifikanzniveau von 5 % durch. Stellen Sie sich vor, ein Forscher untersucht einen großen Datensatz von Krebspatienten mit ihren Ernährungsgewohnheiten, um herauszufinden, welche Nahrungsmittel sich positiv auf die Überlebensrate auswirken. Bei 100 verschiedenen Nahrungsmitteln in der Datenbank und einem Signifikanzniveau von 5 % würden 5 Nahrungsmittel im Kampf gegen den Krebs statistisch bedeutsam erscheinen – *selbst wenn die Nahrungsmittel tatsächlich keinerlei Auswirkungen haben.*[11]

Kann ich bitte die Konfidenzintervalle sehen?

Wir haben bereits ein wenig über Konfidenzintervalle und einige ihrer Bestandteile gesprochen. Jetzt setzen wir die Bausteine zusammen.

Was genau meinen wir mit dem Wort *Konfidenz* (wörtlich übersetzt Vertrauen)? Dieses Wort hat, wie *Signifikanz*, in der Statistik eine andere Bedeutung als im Alltagsgebrauch. In der Statistik besitzen Signifikanz und Konfidenz einen inneren Zusammenhang. Tatsächlich existiert zwischen dem *Signifikanzniveau* und dem *Konfidenzniveau* eine Symmetrie: Ein Signifikanzniveau von 5 % entspricht einem Konfidenzniveau von 95 %. Formaler ausgedrückt, heißt das: *Konfidenzniveau* = 1 – *Signifikanzniveau*. Anstelle von »Wir haben die Nullhypothese mit einem Signifikanzniveau von 5 % verworfen« könnte man auch sagen: »Wir haben die Nullhypothese mit einer Konfidenz von 95 % verworfen.«

Als Nächstes sollten Sie verstehen, warum jemand, der statistische Ergebnisse betrachtet, sich die Konfidenzintervalle zeigen lassen sollte. Wie Sie sich erinnern werden, versucht ein Konfidenzintervall, die tatsächliche Zahl, nach der Sie in einer Population suchen, zu finden. Das 95 %-Konfidenzintervall in unserer Umfrage von Studierenden weiter oben im Kapitel lag für eine Stichprobengröße von N = 1.000 bei (62,5 %, 68,5 %). Jetzt stellen Sie sich vor, wir hätten statt der 1.000 Studierenden nur 100 befragt, von denen 65 % mit Ja geantwortet hätten. Das resultie-

11 Es gibt statistische Verfahren, um dies zu korrigieren, die wir hier nicht erläutern können. Mehr dazu finden Sie unter dem Stichwort »Alphafehler-Kumulierung« (engl. *Multiple Comparisons Problem*).

rende 95 %-Konfidenzintervall liegt nun bei (54,8 %, 74,2 %). Es ist deutlich breiter als bei der ursprünglichen Stichprobengröße von 1.000 Personen. Dadurch wird unser Netz, mit dem wir die richtigen Ergebnisse »fangen«, deutlich grobmaschiger. Erhöhen wir dagegen die Stichprobengröße N, wird auch unser Netz enger, und die Ergebnisse werden präziser. Ergibt Sinn, oder? Wenn die gesamte Population antwortet, wird kein Konfidenzintervall gebraucht – Sie haben den wahren Anteil an der Population gefunden.

Konfidenzintervalle bieten außerdem eine Möglichkeit, die *Effektgröße* eines statistischen Tests zu schätzen.[12] Angenommen, Sie möchten wissen, ob Basketballerinnen aus den USA genauso groß sind wie Basketballerinnen aus Europa. Hierfür verwenden Sie folgende Nullhypothese und folgende alternative Hypothese:

- H_0: Durchschnittsgröße der US-Spielerinnen = Durchschnittsgröße der europäischen Spielerinnen
- H_a: Durchschnittsgröße der US-Spielerinnen ≠ Durchschnittsgröße der europäischen Spielerinnen

Damit macht sich Ihr Datenanalyst an die Arbeit, sammelt Daten und berechnet einen *p*-Wert, der mit einem Signifikanzniveau von 5 % verglichen werden kann. Nach einiger Zeit kommt das Ergebnis zurück: Der *p*-Wert lag unter dem Signifikanzniveau. US-Spielerinnen und europäische Spielerinnen sind nicht gleich groß, und die Ergebnisse sind statistisch signifikant.[13]

Aber haben Sie nicht das Gefühl, dass einige Informationen fehlen? Manchmal betrachten wir statistische Signifikanz als Gütesiegel. *Oh, Ihre Ergebnisse sind statistisch signifikant? Das muss ja heißen, dass Sie zu 100 % recht haben.* Statistische Tests suchen aber nach allen Unterschieden, wichtig oder nicht. Daher sollten Sie sich niemals nur mit *p*-Werten zufriedengeben. Gehen wir beispielsweise davon aus, dass die Durchschnittsgröße von US-Basketballerinnen bei 72 Zoll (ca. 183 cm) und von europäischen Sportlerinnen bei 71,5 Zoll (ca. 181 cm) liegt. Das 95 %-Konfidenzintervall um die Unterschiede herum liegt bei 0,5 +/– 0,4 Zoll (1,27 cm +/– 1,016 cm).

Ist die Effektgröße von nur etwas mehr als einem Zentimeter jetzt ein für die Praxis relevanter oder nur ein interessanter Unterschied?

Ist dies von praktischer Bedeutung?

Bei großen Stichprobengrößen kann es zu recht kleinen Nebeneffekten kommen. Wenn Sie nur die *p*-Werte ohne die Konfidenzintervalle sehen, könnten Sie denken, Sie hätten eine große Auswirkung gefunden, während es tatsächlich nur ein kleiner Unterschied ohne praktischen Wert ist. Betrachten Sie sich die Konfidenz-

12 Die Effektgröße kann in der Statistik eine beliebige Bedeutung annehmen. Hier betrachten wir sie einfach als Unterschied zwischen zwei Zahlen.

13 Nein, wir haben diesen Test nicht wirklich durchgeführt oder entsprechende Daten gesammelt.

intervalle, sollten Sie daher fragen, ob dies einen praktisch bedeutsamen Effekt hat oder nicht.

Gehen Sie von einer Kausalität aus?

Über diese ganzen Überlegungen haben Sie fast Ihren Praktikanten vergessen. Sie sind neugierig, ob seine Arbeit mit dem Kundendienst die Empfehlungsrate vom letzten zum aktuellen Quartal verbessert hat. Da Sie gerne Beweise für die Verbesserung sehen möchten, hat er die Null- und die alternative Hypothese folgendermaßen formuliert:

- H_0: Empfehlungsrate dieses Quartals ≤ Empfehlungsrate des letzten Quartals.
- H_a: Empfehlungsrate dieses Quartals > Empfehlungsrate des letzten Quartals.

Die Umfragen beider Quartale hatten eine Stichprobengröße von 100. Im vergangenen Quartal hätten 50 von 100 Kunden das Unternehmen weiterempfohlen, in diesem Quartal waren es 64 von 100. Sind die Ergebnisse bei einem Signifikanzniveau von 5 % statistisch signifikant?

Mithilfe eines statistischen Tests[14] errechnet der Praktikant einen *p*-Wert von 0,02, also kleiner als 0,05. Demnach kann die Nullhypothese verworfen werden, und man kann davon ausgehen, dass sich die Ergebnisse dieses Quartals statistisch von denen des vergangenen Quartals unterscheiden. Der Praktikant ist aufgeregt und hofft, seine schlechte Leistung beim Basketball wieder ausgebügelt zu haben. »Es sieht so aus, als hätte mein Eingreifen beim Kundendienst wirklich funktioniert.«

Aber ist das wirklich so? Korrelation ist keine Kausalität. Die Kundenzufriedenheit könnte durch eine Reihe von Faktoren verbessert worden sein. Solange es kein speziell darauf zugeschnittenes Experiment gibt, bei dem der alte Ansatz sehr sorgfältig mit dem neuen verglichen wurde, gibt es keine Kausalität.

Zusammenfassung

In diesem Kapitel haben Sie gelernt, was statistische Inferenz ist und wie Sie Statistiken hinterfragen können, die Ihnen vorgelegt werden. Insbesondere haben Sie gelernt, welche Fragen Sie zu statistischen Behauptungen stellen sollten und warum es so wichtig ist, sie zu stellen. Die Fragen, die Sie stellen sollten, lauten:

- Was ist der Kontext für diese Statistik?
- Wie groß ist der Stichprobenumfang?
- Was testen Sie?
- Wie lautet die Nullhypothese?
- Wie hoch ist das Signifikanzniveau?

14 Unter Verwendung der Statistiksoftware R: `prop.test(c(65, 50), c(100, 100), alternative = "greater")`

- Wie viele Tests haben Sie durchgeführt?
- Kann ich bitte die Konfidenzintervalle sehen?
- Ist diese Statistik praktisch bedeutsam?
- Gehen Sie von Kausalität aus?

Mit dieser Fragenliste in Ihrem Werkzeugkasten sind Sie in der Lage, Statistiken, die Sie sehen, effektiv zu hinterfragen, zu verstehen und wertzuschätzen.

TEIL III

Den Werkzeugkasten des Data Scientist verstehen

Sie kennen die Begriffe Machine Learning, künstliche Intelligenz und Deep Learning. Wegen dieser Begriffe haben Sie wahrscheinlich zu diesem Buch gegriffen. Jetzt werden wir sie entmystifizieren.

Unabhängig von ihrem Namen ist die Arbeit mit Daten einem beständigen Wandel unterworfen. Dennoch gibt es grundlegende Konzepte und Werkzeuge, die schon seit Jahrzehnten im Einsatz sind und die Grundlage für die heißesten Trends von heute bilden, inklusive der Analyse von Text und Bildern. In Teil III, »Den Werkzeugkasten des Data Scientist verstehen«, geben wir einen Einblick in diese Konzepte und Techniken.

Folgende Bereiche werden wir behandeln:

Kapitel 8: *Nach versteckten Gruppen suchen*

Kapitel 9: *Das Regressionsmodell verstehen*

Kapitel 10: *Das Klassifikationsmodell verstehen*

Kapitel 11: *Textanalyse verstehen*

Kapitel 12: *Konzepte des Deep Learning*

Außerdem lernen Sie häufige Fehler und Fallstricke kennen, in die selbst erfahrene Analysten tappen.

KAPITEL 8

Nach versteckten Gruppen suchen

»Wenn Sie das Data Mining hart genug betreiben, finden Sie Nachrichten von Gott.«

– *Dilbert*[1]

Stellen Sie sich vor, eine Freundin bittet Sie, ihr beim Sortieren ihrer Vinyl-Schallplattensammlung zu helfen.

Auf der Fahrt zu ihrem Haus überlegen Sie, wie Sie die Sammlung ordnen könnten. Sie können es mit ein paar offensichtlichen Kategorien versuchen. Musik ist oft in Genres und Untergenres unterteilt. Oder Sie könnten sie nach musikalischen Stilepochen sortieren. Diese Information steht bereits auf dem Albumcover.

Als Sie ankommen, übergibt Ihre Freundin Ihnen einen Stapel schwarzer Schallplatten – Cover sind nicht zu finden.

Sie erfahren, dass die Platten Ihrer Freundin vom Flohmarkt stammen, sie aber keine Ahnung hat, welche (oder wie viele) Genres, Künstler oder Stilepochen sie enthalten. Sie können Ihre Pläne also gleich wieder vergessen – die auf den Covern vordefinierten Hinweise zur Sortierung helfen Ihnen nicht mehr weiter. Die Aufgabe, die Schallplatten zu sortieren, ist plötzlich schwerer als erwartet.

Entschlossen holen Sie und Ihre Freundin den Plattenspieler raus, hören sich jede Platte an und beginnen damit, sie danach zu sortieren, wie ähnlich die Alben klingen. Beim Anhören entstehen neue Gruppen, kleine Gruppen können sich zu einer größeren vereinigen, und gelegentlich wandert ein Album von einer Gruppe in einer andere, nachdem Sie lebhaft diskutiert haben, welcher Gruppe sie am »nächsten« ist.

Am Ende einigen Sie sich auf zehn Kategorien und geben jeder einen beschreibenden Namen.

1 Adams, Scott. Dilbert-Cartoon. 3. Januar 2000.

Sie und Ihre Freundin haben gerade einen Prozess durchgeführt, der als *unüberwachtes Lernen* (engl. *Unsupervised Learning*) bezeichnet wird. Sie hatten keine vorgefertigte Meinung von den Daten, sondern haben die Daten sich selbst organisieren lassen.[2]

In diesem Kapitel geht es um unüberwachtes Lernen, eine Sammlung von Werkzeugen, mit denen versteckte Muster und Gruppen in Datensätzen gefunden werden können, wenn es keine vordefinierten Gruppen gibt. Diese mächtige Technik kommt in vielen Bereichen zum Einsatz – von der Einteilung von Kunden in bestimmte Marketinggruppen über die Sortierung von Musik bei Spotify oder Pandora bis hin zum Ordnen der Fotos auf Ihrem Handy.

Unüberwachtes Lernen

Der Kern des unüberwachten Lernens ist die Idee, dass sich in den Daten *versteckte Gruppen* befinden. Es gibt eine Menge Möglichkeiten, diese Daten zu durchforsten, zu drehen und zu wenden, um die interessanten Muster und Gruppen zu entdecken – *sofern diese Gruppen tatsächlich existieren*. Um bei Ihrer Suche nach versteckten Mustern erfolgreich zu sein, müssen Sie als Data Head in der Lage sein, die vielen Methoden zum unüberwachten Lernen zu überschauen.

Der allergrößte Teil dieser Methoden kann leicht einschüchternd wirken. Zum Glück brauchen Sie nur ein Grundverständnis der wichtigsten Aktivitäten des unüberwachten Lernens. Wir konzentrieren uns hier auf zwei Aktivitäten und die dazugehörige Grundtechnik:

- Dimensionsreduktion durch *Hauptkomponentenanalyse* (HKA, engl. *Principal Component Analysis*, PCA)
- *Clustering* mit dem *k*-Means-Algorithmus

In diesem Kapitel werden wir diese beiden Techniken genauer untersuchen, um zu sehen, wie sie ihre Ziele der Dimensionsreduktion und des Clusterings erreichen.

Dimensionsreduktion

Den Prozess der Dimensionsreduktion kennen Sie bereits. Ein Beispiel ist die Fotografie. Sie reduziert die dreidimensionale Welt in ein flaches zweidimensionales Abbild, das Sie in der Hosentasche mit sich herumtragen können.

Bei Datensätzen arbeiten wir dagegen mit Zeilen und Spalten: *Beobachtungen* und *Features*. Die Anzahl der Spalten (Features, manchmal auch Merkmale genannt) eines Datensatzes nennt man die *Dimensionen* der Daten. Der Vorgang, viele Fea-

2 *Jedenfalls so ungefähr*. Ganz so einfach ist es nicht.

tures zu neuen und weniger Kategorien zu »destillieren«, wobei die Informationen zum Datensatz erhalten bleiben, wird *Dimensionsreduktion* genannt. Einfach gesagt, suchen wir in den Spalten eines Datensatzes nach versteckten Gruppen, damit wir mehrere Spalten zu einer zusammenfassen können.

Reden wir kurz darüber, warum das wichtig ist. In der Praxis ist es schwierig, Datensätze mit einer hohen Anzahl an Features richtig zu verstehen. Sie werden auf dem Computer langsam geladen, und die Arbeit mit ihnen ist problematisch. Die explorative Datenanalyse wird schwer, manchmal sogar unmöglich. In der Bioinformatik können die potenziellen Dimensionen eines Datensatzes riesig sein. Forschern liegen möglicherweise Tausende von Gen-Ausprägungen für jede Beobachtung vor, von denen viele eine hohe Korrelation zueinander aufweisen (und daher möglicherweise redundant sind).

Der Drang, computerbasierte Berechnungen zu beschleunigen, Redundanzen zu beseitigen und die Visualisierung zu verbessern, kann eine Dimensionsreduktion sinnvoll machen. Aber wie stellt man das an?

Zusammengefasste Features erstellen

Eine Möglichkeit für die Dimensionsreduktion ist die Kombination mehrerer Spalten zu einem *zusammengefassten Feature*. Hierfür wollen wir einige reale Daten über Autos verwenden. Im Jahr 1974 testete die Zeitschrift *Motor Trend* 32 Fahrzeuge und 11 Features, wie Verbrauch, Leistung und weitere Fahrzeugeigenschaften.[3] Unsere Aufgabe ist es, eine Kennzahl für die *Effizienz* zu erstellen, um die Fahrzeuge entsprechend sortieren zu können.

Der Verbrauch bietet sich als Startpunkt für eine genauere Untersuchung an. Er wird im linken Diagramm in Abbildung 8-1 dargestellt. Die Verteilung in diesem Diagramm zeigt, dass die Fahrzeuge eine gewisse Streuung aufweisen – die mit dem geringsten Verbrauch befinden sich im oberen Bereich, die mit dem höchsten Verbrauch im unteren Bereich. Viele Autos liegen aber irgendwo in der Mitte. Können wir hier eine Ebene zusätzlicher Informationen einbeziehen, um die Daten besser voneinander zu separieren? Im mittleren Diagramm haben wir ein zusammengefasstes Feature erstellt: *Verbrauch – Gewicht*.[4] Durch diese Kombination erhalten die einzelnen Fahrzeuge automatisch mehr Abstand zueinander.

3 Dies ist der mtcars-Datensatz der R-Software, siehe *https://stat.ethz.ch/R-manual/R-devel/library/datasets/html/mtcars.html*. Aus Gründen der Visualisierung zeigen wir hier nur 15 Autos, nicht alle 32.

4 Da sich die Wertebereiche der Features stark unterscheiden, müssen sie vor der Kombination an einen gemeinsamen Maßstab angepasst werden.

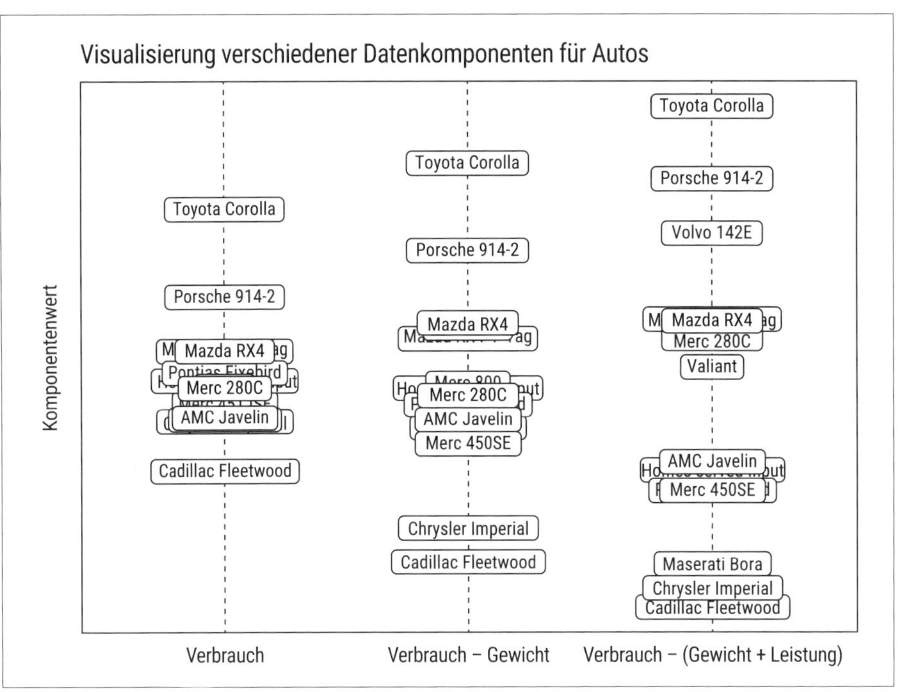

Abbildung 8-1: Autos auf Basis zusammengefasster Features sortieren. Beachten Sie, wie sich die Autos voneinander entfernen (d.h. eine höhere Varianz haben), je mehr Features zu einer gemeinsamen Effizienz-Dimension kombiniert werden.

Gehen wir noch einen Schritt weiter und berechnen wir eine dritte Kennzahl für die Effizienz: *Effizienz = Verbrauch – (Gewicht + Leistung)*. Diese Art von Gleichung nennt man übrigens eine *lineare Kombination*. Diese Kombination der Spalten hat die Daten stärker voneinander getrennt als die jeweiligen Einzelfeatures. So erhalten wir mehr Informationen – eine höhere *Streubreite* (engl. *Spread*) – über die Autos. Und wir haben noch etwas Interessantes entdeckt. Unten befinden sich die schweren Spritsäufer und am oberen Ende des Diagramms die leichten, Sprit sparenden Modelle. Durch eine Kombination der ursprünglichen Dimensionen haben wir den Daten letztlich eine neue Dimension hinzugefügt (*Effizienz*). So können wir drei Ausgangsdimensionen ignorieren. Genau das ist Dimensionsreduktion.

In diesem Beispiel wussten wir schon vorher, dass die Kombination aus Verbrauch, Gewicht und Leistung eines Autos zu einer neuen zusammengefassten Variablen interessante Dinge in unseren Daten zum Vorschein bringt. Wie gehen wir aber vor, wenn wir nicht wissen, welche Features auf welche Weise kombiniert werden müssen? Genau das ist die Natur des unüberwachten Lernens, und genau da kommt die Hauptkomponentenanalyse ins Spiel.

Hauptkomponentenanalyse

Die *Hauptkomponentenanalyse* (HKA) ist eine Methode zur Dimensionsreduktion, die bereits 1901 erfunden wurde,[5] lange bevor Begriffe wie *Data Scientist* oder *Machine Learning* Teil des täglichen Businessvokabulars wurden. Trotz ihres Alters bleibt sie eine beliebte, aber oft missverstandene Technik. Wir versuchen, den Schleier etwas zu lüften und aufzuklären, was sie tut und warum sie uns helfen kann.

Im Gegensatz zu unserem Auto-Beispiel weiß der HKA-Algorithmus nicht im Voraus, welche Features gruppiert werden müssen, und probiert alle Möglichkeiten durch. Mit etwas raffinierter Mathematik kombiniert die HKA verschiedene Dimensionen und untersucht dabei, welche linearen Kombinationen von Features die Daten am weitesten verteilt. Die besten dieser zusammengefassten Features werden als *Hauptkomponenten* bezeichnet. Das Gute daran: Die Hauptkomponenten stehen für neue Dimensionen der Daten, die keine Korrelation zueinander haben. Würden wir die HKA auf den Fahrzeugdaten ausführen, hätten wir nicht nur eine *Effizienz*-Dimension, sondern auch eine *Performance*-Dimension entdeckt.

Vermutlich fragen Sie sich jetzt, wie die HKA die Features eines Datensatzes zu sinnvollen Gruppen kombinieren kann, aus denen die Hauptkomponenten bestehen. Wonach genau sucht die HKA?

Behalten wir diese Fragen für unser nächstes Gedankenexperiment im Hinterkopf. Da Ihre Autoren sich so gut wie gar nicht mit Autos auskennen, werden wir für die folgende Lektion einen anderen (hypothetischen) Datensatz verwenden.

Beispiel: HKA für die sportliche Leistungsfähigkeit

Angenommen, Sie arbeiten in einem sportlichen Leistungszentrum. Sie haben eine Tabelle mit Hunderten Zeilen und 30 Spalten. Jede Spalte enthält Informationen über die Fitness eines Sportlers (m/w/d), die Anzahl der Liegestütze, Sit-ups und Sätze beim Kreuzheben, die pro Minute geschafft werden, in welcher Zeit sie 40 Meter, 100 Meter und 1.600 Meter laufen können, verschiedene Vitalwerte wie Ruhepuls und Blutdruck sowie eine Reihe weiterer Kennzahlen zu Leistung und Gesundheit. Ihr Chef hat Ihnen die vage Aufgabe gegeben, die »Daten zusammenzufassen«. Allerdings erschlägt Sie die schiere Zahl von Spalten in der Tabelle. Es gibt ohne Zweifel eine Menge Informationen. Können Sie diese 30 Features auf eine leichter zu handhabende Zahl reduzieren, in der die Daten zusammengefasst und mit der visualisiert werden können?

Sofort fallen Ihnen einige deutliche Muster auf: Athleten, die viele Liegestütze schaffen, sind meist auch beim Kreuzheben sehr erfolgreich. Diejenigen, die beim

5 Pearson, K. (1901). LIII. On Lines and Planes of Closest Fit to Systems of Points in Space. *The London, Edinburgh, and Dublin Philosophical Magazine and Journal of Science*, 2(11), 559–572.

100-Meter-Sprint eher langsam sind, haben auch Probleme bei der 40-Meter-Distanz. Anscheinend besteht zwischen vielen Features tatsächlich eine Korrelation, weil sie verwandte Leistungsparameter messen. Daher vermuten Sie, dass es eine Möglichkeit gibt, diese Features auf weniger Dimensionen zu reduzieren, die nicht länger miteinander korrelieren, sondern so viele Informationen der Ausgangsdaten enthalten wie möglich. *Und genau das macht die HKA!*

Abbildung 8-2 zeigt, was wir erreichen wollen. Aber selbst mit einem Computer lassen sich die Korrelationen von 30 Variablen nur schwer erforschen. (Um alle Feature-Paare darzustellen, bräuchten wir 435 einzelne Streudiagramme.[6]) Stattdessen füttern Sie Ihren HKA-Algorithmus mit den Daten, um die im Datensatz verborgenen Korrelationen zu entdecken. Die Ausgabe der HKA besteht aus zwei Datensätzen.[7]

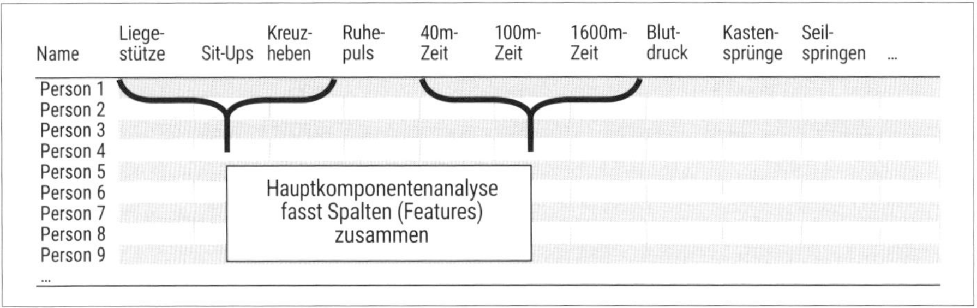

Abbildung 8-2: Die Hauptkomponentenanalyse gruppiert und kondensiert Spalten eines Datensatzes zu neuen, nicht korrelierenden Dimensionen.

Abbildung 8-3 zeigt den ersten dieser beiden Datensätze. In der Tabelle sind die Leistungsfeatures der Sportler über die verschiedenen Spalten verteilt. Sie zeigen die Gewichtungen dieser Features und ihre Zuordnung zu einer Hauptkomponente. Diese Gewichtungen sind ein wichtiger Schritt der HKA bei der Erstellung neuer Dimensionen. (Die *Gewichtung* hat übrigens nichts mit den Gewichten zu tun, die die Sportler stemmen.) Wir haben uns erlaubt, die Gewichtungen hier zu visualisieren. Numerisch gesehen, handelt es sich um Messungen des Korrelationsgrads zwischen –1 und 1. Je näher die Zahlen an einem der Extreme liegen, desto größer die Korrelation und desto größer der Beitrag des Ausgangsfeatures. Sie suchen also nach interessanten Mustern in den Gewichtungen der Hauptkomponenten (in der Abbildung mit HK beschriftet): Gewichtungen, die weit von der vertikalen Linie entfernt liegen, haben eventuell etwas zu erzählen.

6 30 über 2 = 30!/((30 – 2)! 2!) = 435

7 Keine Software gibt die HKA-Ergebnisse zurück wie hier gezeigt. Wir treiben hier einen großen Aufwand, um Gleichungen und Zahlen zu vermeiden. Daher haben wir entschieden, uns hier auf Visualisierungen zu konzentrieren.

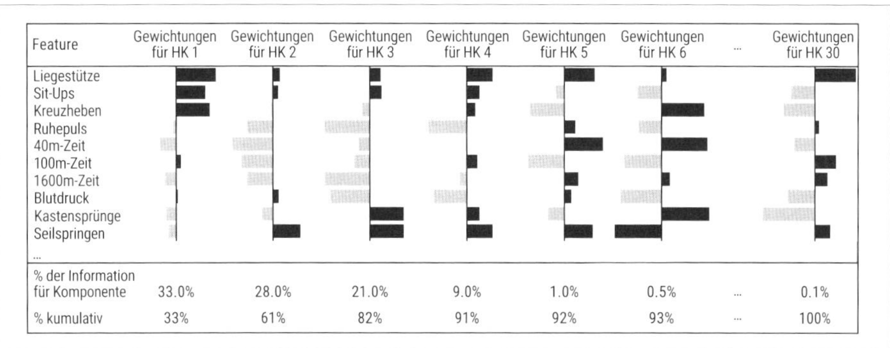

Abbildung 8-3: Die HKA findet optimale Gewichtungen, die für die Erstellung von Feature-Kombinationen geeignet sind, die wiederum lineare Kombinationen anderer Features sind. Manchmal ist es möglich, der neuen Feature-Kombination einen einprägsamen Namen zu geben.

In der ersten Spalte, *Gewichtungen für HK 1*, gibt es hohe Gewichtungen für Liegestütze, Sit-ups und Kreuzheben. Wie wir bereits wissen, korrelieren diese drei Features positiv miteinander. Die HKA findet das ebenfalls heraus, aber automatisch. Aufgrund der Ausgangsinformationen könnten wir diese Feature-Kombination als »Kraft« bezeichnen. Beim Blick auf die Gewichtungen für HK 2 bemerken Sie die negativen Balken, die sich auf die »Geschwindigkeit« beziehen (niedriger Ruhepuls, geringe 40-m- und 100-m-Zeiten). Auf ähnliche Weise könnten Sie HK 3 »Ausdauer« und HK 4 »Gesundheit« zuordnen.

Vorher hatten Sie viele Dimensionen mit Korrelationen. Diese vier neuen Dimensionen (Kraft, Geschwindigkeit, Ausdauer und Gesundheit) stehen dagegen für vier Feature-Kombinationen, die nicht miteinander korrelieren. Jede dieser neuen Dimensionen stellt also *neue Informationen zur Verfügung, die sich nicht überschneiden*. Sie unterteilen die Informationen des Datensatzes neu, wie unten in der Zeile *% der Informationen für jede Komponente* gezeigt wird. Mithilfe dieser vier neuen Features können wir 91 % der Informationen aus dem ursprünglichen Datensatz beibehalten.

Anhand der Gewichtungen aus Abbildung 8-3 können die 30 Ausgangsmessungen der Sportler nun durch lineare Kombinationen als die Hauptkomponenten Kraft, Geschwindigkeit, Ausdauer und Gesundheit ausgedrückt werden. Die Kraft eines Athleten lässt sich beispielsweise berechnen wie folgt:

> Kraft = 0,6 * (Anzahl Liegestütze) + 0,5 * (Anzahl Kreuzheben) + 0,4 * (Anzahl Sit-ups) + (kleinere Anteile anderer Features)

Auch hier stammen die Zahlen (die Gewichtungen) 0,6, 0,5 und 0,4 aus der HKA. (Wir haben uns nur entschieden, die Zahlen visuell darzustellen.)

Wenn man diese Berechnungen für alle Athleten durchführt, erhält man die zweite Ausgabe des HKA-Algorithmus, wie in Abbildung 8-4 gezeigt. Dies ist ein neuer Datensatz mit der gleichen Größe wie die Ausgangsdaten. Dabei wurden jedoch so viele Informationen wie möglich in die ersten vier Hauptkomponenten (oder Feature-Kombinationen) verschoben. Beachten Sie, wie der Anteil der darauffolgenden Hauptkomponenten am Informationsgehalt stark absinkt.

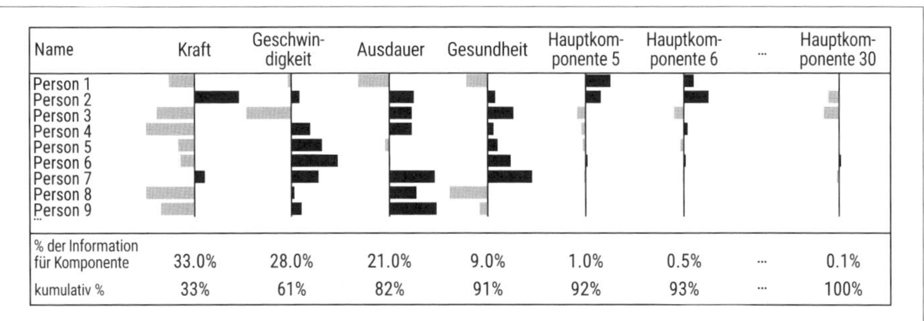

Abbildung 8-4: Der HKA-Algorithmus erzeugt einen neuen Datensatz. Er hat die gleiche Größe wie der Ausgangsdatensatz. Die Spalten werden hier als Hauptkomponenten bezeichnet.

Anstatt 30 Variablen zu verwenden, um 100 % der Informationen des Ausgangsdatensatzes zu erklären, beschreibt der Datensatz in Abbildung 8-4 in nur 4 Features 91 % der Informationen. Deshalb können wir entscheiden, 26 Spalten zu ignorieren, ohne größere Informationsmengen zu verlieren. Da haben Sie Ihre Dimensionsreduktion! Mit diesem Datensatz ausgerüstet, können Sie die vier Spalten sortieren, um herauszufinden, wer der Stärkste oder Schnellste ist oder irgendeine andere Kombination. Und auch Visualisierungen und Interpretationen sind jetzt deutlich einfacher.

Zusammenfassung zur HKA

Sehen wir uns die Sache noch einmal mit etwas mehr Abstand an, um ein paar Dinge zu klären.

Erstens gilt für eine Spalte im Datensatz: *Ein guter Ersatz für Information ist Varianz* (ein Maß für die Streuung). Sie können sich das auch so vorstellen: Angenommen, wir erweitern den Athleten-Datensatz in Abbildung 8-2 um eine neue Spalte namens *Lieblings-Schuhmarke*, und jede Person entscheidet sich für: »Nike«, dann gibt es in der Spalte keinerlei Variation, die uns hilft, die Athleten voneinander zu unterscheiden. Keine Variation = keine Information.

Der Grundgedanke hinter der HKA besteht darin, die gesamte Variation – sämtliche Informationen –, die ein Datensatz enthält (sehr viele Spalten), zu möglichst wenigen einzelnen Dimensionen (Spalten) zu destillieren. Hierfür analysiert der Algorithmus die Korrelationen zwischen den einzelnen Originaldimensionen. So gesehen gibt es nur einige wenige Dimensionen mit Daten, die den größten Teil der Informationen des Datensatzes enthalten. Die zugrunde liegende Mathematik hinter der HKA »verflacht« die Dimensionen so, dass wir sie uns in weniger Dimensionen (den Hauptkomponenten) betrachten können, ohne dass hierbei allzu viele Informationen verloren gehen.

Das funktioniert so ähnlich wie eine Fotografie. Sie könnten die Pyramiden von Gizeh aus unzähligen Blickwinkeln aufnehmen. Allerdings sind einige Blickwinkel informativer als andere. Wenn Sie mit einer Drohne ein Bild aus der Vogelperspektive schießen, erscheinen die Pyramiden als Quadrate. Fotografieren Sie direkt von vorn, erscheinen sie als Dreiecke. Welcher Blickwinkel der Kamera würde die meisten Informationen enthalten, um Ihre Freunde zu beeindrucken, wenn Sie die 3-D-Welt von Gizeh zu einem 2-D-Foto auf Ihrem Smartphone kondensieren? Die HKA findet den besten Blickwinkel.

Mögliche Fallen

Nachdem Sie sich jetzt mit der HKA vertraut gemacht haben, können wir zugeben, dass es im echten Leben niemals eine so klare Trennung der Gruppen in so einfach unterscheidbare Hauptkomponenten gibt wie in unserem Sportler-Beispiel.

Daten sind unordentlich. Dadurch haben die resultierenden Hauptkomponenten nicht immer eine klare Bedeutung, und beschreibende Kurznamen sind nicht immer möglich. Unserer Erfahrung nach wird oft zu sehr versucht, griffige Namen für die Hauptkomponenten zu finden. Das kann so weit gehen, dass dadurch ein Bild der Daten entsteht, das eigentlich gar nicht existiert. Als Data Head sollten Sie zu schnelle Definitionen für Ihre Hauptkomponenten nicht sofort akzeptieren. Wenn andere fertig benannte Hauptkomponenten präsentieren, sollten Sie diese Definitionen infrage stellen, indem Sie darum bitten, dass man Ihnen die Gleichungen hinter den Gruppierungen zeigt.

Außerdem geht es bei der HKA nicht darum, unwichtige oder uninteressante Variablen auszusortieren. Trotzdem sehen wir diesen Fehler immer wieder. Die Hauptkomponenten werden aus *allen* Features erzeugt. Nichts wurde gelöscht. In unserem Sportler-Beispiel könnte jedes Originalfeature mit vielen anderen gruppiert werden, um unsere vier wichtigsten Hauptkomponenten Kraft, Geschwindigkeit, Ausdauer und Gesundheit zu erzeugen. Der Ergebnisdatensatz hat immer noch die gleiche Größe wie der Ausgangsdatensatz. Der Analyst muss einzeln entscheiden, ob und welche nicht informativen Komponenten weggelassen werden können. Hierfür gibt es aber keine Allzwecklösung. Das heißt, wenn Sie die Ergebnisse einer HKA sehen, sollten Sie danach fragen, nach welchen Kriterien die Analysten darüber entschieden haben, welche Komponenten behalten werden sollen.

Zudem basiert die HKA auf der Annahme, dass eine hohe Varianz für etwas Interessantes oder Wichtiges in den Variablen steht. In manchen Fällen ist diese Annahme gar nicht schlecht, manchmal schon. So kann ein Feature eine hohe Varianz besitzen und trotzdem nur geringen praktischen Nutzen haben. Stellen Sie sich beispielsweise vor, ein Feature für die Heimatstadt jedes Sportlers einzufügen. Obwohl es sehr variabel ist, hätte dieses Feature nichts mit den Leistungsdaten der Sportler zu tun. Da die HKA nach großer Varianz sucht, könnte es dieses Feature dennoch als wichtig einstufen, obwohl das nicht stimmt.

Clustering

Gruppen von Features (Spalten) erzählen, wie bei der HKA, möglicherweise eine Geschichte. Gruppen von Beobachtungen (Zeilen) erzählen vielleicht noch eine andere. Und da kommt das *Clustering* ins Spiel.[8]

Clustering (zu Deutsch Bündelung, Gruppierung, Ballung) ist unserer Erfahrung nach die intuitivste Data-Science-Aktivität, weil der englische Name die Aufgabe sehr gut beschreibt (anders als bei der Hauptkomponentenanalyse). Wenn Ihr Chef Sie anweist, die Sportler im Leistungszentrum zu Gruppen zusammenfassen, verstehen Sie die Aufgabe sofort. Bei einem Blick auf die Daten in Abbildung 8-5 kommen einige Fragen auf: Wie viele Gruppen wird es geben? Welche Kategorien würden Sie für die Gruppen verwenden? Trotz dieser Fragen könnten Sie direkt mit Ihrer Arbeit beginnen. Vielleicht bilden die starken und langsamen Athleten eine Gruppe und die weniger starken, aber schnelleren eine andere. Sie könnten die Gruppen beispielsweise »Bodybuilder« und »Langstreckenläufer« nennen.

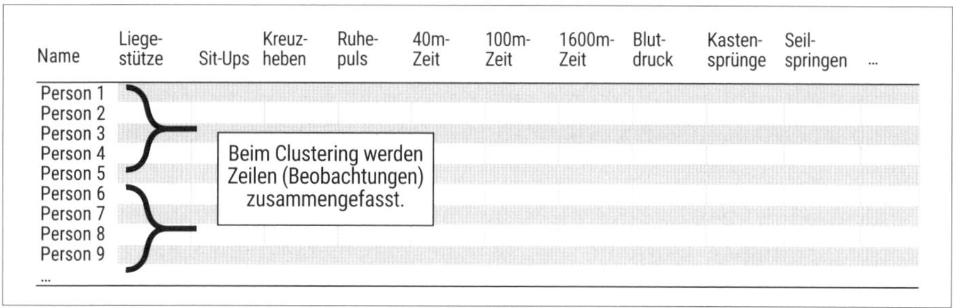

Abbildung 8-5: Clustering ist eine Technik für die Gruppierung der Zeilen eines Datensatz – im Gegensatz zur HKA, bei der die Spalten zusammengefasst werden.

Denken Sie einen Moment darüber nach, wie Sie beim Clustering und den Entscheidungen, die dabei zu treffen sind, vorgehen würden. Wenn Sie faul sind, könnten Sie sagen: »Jede Person in der Tabelle ist ein Athlet. Es gibt also nur die Gruppe der Athleten.« Wären Sie noch fauler, würden Sie nur sagen: »Jeder Athlet *ist seine eigene* Gruppe. Es gibt N Gruppen.« Weder die erste noch die zweite Aussage hilft uns weiter. Immerhin haben Sie das Offensichtliche erkannt: Sie brauchen zwischen 1 und N Gruppen.

Eine weitere Entscheidung, die Sie ohne klare Vorgaben treffen müssen, ist, wie Sie feststellen wollen, ob zwei Athleten sich »ähnlich« sind oder »nah« beieinander.

8 Zur Klärung: HKA und Clustering verfolgen unterschiedliche Ziele. Sie funktionieren unabhängig voneinander.

Sehen Sie sich hierzu den Auszug aus den Daten in Tabelle 8-1 an. Welche dieser Sportler sind sich am »nächsten«?

Tabelle 8-1: Welche dieser Athleten sind sich am nächsten?

Sportler	Liegestütze	Ruhepuls	1.600-m-Zeit
A	40	50	4:30 min
B	30	55	8:00 min
C	100	65	9:00 min

Für jedes Paar gibt es Gründe, die für eine Ähnlichkeit sprechen. Es kommt nur darauf an, wie Sie »nah« definieren. Die Athleten A und B sind sich bei Liegestützen und Ruhepuls nahe. A und C sind sich nahe, weil beide in einer Disziplin die besten Ergebnisse haben: einmal die Zeit für die 1.600-m-Distanz und einmal die Zahl der Liegestütze. B und C sind sich nahe, weil beide deutlich langsamer sind als A. Sie sehen, was Sie sehen wollen. Es kommt sehr darauf an, welche Features Ihnen am wichtigsten sind und wie Sie »Nähe« intern messen. Das unüberwachte Lernen hat davon selbstverständlich keine Ahnung.

Dieses Beispiel zeigt einige wichtige Punkte beim Clustering: Wie viele Cluster soll es insgesamt geben? Wie können zwei Beobachtungen als »nah« eingeordnet werden? Und was ist die beste Möglichkeit, Beobachtungen von »Nähe« zu gruppieren?

Ein möglicher Startpunkt ist das *k*-Means-Clustering.[9]

Clustering mit dem k-Means-Algorithmus

Das *k*-Means-Verfahren ist bei Data Scientists ziemlich beliebt. Bei dieser Methode teilen Sie dem Algorithmus mit, aus wie vielen Clustern Ihre Daten (das *k*) bestehen sollen. Daraufhin werden Ihre N Zeilen mit Daten zu *k* einzelnen Clustern gruppiert. Dabei liegen die Datenpunkte innerhalb eines Clusters möglichst »nah« beieinander, während die einzelnen Cluster möglichst »weit« voneinander entfernt liegen.

Bringt Sie das durcheinander? Dann hilft Ihnen das folgende Beispiel vielleicht weiter.

Beispiel: Clustering von Verkaufsfilialen

Ein Unternehmen möchte seine 200 Verkaufsfilialen, die Sie in Abbildung 8-6 sehen, sechs Regionen der USA zuordnen. Man könnte die Läden nach geografischen Gesichtspunkten gruppieren (Mittlerer Westen, Süden, Nordosten etc.). Allerdings

9 Lloyd, S. (1982). Least Squares Quantization in PCM. *IEEE Transactions on Informationtheory*, *28*(2), 129–137.

ist es unwahrscheinlich, dass die Verteilung der Ladengeschäfte zu diesen vordefinierten Grenzen passen. Stattdessen versucht das Unternehmen, die Daten mithilfe des *k*-Means-Verfahrens in sechs Regionen zu clustern. Der Datensatz enthält 200 Zeilen und 2 Spalten: geografische Breite und Länge.[10]

Abbildung 8-6: Die 200 Standorte der Ladengeschäfte vor dem Clustering

Ziel ist es, auf der Karte sechs neue Standorte zu finden, die jeweils das »Zentrum« eines Clusters bilden. Numerisch ausgedrückt, ist dieses Zentrum der Durchschnitt bzw. das arithmetische Mittel aus allen Mitgliedern der jeweiligen Gruppe (das *Means* in *k*-Means). Die Zentren könnten beispielsweise mögliche Standorte der Regionalbüros sein, wobei jedes der 200 Filialgeschäfte einem dieser Büros zugeordnet wird.

Und das funktioniert so: Zu Beginn wählt der Algorithmus sechs zufällige Standorte aus, die als mögliche Regionalbüros dienen können. Warum zufällig? Weil wir schließlich irgendwo anfangen müssen. Danach werden die 200 Filialen anhand der Entfernung zwischen den Punkten auf der Karte (Luftlinie) dem Cluster zugeordnet, dem sie am nächsten liegen. Das sieht man in Runde 1 (links oben) in Abbildung 8-7.

Jede Zahl steht für einen Startpunkt. Das umgebende Polygon bezeichnete die Grenze des jeweiligen Clusters. Wie man sieht, ist Gruppe 6 relativ weit von ihrem Cluster entfernt – zumindest in der ersten Iteration. Außerdem ist zu sehen, dass sich einige der zufällig gewählten Startpunkte im Meer befinden.

10 Wir gehen in diesem Beispiel von vereinfachten Annahmen aus. Technisch gesehen, wäre es nicht korrekt, Punkte auf einer Kugel zu gruppieren, da Längen- und Breitengrade sich nicht im euklidischen Raum befinden. Die hier verwendete Distanzmetrik ignoriert die Krümmung der Erde sowie praktische Beschränkungen wie den Zugang zu Schnellstraßen.

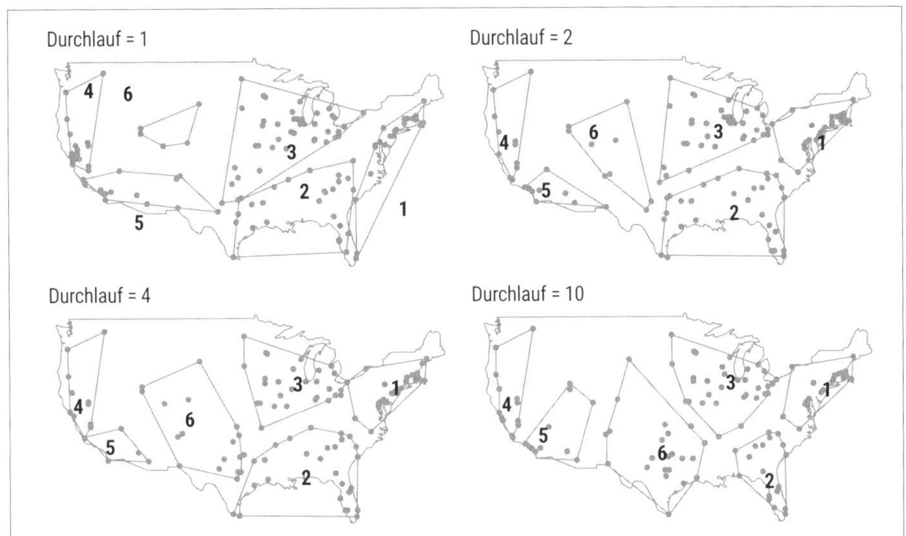

Abbildung 8-7: k-Means für die Standortfindung von Verkaufsfilialen

Bei jedem Durchlauf des Algorithmus wird aus allen Punkten eines Clusters ein Durchschnitt (arithmetisches Mittel) gebildet, um einen zentralen Punkt (den sogenannten *Zentroid*) zu erzeugen, und die Nummer wird an diesen neuen Ort verschoben. Das hat zur Folge, dass die 200 Filialen nun möglicherweise einem anderen Regionalbüro näher sind als zuvor. Also wird jede Filiale dem Regionalbüro zugeordnet, dem sie am nächsten liegt. Dieser Prozess wird so lange wiederholt, bis die Punkte im gleichen Cluster bleiben. Abbildung 8-7 zeigt den Verlauf des *k*-Means-Prozesses nach mehreren Clustering-Durchläufen.

Durch dieses Verfahren war das Unternehmen in der Lage, seine 200 Filialen in sechs Regionen zu clustern *und* mögliche Standorte für Regionalbüros zu finden.

Zusammenfassend versucht *k*-Means, die in den Daten verborgenen natürlichen Cluster zu finden, und zieht dabei die zufällig gewählten Startpunkte wie ein Magnet immer weiter zum Zentrum.

Mögliche Fallen

Im vorherigen Beispiel haben wir die Entfernung in Form der direkten Entfernung – der Luftlinie – ausgedrückt. Tatsächlich gibt es beim Clustering eines nicht geografischen Datensatzes aber mehrere Entfernungsformeln. Sie alle zu erklären, würde allerdings den Rahmen dieses Buchs sprengen. Eigentlich gibt es also nicht »die eine richtige« Formel. Sie sollten jedenfalls nicht davon ausgehen, dass Ihr Analyseteam tatsächlich die beste Formel anstelle der einfachsten benutzt hat. Fragen Sie auf jeden Fall nach, welche Formel eingesetzt wurde und warum.

Außerdem müssen Sie den Maßstab Ihrer Daten berücksichtigen. Trauen Sie den Ergebnissen nicht blind, denn die Mathematik kann zwei Dinge als »nah« einstufen, wenn diese den Maßstab dominieren. Nehmen Sie beispielsweise drei Personen in Ihrer Firma (A, B und C), wie in Tabelle 8-2 gezeigt. Welche zwei sind sich Ihrer Meinung nach am nächsten?

Tabelle 8-2: Clustering-Algorithmen kommen durcheinander, wenn die Maßstäbe der Daten nicht aneinander angepasst werden.

Person	Alter	Kinder	Einkommen
A	36	3	100.000 Dollar
B	37	2	80.000 Dollar
C	22	0	101.000 Dollar

Die Maßstäbe der Daten sind hier nicht aneinander angepasst: Die Variable *Einkommen* würde die meisten Formeln für die Berechnung der Nähe dominieren, wobei eine einfache Formel die Differenz (in absoluten Werten) zwischen zwei beliebigen Datenpunkten wäre. Basierend auf dem Einkommen wären sich also die Personen A und C näher als A und B. Und das, obwohl die Personen A und B eine bessere Gruppe wären, die aus arbeitenden Eltern Mitte Dreißig besteht, während Person C frisch von der Uni kommt und einen lukrativen Job im Unternehmen ergattert hat.

Zum Schluss sollten Sie nicht vergessen, dass wir uns bei der Erstellung der Gruppen von einem Computer helfen lassen. *Das heißt, dass es keine richtige Antwort gibt.* Alle Modelle sind falsch. Und trotzdem kann das *k*-Means-Verfahren hilfreich sein, wenn es richtig durchgeführt wird.

Hierarchische Clusteranalyse

Vor dem Ende dieses Abschnitts möchten wir noch kurz auf einen weiteren beliebten Algorithmus eingehen: das hierarchische Clustering. Hierbei wird die Zahl der Cluster nicht wie bei *k*-Means vorher festgelegt.

Gehen Sie in Gedanken noch einmal zurück zur Einführung dieses Kapitels. Sie und eine Freundin wollten Schallplatten sortieren, ohne die Cover zur Verfügung zu haben. Sie wussten also vorher nicht, wie viele Cluster existieren. Im Grunde haben Sie mit N Gruppen angefangen, bei denen jede Schallplatte ihre eigene Gruppe ist. Beim Anhören der Platten haben sich die Gruppen jedoch auf natürliche Weise gebildet. Vielleicht haben Sie zwei Schallplatten der Gruppe »Zeitgenössischer Jazz« zugeordnet. Hätten Sie dazu noch drei Platten in einer Gruppe »Klassischer Jazz«, könnten Sie entscheiden, dass es wenig sinnvoll ist, so eng gefasste Gruppen zu verwenden. Daher kombinieren Sie beide zu einer gemeinsamen »Jazz«-Gruppe.

Durch den Aufbau der Gruppen »von unten nach oben« ergibt sich eine Hierarchie der Daten. Am Ende entscheiden Sie aber selbst, welche Hierarchieebenen Sie für die Definition der finalen Gruppen verwenden wollen.

Zusammenfassung

In diesem Kapitel ging es um das unüberwachte Lernen, das, einfach gesagt, eine Möglichkeit bietet, die Daten sich quasi selbst organisieren zu lassen. Wie Sie sich erinnern, haben wir diese Formulierung am Anfang des Kapitels verwendet, aber in einer Fußnote darauf hingewiesen, dass es nicht ganz so einfach ist. Die Fähigkeit, Gruppen und Muster in Daten zu finden, kann ein mächtiges Werkzeug sein. Aber mit viel Macht kommt viel Verantwortung. Wir hoffen, Sie haben das Grundkonzept verstanden.

Die Fähigkeit, Daten zu bestimmten Gruppen zusammenzufassen, ist ein Produkt des gewählten Algorithmus, seiner Implementierung, der Qualität der vorliegenden Daten und der Varianz in den Daten. Das heißt, verschiedene Entscheidungen können zu unterschiedlichen Gruppen führen. Um es deutlich zu sagen: *Das unüberwachte Lernen benötigt immer noch eine ganze Menge Überwachung*. Es reicht nicht, einfach den Startknopf zu drücken und sich einen Kaffee zu holen, während der Computer die Daten für Sie organisiert. Sie müssen Entscheidungen treffen, die wir in Tabelle 8-3 (zusammen mit den in diesem Kapitel besprochenen Algorithmen) für Sie zusammengefasst haben.

Tabelle 8-3: Zusammenfassung zum unüberwachten Lernen und der dafür nötigen Überwachung

Unüberwachtes Lernen	Dimensionsreduktion	Clustering
Beispiel	Hauptkomponentenanalyse	*k*-Means
Was ist das?	Gruppierung und Zusammenfassung von Spalten (Features).	Gruppierung von Zeilen (Beobachtungen).
Was macht das?	Findet einen kleineren Satz neuer, nicht korrelierender Features, die die meisten Informationen des Datensatzes enthalten.	Gruppiert ähnliche Beobachtungen, um *k* sinnvolle »Cluster« in Ihren Daten zu erzeugen.
Warum?	Ermöglicht die Visualisierung und Erforschung Ihrer Daten oder verringert die Größe des Datensatzes, um Rechenzeit zu sparen. Die HKA ist normalerweise ein Zwischenschritt der Datenanalyse.	Findet Muster und Strukturen in Ihren Daten und gibt Ihnen die Möglichkeit, mit Clustern unterschiedlich umzugehen (zum Beispiel verschiedene Marketingkampagnen für bestimmte Segmente).
Nötige Überwachung	Benutzer müssen entscheiden, wie die Daten skaliert werden sollen, wie viele Hauptkomponenten behalten werden und wie diese interpretiert werden sollen.	Benutzer müssen entscheiden, wie die Daten skaliert werden, was das richtige Maß für »Nähe« ist und wie viele Cluster erzeugt werden sollen.

Zum Abschluss dieses Kapitels müssen wir noch einmal darauf hinweisen, dass es beim unüberwachten Lernen keine richtigen oder falschen Gruppen und auch keine richtigen oder falschen Antworten gibt. Stattdessen könnten Sie diese Verfahren als Fortsetzungen der explorativen Datenanalyse aus Kapitel 5 betrachten. Die hier gezeigten Methoden helfen Ihnen, Ihre Daten aus einem anderen Blickwinkel zu betrachten.

KAPITEL 9

Das Regressionsmodell verstehen

»Die Regressionsanalyse ist wie ein modernes Elektrowerkzeug. Es ist leicht zu benutzen, aber es ist schwer, es richtig zu benutzen – und bei falscher Benutzung wird es möglicherweise gefährlich.«

– *Charles Wheelan in Naked Statistics*[1]

Überwachtes Lernen

Im vorherigen Kapitel haben wir uns mit *unüberwachtem Lernen* beschäftigt – der Entdeckung von Mustern oder Clustern in einem Datensatz ohne vordefinierte Gruppen. Stattdessen nutzen wir die in den Daten enthaltenen Features, legen ein paar Eckpfeiler fest und lassen die Daten sich selbst organisieren.

Oftmals wissen Sie jedoch etwas über die zugrunde liegenden Daten. In einem solchen Fall müssen Sie *überwachtes Lernen* einsetzen, um Beziehungen zwischen Eingaben und bekannten Ausgaben in den Daten zu finden. Hierbei sind die korrekten Daten, von denen »gelernt« wird, bekannt. Mit ihrer Hilfe können Sie die Robustheit des Modells mit Ihrem Wissen über die reale Welt abgleichen. Mit einem guten Modell können Sie nicht nur genaue Vorhersagen treffen, es liefert Ihnen auch einige Erklärungen für die zugrunde liegenden Beziehungen zwischen den Eingaben und Ausgaben der Daten.

Wie Sie sich vielleicht erinnern, hatte das überwachte Lernen einen kurzen Gastauftritt in der Einleitung zu diesem Buch, als Sie noch ganz am Anfang Ihrer Reise als Data Head standen. Wir wollten, dass Sie vorhersagen, ob ein neu eröffnetes Restaurant zu einer großen Kette gehören oder unabhängig sein wird. Um Ihre Vorhersage zu treffen, haben Sie zunächst von bereits bekannten Restaurantstandorten (Eingaben) und bekannten Labels wie »Kette« oder »unabhängig« (Ausgaben) gelernt. Sie haben die Beziehungen zwischen den Ein- und Ausgaben erkannt, um daraus ein mentales Modell zu erstellen. Dieses haben Sie dann verwendet, um informierte Vorhersagen über das Label (Kette oder unabhängig) des neuen Standorts zu treffen.

1 Wheelan, C. (2013). *Naked Statistics: Stripping the Dread from the Data*. WW Norton & Company.

Es mag überraschen, dass alle Probleme des überwachten Lernens dem gleichen in Abbildung 9-1 gezeigten Paradigma folgen. Daten mit Ein- und Ausgaben werden als *Trainingsdaten* bezeichnet. Diese werden einem *Algorithmus* übergeben, der die Beziehungen zwischen Ein- und Ausgaben auswertet, um ein Modell (eine Art Gleichung) zu erstellen, das darauf basierend Vorhersagen trifft. Das Modell kann eine neue Eingabe übernehmen und sie auf eine vorhergesagte Ausgabe abbilden. Wenn die Ausgabe eine Zahl ist, bezeichnet man das überwachte Lernmodell als *Regressionsmodell*. Ist die Ausgabe ein Label (eine kategoriale Variable), spricht man von einem *Klassifikationsmodell*.

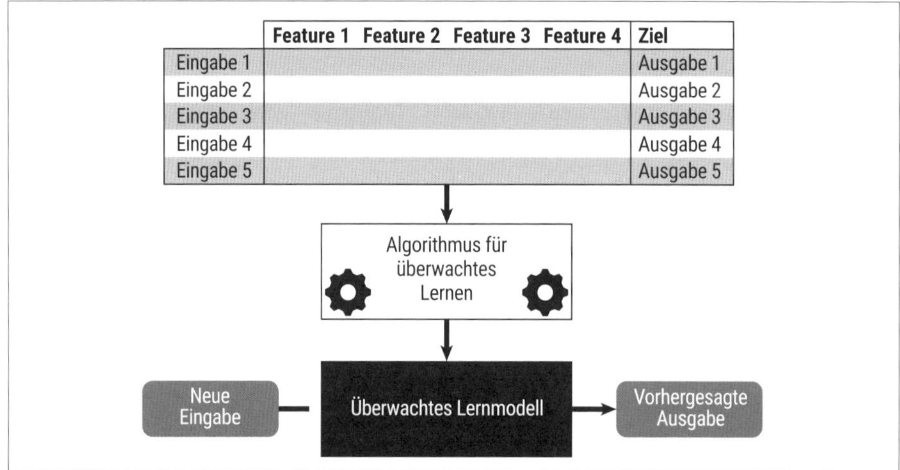

Abbildung 9-1: Grundparadigma des überwachten Lernens: die Abbildung von Ein- auf Ausgaben

In diesem Kapitel beschäftigen wir uns mit Regressionsmodellen, die Klassifikationsmodelle behandeln wir ein Kapitel später.

Dieses Paradigma umfasst viele aufregende und praktische Probleme des überwachten Lernens, die in alten, aber auch neuen Technologien auftreten. Die Spam-Erkennung in Ihrem E-Mail-Programm, der Wert Ihres Apartments, Sprachübersetzungen, Anwendungen zur Gesichtserkennung, selbstfahrende Autos – alle verwenden überwachtes Lernen. Tabelle 9-1 unterteilt einige dieser Anwendungen in ihre Eingaben, Ausgaben und Modelltypen.

Tabelle 9-1: Anwendungen des überwachten Lernens

Anwendung	Eingabe	Ausgabe	Modelltyp
Spam-Erkennung	E-Mail-Test	Spam/kein Spam	Klassifikation
Immobilien	Merkmale und Standort des Hauses	geschätzter Verkaufspreis	Regression
Sprachübersetzung	englischer Text	chinesischer Text	Klassifikation (jedes Wort ist ein Label)

Tabelle 9-1: Anwendungen des überwachten Lernens (Fortsetzung)

Anwendung	Eingabe	Ausgabe	Modelltyp
Gesichtserkennung	Bild	Gesicht erkannt/nicht erkannt	Klassifikation
»Smarte« Lautsprecher	Audio	Hat der Lautsprecher das Wort »Alexa« erkannt?	Klassifikation

Je weiter die Entwicklung des überwachten Lernens fortschreitet, desto schneller vergisst man, dass diese Anwendungen ihren Ursprung in einer um das Jahr 1800 entwickelten Methode namens *lineare Regression* haben. Die lineare Regression, genauer gesagt die *Kleinste-Quadrate-Regression*[2], ist ein echtes Arbeitstier des überwachten Lernens. Sie ist oft der erste Ansatz, den Ihre Datenanalysten ausprobieren, um Vorhersagen zu treffen. Sie ist allgegenwärtig, mächtig und wird (wundern Sie sich nicht) häufig falsch verwendet.

Was macht die lineare Regression?

Angenommen, Sie betreiben einen kleinen Limonadenstand im Einkaufszentrum. Sie haben den Eindruck, dass sich die Temperatur auf die Limonadenverkäufe auswirkt – je heißer, desto mehr Verkäufe. Ist diese Vorhersage korrekt, kann sie Ihnen bei der Einkaufsplanung helfen und Ihnen sagen, an welchen Tagen Sie mehr verkaufen müssen.

Sie erstellen ein Diagramm mit historischen Daten, wie das links in Abbildung 9-2 gezeigte. Offenbar gibt es einen linearen Trend. Um die Daten mit einer Linie zu verbinden, könnten Sie die Gleichung[3] *Verkäufe = m(Temperatur) + b* verwenden. Auch eine einfache Gleichung wie diese ist bereits ein Modell.[4] Aber wie würden Sie die Zahlen *m* (die Steigung) und *b* (den Achsenabschnitt) wählen, um Ihr Modell zu erstellen?

Probieren Sie das ruhig einmal selbst aus. Das mittlere Diagramm in Abbildung 9-2 zeigt vier mögliche Linien, die alle für gleichermaßen gültige Vermutungen stehen. Aber es sind eben nur Vermutungen. Sie sind nicht darauf optimiert, die Beziehungen in den Daten zu erklären, auch wenn einige schon ziemlich nah dran sind.

2 Normalerweise können Sie davon ausgehen, dass die Begriffe *Kleinste-Quadrate-Regression* und *lineare Regression* gleichbedeutend sind, sofern nichts anderes gesagt wird. Zwar gibt es auch andere Arten der linearen Regression, aber die Methode der kleinsten Quadrate ist die beliebteste.

3 Sie kennen lineare Gleichungen aus der Algebra: $y = mx + b$. Für eine beliebige Eingabe x können Sie eine Ausgabe y erhalten, indem Sie x mit m multiplizieren und b addieren. Wenn $y = 2x + 5$, erhalten wir bei einer Eingabe $x = 7$ die Ausgabe $y = 2 \times 7 + 5 = 19$.

4 Kurze Auffrischung der Fachbegriffe: Die Ausgabe y heißt Ziel, Antwortvariable oder abhängige Variable. Die Eingabe x heißt Feature, Prädiktor oder unabhängige Variable. Es könnte sein, dass Sie diese Begriffe bei der Arbeit hören.

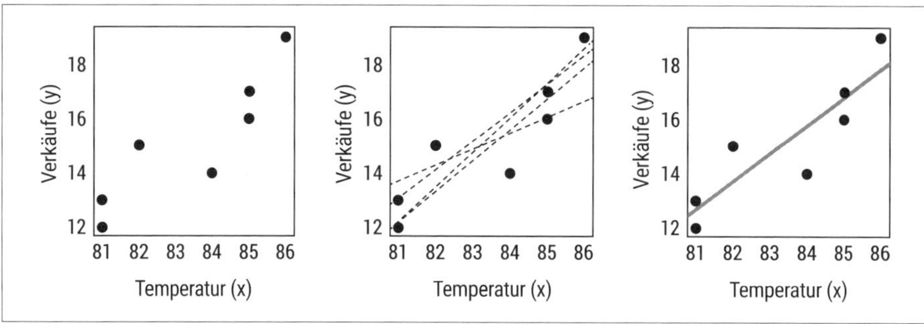

Abbildung 9-2: Für das Modell scheinen mehrere Linien gleichermaßen zu passen. Aber welche ist die beste? Die lineare Regression wird es uns sagen.

Die lineare Regression verwendet eine Rechenmethode, um die Linie mit der bestmöglichen Anpassung (*Best Fit*) zu ermitteln. Hiermit meinen wir, dass die Linie darauf optimiert ist, so viel des linearen Trends und so viel Streuung der Daten zu erklären wie möglich. Soweit mathematisch möglich, steht sie für eine optimale Lösung auf Basis der verwendeten Daten. Das rechte Diagramm in Abbildung 9-2 verwendet die lineare Regression mit der resultierenden Gleichung *Verkäufe* = 1,03*(Temperatur)* – 71,07.

Schauen wir, wie das funktioniert.

Kleinste-Quadrate-Regression: mehr als nur ein hübscher Name

Sehen wir uns zunächst unsere Ausgabevariable an – Limonadenverkäufe. Um herauszufinden, wie viel Limonade Sie in Zukunft verkaufen, wäre der Durchschnitt der bisherigen Verkäufe ein vernünftiger Startpunkt: (12 + 13 + 15 + 14 + 17 + 16 + 19) / 7 = $15,14. Einfach gesagt, haben wir hier ein lineares Modell, bei dem *Verkäufe* = $15,14.

Dies ist auch weiterhin eine lineare Gleichung, nur ohne die Temperatur. Das heißt, unabhängig von Temperaturschwankungen sagen wir Verkäufe in Höhe von 15,14 Dollar voraus. Natürlich ist das naiv, aber es passt zu unserer Definition eines Modells, das Ein- auf Ausgaben abbildet, selbst wenn die Ausgaben immer gleich sind.

Wie gut hat sich unser einfaches Modell geschlagen? Um die Leistung des Modells zu messen, berechnen wir, wie weit der Wert für die vorausgesagten Verkäufe und die tatsächlichen Verkäufe auseinanderliegen. Lag die Temperatur bei 86 °F (30 °C), wurde Limonade für 19 Dollar verkauft, das Modell hatte 15,14 Dollar vorausgesagt. Bei 81 °F (27,2 °C) lagen die Verkäufe bei 12 Dollar, während das Modell auch hier 15,14 Dollar vorhergesagt hatte. Die erste Instanz entspricht einer Mindervorhersage von 4 Dollar, die zweite einer Übervorhersage von 3 Dollar. Bisher scheint unser Modell noch nicht perfekt zu sein. Um bessere Vorhersagen zu treffen, müssen wir den Unterschied zwischen den Vorhersagen unseres Modells und den tatsächlichen Geschehnissen verstehen. Diese Unterschiede werden als *Fehler* (*Error*) bezeichnet. Sie geben an, wie weit unsere Vorhersage von der Wahrheit entfernt ist.

Wie können wir diese Fehler messen, um die Qualität unseres Modells besser beurteilen zu können? Wir könnten zum Beispiel die tatsächlichen Verkaufspreise vom Durchschnittswert 15,14 Dollar subtrahieren. Wenn Sie das tun, werden Sie allerdings feststellen, dass alle Fehler in der Summe immer null ergeben. Der Grund ist, dass der für unsere Vorhersage verwendete Durchschnitt das arithmetische Zentrum dieser Punkte ist. Subtrahiert man die Differenz all dieser Punkte zum Zentrum, ist das Ergebnis null.

Dennoch müssen wir diese Fehler irgendwie berechnen können, denn das Modell ist nicht perfekt. Der am häufigsten verwendete Ansatz ist die *Methode der kleinsten Quadrate*. Hierbei werden die Unterschiede unserer Vorhersage quadriert, damit alle Resultate positiv sind.[5] Addieren wir diese Zahlen, ist das Ergebnis nicht mehr null (es sei denn, unsere Daten sind fehlerhaft). Das Ergebnis nennen wir die Summe der Abweichungsquadrate, kurz Summe der Quadrate.

Sehen wir uns hierzu Abbildung 9-3 (a) mit dem ursprünglichen Streudiagramm für x = *Temperatur* und y = *Verkäufe* an. Wie Sie sehen, haben wir unser naives Modell verwendet: Die Temperatur hat keine Auswirkungen auf die Vorhersage und hat immer das Ergebnis 15,14 Dollar, was zu der horizontalen Linie bei *Verkäufe* = 15,14 führt. Anders gesagt: Der Datenpunkt mit einer Temperatur von 86 °F und realen Verkäufen von 19 Dollar hat ebenfalls zu einer Vorhersage von *Verkäufe* = 15,14 Dollar geführt. Die durchgehende vertikale Line zeigt den Unterschied zwischen dem tatsächlichen und dem vorhergesagten Wert für diesen Punkt. Das Gleiche gilt für alle anderen Punkte entsprechend. Bei der Regression werden diese Längen quadriert, um ein Quadrat der Fläche 14,9 zu erhalten.

Als die Verkäufe bei 15 Dollar lagen, hat unser Modell 15,14 Dollar vorhergesagt. Das entsprechende Quadrat hat demnach eine Fläche von $(15{,}14 - 15)^2 = 0{,}02$. Addieren Sie die Fläche (die Summe der Quadrate), um den Gesamt-Standardfehler für Ihr einfaches Modell zu ermitteln. Die Quadrate im rechten Diagramm von Abbildung 9-3 (a) sind eine visuelle Darstellung der quadrierten Fehlerberechnungen. Je größer die Summe der Quadrate, desto schlechter passt das Modell zu den Daten. Je kleiner die Summe, desto passender ist das Modell.

Die Frage lautet also: Können wir eine Steigung und einen Achsenabschnitt finden, der die Summe der quadrierten Fehler so weit wie möglich optimiert (also verringert)? Im Moment hat unser einfaches Modell keine Steigung, aber immerhin einen Achsenabschnitt von 15,14 Dollar.

5 Absolute Werte hätten die Fehler vor der Aggregierung auch mit einem positiven Vorzeichen versehen. Die Quadrierung hat jedoch angenehmere mathematische Eigenschaften, weil sie differenzierbar ist. Das war für die frühen Anwendungen der linearen Regression notwendig, weil die Berechnungen damals noch manuell durchgeführt werden mussten.

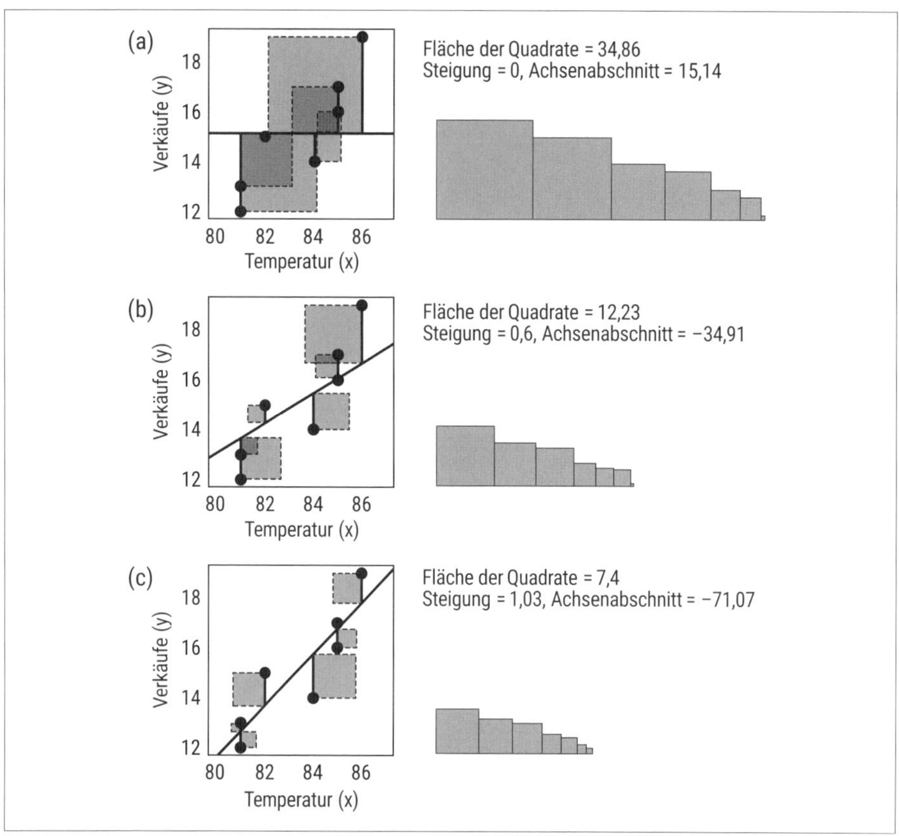

Abbildung 9-3: Bei der Kleinste-Quadrate-Regression geht es darum, die Linie durch die Daten zu finden, die die kleinsten Quadrate (bezogen auf die Fläche) aus vorhergesagten und tatsächlichen Werten ergibt.

Offenbar macht das Modell in Abbildung 9-3 (a) keine besonders gute Figur. Um Vorhersagen treffen zu können, bauen wir eine Steigung *m* ein. So wird auch die Temperatur in der Gleichung berücksichtigt. In Abbildung 9-3 (b) spekulieren wir, dass 0,6 und –34,91 vernünftige Werte für die Steigung bzw. den Achsenabschnitt sein könnten. Durch diese zusätzliche Beziehung erhält unsere zuvor horizontale Linie aus Abbildung 9-3 (a) nun eine Steigung, die einen Aufwärtstrend anzuzeigen scheint. Sofort kann man eine Verringerung der Gesamtfläche der Quadrate bemerken.

Außerdem ist zu sehen, dass der Fehler deutlich kleiner ist, nachdem wir die Temperatur in die Gleichung einbezogen haben. Die Vorhersage für eine Temperatur von 86 °F hat sich von 15,14 im einfachen Modell auf *Verkäufe* = 0,6(86) – 34,91 = 16,69 verbessert. Die Summe der Quadrate für diese Beobachtung wurde von 14,9 auf $(16{,}69 - 19)^2 = 5{,}34$ reduziert.

Sie könnten auch experimentieren, indem Sie die Zahlen für Steigung und Achsenabschnitt so lange verändern, bis Sie eine Kombination finden, die die Summe der

Quadrate auf ihr mathematisches Minimum verringert. Mit der linearen Regression können Sie dieses Problem dagegen mathematisch lösen. Abbildung 9-3 (c) zeigt quasi wörtlich die kleinste Menge quadrierter Fehler, die in diesen Daten zu sehen sind. Die kleinste Abweichung von diesen Werten für Steigung und Achsenabschnitt würden die Quadrate wieder vergrößern.

Mit diesen Informationen können Sie beurteilen, wie Ihr finales Modell zu den Daten passt. Aber selbst Abbildung 9-3 (c), die das Ergebnis der linearen Regression enthält, ist noch nicht perfekt. Andererseits ist sie deutlich besser als Abbildung 9-3 (a), wo jedes Mal 15,14 Dollar vorhergesagt wurde.

Wie viel besser? Wir haben mit einer Fläche von 34,86 begonnen und diese auf 7,4 verringert. Das heißt, wir haben die Fläche des Kontrollmodells um (34,86 – 7,4) = 27,46 reduziert. Das entspricht einer Reduktion um 27,46/34,86 = 78,8 % der Gesamtfläche. Oft hört man, das Modell habe 78,8 % (oder 0,788) der Variationen der Daten »erklärt«, »beschrieben« oder »vorhergesagt«. Diese Zahl heißt *R-Quadrat* oder R^2.

Passt das Modell perfekt auf die Daten, dann ist $R^2 = 1$. Gehen Sie aber nicht davon aus, Modellen mit einem hohen R^2 bei Ihrer Arbeit zu begegnen.[6] Falls doch, hat sehr wahrscheinlich jemand einen Fehler gemacht – Sie sollten um eine Neubewertung der Vorgehensweise beim Sammeln der Daten bitten. Aus Kapitel 3 wissen wir, dass Varianz überall zu finden ist und dass es immer Varianz gibt, die wir nicht vollständig erklären können. So ist das Universum nun einmal.

Vorteile der linearen Regression

Lassen Sie uns noch einmal überlegen, was wir bisher besprochen haben, und den Kontext zum Lernparadigma aus Abbildung 9-1 herstellen. Wir haben einen Datensatz mit einer Ein- und einer Ausgabespalte an einen linearen Regressionsalgorithmus übergeben. Aus den Daten lernte der Algorithmus die besten Zahlen, um die lineare Gleichung *Verkäufe = m(Temperatur) + b* zu finalisieren. Das Ergebnis war das Modell *Verkäufe* = 1,03(*Temperatur*) – 71,07, mit dem Sie Vorhersagen darüber treffen können, wie viel Geld Sie mit dem Verkauf von Limonade verdienen werden.

Lineare Regressionsmodelle sind in vielen Branchen sehr beliebt, weil sie nicht nur Vorhersagen treffen, sondern auch Erklärungen dazu bieten, wie sich die Features auf die Ausgaben beziehen (außerdem sind sie leicht zu berechnen). Der Steigungskoeffizient 1,03 besagt, dass Sie für jede Temperatursteigerung um eine Einheit eine Verkaufssteigerung um 1,03 Dollar erwarten können. Diese Zahl stellt sowohl eine Größenordnung als auch eine Richtung für die Auswirkungen der Eingaben auf die Ausgaben bereit.

6 Für eine einfache Regression mit einer Eingabe ist R^2 das Quadrat des in Kapitel 5 besprochenen Korrelationskoeffizienten. Allerdings kann R^2 auch negativ sein. Das passiert, wenn das lineare Regressionsmodell schlechter ist als die Vorhersage des Mittelwerts.

Wenn man anerkennt, dass es Zufall und Veränderlichkeit in der Welt und den daraus gewonnenen Daten gibt, können Sie sich vorstellen, dass auch die Koeffizienten der linearen Regression eine gewisse Varianz enthalten müssen. Mit neuen Daten von Ihrem Limostand hätte sich der Einfluss der Temperatur vielleicht von 1,03 auf 1,25 Dollar verändert. Die an den Algorithmus übergebenen Daten sind *Stichproben*. Daher müssen Sie die Ergebnisse statistisch betrachten. Statistische Software hilft Ihnen dabei, indem sie *p*-Werte für jeden Koeffizienten ausgibt (indem die Null-Hypothese H_0 getestet wird: der Koeffizient = 0). So erfahren Sie, ob sich der Koeffizient statistisch von null unterscheidet. Ein Koeffizient von 0,000003 liegt beispielsweise sehr nah an null und könnte für etwas stehen, das für praktische Zwecke in Ihrem Modell als null dargestellt wird.

Anders gesagt: Unterscheidet sich der Koeffizient statistisch nicht von null, können Sie dieses Feature in Ihrem Modell vernachlässigen. Die Eingabe hat keinen Einfluss auf die Ausgabe. Warum sollte man sie also berücksichtigen? Natürlich bleiben die statistischen Lektionen aus Kapitel 6 weiter gültig. Ein Koeffizient kann zwar statistisch signifikant, aber in der Praxis nicht von Bedeutung sein. Fragen Sie daher immer nach den Koeffizienten der Modelle, die Ihr Geschäft beeinflussen.

Auf mehrere Features erweitern

Vermutlich ist Ihr Geschäft etwas komplexer als ein Limonadenstand. Ihre Verkäufe wären nicht einfach eine Funktion der Temperatur (bei einem saisonalen Geschäft), sondern bestünden aus vielen Features und Eingaben. Glücklicherweise ist das gerade gelernte einfache Regressionsmodell so erweiterbar, dass mehrere Features berücksichtigt werden.[7] Regression mit einer Eingabe wird als einfache lineare Regression bezeichnet, bei mehreren Eingaben spricht man von *multipler linearer Regression*.

Um Ihnen ein Beispiel zu geben, haben wir die Immobiliendaten aus Kapitel 5 mit einer multiplen linearen Regressionslinie versehen. Die Daten enthielten 1.234 Häuser und 81 Eingaben. Der Einfachheit halber sehen wir uns hier nur 6 davon an. (Um die Dimensionen zu verringern, hätten wir hier auch die Hauptkomponentenanalyse verwenden können. Das hätte dieses Beispiel aber unnötig verkompliziert.)

Wir wollen nun ein Modell erstellen, das den Verkaufspreis einer Immobilie (Ausgabe) auf der Basis von Wohngegend (*LotArea*), Baujahr (*YearBuilt*), Wohnfläche im Erdgeschoss (*1stFlrSF*), Wohnfläche im Obergeschoss (*2ndFlSF*), der Fläche des Kellers (*TotalBsmtSF*) und Anzahl der voll ausgestatteten Badezimmer (*FullBath*) vorhersagt. Der lineare Regressionsalgorithmus tut seine Arbeit, lernt von den Daten und gibt die besten Koeffizienten aus, um das Modell zu vervollständigen. Das Ergebnis sind der Achsenabschnitt und die Koeffizienten in Tabelle 9-2.

7 Die Obergrenze für die Anzahl der Features in einem linearen Regressionsmodell liegt bei N – 1, wobei N für Anzahl der Zeilen eines Datensatzes steht. Für einen Zeitraum von zwölf Monaten können Sie also bis zu elf Eingaben für die Vorhersage monatlicher Verkaufszahlen heranziehen.

Tabelle 9-2: Multiples lineares Regressionsmodell, angepasst auf Immobiliendaten. Alle entsprechenden p-Werte sind auf Basis eines Signifikanzniveaus von 0,05 statistisch signifikant.

Eingabe	Koeffizient	p-Wert
(Achsenabschnitt)	–1614841,60	<0,000
Fläche Grundstück (LotArea)	0,54	<0,000
Baujahr (YearBuilt)	818,38	<0,000
Wohnfläche Erdgeschoss (1stFlrSF)	87,43	<0,000
Wohnfläche 1. Stock (2ndFlrSF)	90,00	<0,000
Fläche Keller (TotalBsmtSF)	53,24	<0,000
Badezimmer (FullBath)	–7398,13	0,017

Beim multiplen Regressionsmodell geht es hauptsächlich darum, die Wirkung einer Variablen zu isolieren und gleichzeitig die anderen zu kontrollieren. Wir können beispielsweise sagen, dass sich der Verkaufspreis einer Immobilie um 818,38 Dollar erhöht, wenn sie ein Jahr jünger ist und alle anderen Eingaben konstant bleiben. Der Koeffizient jedes Features zeigt die Größenordnung und Richtung, die jede Eingabe für den Preis bedeutet. Vergessen Sie nicht, auch den jeweiligen Maßstab zu berücksichtigen. Addieren Sie 1 zum Wert der Wohnfläche, ist das etwas anderes, als wenn Sie 1 zur Anzahl der Badezimmer addieren. Ein Statistiker kann diese Werte entsprechend skalieren, wenn Sie bei den Koeffizienten keine Äpfel mit Birnen vergleichen wollen.

Jeder Koeffizient durchläuft außerdem einen statistischen Test, mit dem ermittelt wird, ob er sich statistisch von null unterscheidet. Falls nicht, können wir ihn gefahrlos aus dem Modell entfernen, weil er keine neuen Informationen enthält oder die Ausgabe verändert.

Probleme und Fallstricke der linearen Regression

Wären Ihre hochgeschätzten Autoren Betrüger, hätten sie das Kapitel mit dem vorherigen Abschnitt beendet. Wir hätten Ihnen zum Abschluss geraten, Software für die lineare Regression anzuschaffen, um alle Ihre geschäftlichen Probleme ein für alle Mal zu lösen. Unser Sales Pitch würde lauten: »Einfach Daten eingeben, ein Modell erhalten und noch heute mit Vorhersagen für Ihr Unternehmen beginnen!« Das klingt unglaublich einfach. Inzwischen kennen Sie Daten aber gut genug, um zu wissen, dass nichts so einfach ist, wie es scheint (oder wie es verkauft wird). Wie im Zitat am Kapitelanfang gesagt: In den falschen Händen kann die lineare Regression potenziell gefährlich sein. Egal ob Sie lineare Regressionsmodelle erstellen oder verwenden: Bewahren Sie sich Ihre gesunde Skepsis. Die Gleichungen, die Fachbegriffe und Berechnungen erwecken den Eindruck, dass ein lineares Regressionsmodell jeden Fehler in Ihren Daten automatisch korrigieren kann. Kann es nicht.

Daher wollen wir als Nächstes einen Blick auf die möglichen Probleme und Fallstricke der linearen Regression werfen.

Unberücksichtigte Variablen

Überwachte Lernmodelle können keine Beziehungen zwischen Ein- und Ausgabevariablen lernen, wenn die Eingabevariable im Modell weggelassen wurde. Nehmen Sie zum Beispiel unser einfaches Modell zur Vorhersage von Limonadenverkäufen auf Basis früherer Verkäufe, aber ohne Berücksichtigung der Temperatur.

Data Heads wie Sie erkennen das Problem. Sie würden vorschlagen, informative und relevante Features in die Modelle zu integrieren. Überlassen Sie die Datenauswahl aber nicht nur den Datenanalysten. Sachkenntnis zum jeweiligen Thema ist der Schlüssel für ein erfolgreiches Modell.

So hat das Immobilienmodell im vorherigen Abschnitt einen R^2-Wert von 0,75. Das heißt, wir haben 75 % der Variation im Verkaufspreis mit unserem Modell erklärt. Jetzt überlegen Sie, welche Features *nicht* im Modell enthalten sind, die uns aber helfen könnten, den Verkaufspreis einer Immobilie vorherzusagen. Wie wäre es beispielsweise mit wirtschaftlichen Bedingungen, Zinssätzen, Bewertungen von Grundschulen in der Nähe und so weiter. Diese weggelassenen Variablen haben nicht nur Einfluss auf die Vorhersagen unseres Modells, sondern können auch zu zweifelhaften Interpretationen führen. Haben Sie bemerkt, dass der Koeffizient für die Anzahl der Badezimmer in Tabelle 9-2 negativ war? Das ergibt keinen Sinn.

Hier ein weiteres Beispiel eines Modells, das die Anzahl der Wörter, die eine Person pro Minute lesen kann, schätzt. Angenommen, ein lineares Regressionsmodell habe »gelernt«, dass die Schuhgröße einen sehr großen positiven Koeffizienten in diesem linearen Regressionsmodell besitzt: Hier fehlt mit Sicherheit die Variable »Alter«. Die Eingabe der Variable »Schuhgröße« wäre dann nicht mehr nötig. Die Probleme bei Ihrer Arbeit werden natürlich nicht so einfach zu lösen sein. Aber Sie können uns glauben, dass weggelassene Variablen für Kopfschmerzen und Fehlinterpretationen sorgen können und auch werden. Außerdem korrelieren viele Dinge mit einem Zeitfaktor, einer weiteren Variablen, die oft nicht berücksichtigt wird.

Wir hoffen, beim Lesen haben Sie weiterhin den Satz »Korrelation bedeutet nicht Kausalität« im Hinterkopf. Nur weil eine Variable als Eingabe eines Modells bezeichnet wird und eine andere als Ausgabe, heißt das nicht, dass die Eingabe der Grund für die Ausgabe ist.

Multikollinearität

Wenn Ihr Ziel beim Einsatz der linearen Regression die Interpretierbarkeit ist – die Möglichkeit, die Auswirkungen der Eingabevariablen auf die Ausgaben zu untersuchen –, dann müssen Sie sich die Multikollinearität bewusst machen. Multikollinearität bedeutet, dass mehrere Variablen miteinander korrelieren, was die Interpretierbarkeit Ihres Modells direkt infrage stellt.

Das Ziel der multiplen Regression ist es, die Auswirkungen einer Eingabe zu isolieren, während die übrigen Eingaben konstant bleiben. Das ist aber nur möglich, *wenn die zugrunde liegenden Daten nicht miteinander korrelieren.*

Stellen Sie sich vor, die zuvor für unseren Limonadenverkauf verwendeten Daten enthielten Temperaturangaben in Grad Celsius und in Grad Fahrenheit. Dann würden beide Angaben perfekt korrelieren, denn eins ist eine Funktion des anderen. Für dieses Beispiel wurden die Temperaturen jedoch mit unterschiedlichen Thermometern gemessen, was zu einer gewissen Varianz führt.[8] Das Modell würde sich folgendermaßen verändern:

$$Verkäufe = 1{,}03(Temperatur) - 71{,}07$$

wird zu:

$$Verkäufe = -0{,}2(Temperatur\ in\ °F) + 2{,}1(Temperatur\ in\ °C) - 30{,}8$$

Jetzt sieht es so aus, als würde der Anstieg um ein Grad Fahrenheit negative Auswirkungen haben! Trotzdem wissen wir, dass die Eingaben miteinander in Beziehung stehen – sogar redundant sind – und die lineare Regression diese Beziehung nicht trennen kann. Multikollinearität kommt in den meisten beobachtungsbasierten Datensätzen vor – wir haben Sie gewarnt! Experimentell erhobene Daten sind dagegen extra so entworfen, dass die Eingaben möglichst wenig Kollinearität aufweisen.[9]

Data Leakage

Angenommen, Sie erstellen ein weiteres Modell für die Vorhersage von Immobilienpreisen. Diesmal enthalten die Trainingsdaten aber nicht nur Features zur Immobilie (Wohnfläche, Anzahl der Badezimmer etc.), sondern auch das Startgebot für das Haus. Einen Schnappschuss des Datensatzes finden Sie in Tabelle 9-3.

Tabelle 9-3: Immobiliendaten-Beispiel

Wohnfläche (in Quadratfuß)	Schlafzimmer	Bäder	Startgebot	Verkaufspreis
1.500	2	1	$190.000	$200.000
2.000	3	2	$240.000	$250.000
2.500	4	3	$300.000	$300.000

Wenn Sie die Daten mit diesem Modell verarbeiten, wird Ihnen auffallen, dass das Startgebot eine sehr große Nähe zum Verkaufspreis hat. »Großartig!«, denken Sie. Sie können sich darauf verlassen, dass Ihnen das bei der Vorhersage der Immobilienpreise für Ihr Unternehmen helfen wird.

8 Lineare Regressionsmodelle funktionieren nicht richtig, wenn zwei Eingaben perfekt korrelieren. Daher bauen wir in dieses Beispiel ein paar Störungen ein.

9 Es gibt in der Statistik einen eigenen Zweig zu diesem Thema, der als *statistische Versuchsplanung* (*Design of Experiments*) bezeichnet wird.

Also wird das Modell in Betrieb genommen. Sie versuchen, das Modell laufen zu lassen. Dabei bemerken Sie, dass Sie gar keinen Zugriff auf die Erstgebote der Häuser haben, deren Verkaufspreis Sie vorhersagen wollen. Sie wurden ja noch nicht verkauft! Das ist ein Beispiel für Data Leakage.[10] Sie tritt auf, wenn sich eine Ausgabevariable als Eingabevariable tarnt.

Das Problem bei der Verwendung des Startgebots liegt im Timing. Bedenken Sie, dass Sie das Startgebot erst kennen, *nachdem* das Haus verkauft wurde.

Während wir uns in die Daten vertiefen, ist Data Leakage leicht zu übersehen. Leider ignorieren viele Lehrbücher dieses Problem, weil die enthaltenen Datensätze zum Lernen extra sauber sind, obwohl es in der Realität immer die Möglichkeit einer Data Leakage gibt. Als Data Head müssen Sie wachsam sein, damit Ihre Ein- und Ausgabedaten keine sich überschneidenden Informationen enthalten.

Wir werden uns in späteren Kapiteln erneut mit Data Leakage befassen.

Extrapolationsfehler

Extrapolation bedeutet, dass Sie Vorhersagen über den Bereich der Eingabedaten hinaus treffen, die Sie zur Erstellung Ihres Modells verwendet haben. Für eine Temperatur von 0 °F (ca. –18 °C) würde das Modell Verkäufe von –71,07 Dollar vorhersagen. Hätte ein Haus keine Wohnfläche und keine Badezimmer (es würde also praktisch nicht existieren), gäbe das Modell einen Verkaufspreis von –1.614.841,60 Dollar aus. Beide Fälle ergeben natürlich keinen Sinn.

Die Modelle machen Vorhersagen, die über den Wertebereich der Daten hinausgehen, aus denen sie »gelernt« haben, aber im Gegensatz zum Menschen haben die Gleichungen keinen gesunden Menschenverstand, um zu erkennen, dass sie falsch sind. Mathematische Gleichungen können nicht denken. Übergeben Sie einer Gleichung eine Reihe von Zahlen als Eingabe, wird sie auch irgendwelche Zahlen ausspucken. Es liegt an Ihnen als Data Head, zu wissen, ob eine Extrapolation stattfindet.

Um es noch einmal ganz deutlich zu sagen: Die Ergebnisse eines Modells basieren immer auf den übergebenen Daten. Sie sollten also keine Vorhersagen mit Daten treffen, die zwar in den Wertebereich der Trainingsdaten passen, aber nicht in den Kontext, in dem der Datensatz gesammelt wurde. Das Modell hat keinen Kontext für die Änderungen, die in der Welt stattfinden.

Ein Modell, das die Immobilienpreise für 2007 vorhersagt, hätte im Jahr 2008 nach dem Zusammenbruch des Wohnungsmarkts kläglich versagt. Die Verwendung des Modells hätte 2008 dazu geführt, dass die extrapolierten Marktbedingungen vollkommen anders ausgefallen wären. Das Problem haben viele Branchen, während dieses Buch geschrieben wird (2021), erneut aufgrund der COVID-19-Pandemie.

10 *https://en.wikipedia.org/wiki/Leakage_(machine_learning)*

Modelle, die mit Prä-COVID-Daten trainiert wurden, geben viele der gefundenen Beziehungen nicht mehr korrekt wieder und sind daher nicht länger gültig.

Viele Beziehungen sind nicht linear

Für eine Modellierung des Aktienmarkts wäre die lineare Regression nicht sehr gut geeignet. Historisch gesehen, findet sein Wachstum nicht linear, sondern exponentiell statt. Die Statistikabteilung von Procter & Gamble würde Ihnen diesen Rat geben: »Versuchen Sie nicht, durch eine Banane eine gerade Linie zu ziehen.«

Statistiker verfügen über Werkzeuge, um nicht lineare Daten in lineare umzuwandeln. Und trotzdem müssen Sie sich manchmal damit abfinden, dass die lineare Regression einfach nicht das richtige Werkzeug für die Aufgabe ist.

Erklärst du noch, oder machst du schon Vorhersagen?

Im Laufe dieses Kapitels haben wir zwei mögliche Ziele von Regressionsmodellen besprochen: Beziehungen zu erklären und Vorhersagen zu treffen. Lineare Regressionsmodelle können scheinbar beides. Die Koeffizienten eines linearen Regressionsmodells bieten (unter den richtigen Bedingungen) die Möglichkeit der Interpretierbarkeit. Viele Branchen konzentrieren sich auf die Interpretierbarkeit – in klinischen Studien beispielsweise müssen die Forscher die präzise Größenordnung und Richtung der Eingabe »Dosierung eines Medikaments« für die Ausgabe »Blutdruck« kennen. In diesem Fall muss sehr sorgfältig darauf geachtet werden, Multikollinearität und unberücksichtigte Variablen zu vermeiden, um zuverlässige Erklärungen des Modells zu ermöglichen.

In anderen Bereichen wie beispielsweise dem Machine Learning ist das Ziel eine möglichst genaue Vorhersage.[11] In diesem Fall ist das Vorhandensein von Kollinearität eventuell nicht wichtig, sofern das Modell zukünftige Ausgaben gut vorhersagen kann. In dieser Situation müssen Sie dagegen sehr vorsichtig sein, um eine *Überanpassung* (*Overfitting*) der Daten zu vermeiden.

Wie gesagt, Modelle sind stark vereinfachte Versionen der Realität. Ein gutes Modell bietet eine gute Annäherung an die tatsächlichen Beziehungen zwischen Ein- und Ausgaben. Die Daten selbst sind dabei nur ein Ausdruck dieses zugrunde liegenden Phänomens.

Ein überangepasstes Modell bildet die Beziehung, über deren Existenz wir spekulieren, jedoch nicht ab. Stattdessen erfasst es die Interaktion der Trainingsdaten, inklusive des Rauschens und der Varianz in den Daten selbst. Dadurch wird nicht vorhergesagt, was eigentlich modelliert werden sollte, sondern nur die verfügbaren Datenpunkte.

---

11 Es gibt ein großartiges Forschungspapier, das die Unterschiede zwischen Erklärung und Vorhersage für Modelle detailliert erläutert: Shmueli, G. (2010). To Explain or to Predict? *Statistical Science*, 25(3), 289–310.

Modelle, die unter Überanpassung leiden, merken sich quasi die Trainingsdaten. Sie können nicht sehr gut auf neue Beobachtungen verallgemeinern. Sehen Sie sich hierzu Abbildung 9-4 an. Auf der linken Seite sehen Sie die Limonadendaten mit dem linearen Regressionsmodell. Rechts haben wir ein komplexes Regressionsmodell, das einige der Punkte perfekt vorhersagt. Welches würden Sie für Ihre Vorhersagen wählen?

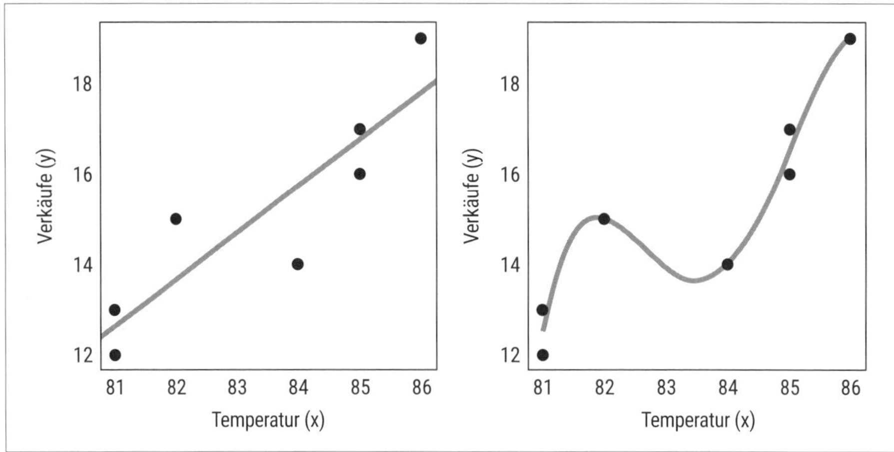

Abbildung 9-4: Zwei verschiedene Modelle. Das linke Modell verallgemeinert gut, während es beim rechten zu einer Überanpassung der Daten kommt. Das Modell »merkt« sich die Daten, und durch die Variation wird es neue Punkte nicht gut vorhersagen.

Um eine Überanpassung zu vermeiden, wird ein Datensatz in zwei Teile getrennt: in *Trainingsdaten*, die Sie für die Erstellung des Modells verwenden, und in *Testdaten*, mit denen Sie überprüfen, wie gut Ihr Modell funktioniert. Die Leistung auf den Testdaten, die Ihr Modell nicht gelernt hat, wird am Ende darüber befinden, wie gut die Vorhersagen Ihres Modells wirklich sind.

Leistungsfähigkeit der Regression

Wollen Sie beurteilen, wie gut ein Modell zu Ihren Daten passt, ist die beste Beurteilungsmöglichkeit ein Vorhersageanalysediagramm (*Actual by Predicted Plot*). Dabei spielt es keine Rolle, ob Sie ein multiples lineares Regressionsmodell oder etwas deutlich Ausgefeilteres verwenden, das gerade erst letzte Woche entwickelt wurde. Unserer Erfahrung nach gehen manche Menschen davon aus, dass wir die Leistung der Regression nicht visualisieren können, wenn wir zu viele Eingaben haben. Aber denken Sie daran, was das Modell getan hat: Es hat Eingaben (eine oder mehrere) in eine Ausgabe umgewandelt.

Für jede Zeile Ihres Datensatzes gibt es also einen tatsächlichen Wert und den dazugehörigen vorhergesagten Wert. Geben Sie dies als Streudiagramm aus! Die Werte sollten stark miteinander korrelieren. Hierdurch werden Sie schnell wissen, wie gut Ihr Modell funktioniert. Datenanalysten können weitere zugehörige Kennzahlen liefern (R-Quadrat zum Beispiel). Auf keinen Fall sollten Sie sich aber nur diese Zahlen ansehen. Bestehen Sie immer darauf, auch ein Vorhersageanalysediagramm zu sehen. Ein Beispiel hierfür sehen Sie in Abbildung 9-5 für ein Modell, das wir auf Basis der Immobiliendaten erstellt haben.

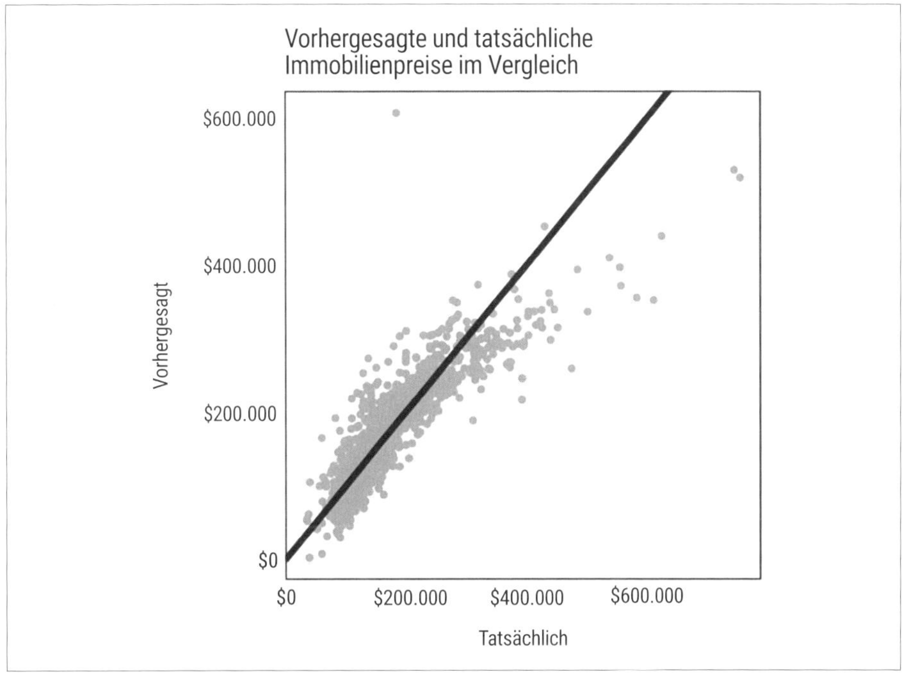

Abbildung 9-5: In diesem Diagramm kann man sehen, dass das Modell die Preise für hochwertige Immobilien nicht sehr gut vorhersagt. Können Sie anhand des Diagramms weitere Probleme mit diesem Modell erkennen?

Andere Regressionsmodelle

Abschließend werden Sie vielleicht auf zwei Varianten der linearen Regressionsmodelle stoßen, die Ihnen als *LASSO* und als *Ridge Regression* vielleicht schon einmal begegnet sind. Sie können helfen, wenn es viele korrelierte Eingaben (Multikollinearität) oder wenn es mehr Eingabevariablen als Zeilen in Ihrem Datensatz gibt. Das Ergebnis ist ein Modell, das Ähnlichkeit mit multiplen Regressionsmodellen hat.

Andere Regressionsmodelle sehen dagegen vollkommen anders aus. Das k-nächste-Nachbarn-Modell aus unserer Einleitung wurde auf ein Klassifikationsproblem angewandt. Es lässt sich aber auch leicht auf Regressionsprobleme übertragen. Um beispielsweise den Verkaufspreis für ein beliebiges Haus vorherzusagen, könnten Sie den durchschnittlichen Verkaufspreis der drei nächsten Häuser, die kürzlich verkauft wurden, nehmen. Dies würde k-nächste-Nachbarn auf ein Regressionsproblem anwenden.

Wir werden uns einige dieser Modelle im nächsten Kapitel noch genauer ansehen, da sie nicht nur für die Regression, sondern auch für die Klassifikation eingesetzt werden können.

Zusammenfassung

Mit diesem Kapitel wollten wir Ihnen ein intuitives Verständnis des überwachten Lernens vermitteln. Hierfür haben wir den einfachsten Algorithmus verwendet, die lineare Regression. Danach haben wir verschiedenen Möglichkeiten untersucht, wie Regressionsmodelle scheitern können. Behalten Sie diese Probleme und Fallstricke im Kopf. Die Frage ist nämlich nicht, *welche* Regressionsmodelle bei Ihrer Arbeit davon betroffen sind, sondern *wie viele*.

Wie Sie inzwischen vermutlich gemerkt haben, hängen Leistungsfähigkeit und Grenzen des überwachten Lernens direkt mit den Trainingsdaten zusammen. Leider sehen wir immer wieder Unternehmen, die mehr Zeit damit verbringen, sich Gedanken über den neuesten Algorithmus für überwachtes Lernen zu machen als darüber, wie sie relevante, akkurate und ausreichend viele Daten sammeln können, um den Algorithmus damit zu füttern. Vergessen Sie bitte nicht das Mantra »Aus einem Kuhfladen wird keine Sahnetorte« (englisch: »Garbage in – Garbage out«) aus Kapitel 4. Gute Daten sind der Schlüssel und die Lebenskraft für überwachte Lernmodelle.

Und jetzt können wir Ihnen folgende gute Nachricht überbringen: Wenn Sie überwachtes und unüberwachtes Lernen (Supervised und Unsupervised Learning) vom Prinzip her verstanden haben, dann haben Sie auch das Machine Learning verstanden. Herzlichen Glückwunsch! Und entschuldigen Sie bitte, dass wir keine große Enthüllung vorgenommen haben. Wir wollten das Gegenteil eines Verkaufsgesprächs bieten und Ihnen die Bestandteile des Machine Learning näherbringen, ohne durch den ganzen Hype belastet zu sein. Machine Learning *ist* überwachtes und unüberwachtes Lernen.

Lassen Sie uns das Gespräch über Machine Learning im folgenden Kapitel fortsetzen, in dem es um Klassifikationsmodelle geht.

KAPITEL 10

Das Klassifikationsmodell verstehen

> Ein Machine-Learning-Algorithmus kommt in die Kneipe. Der Wirt fragt: »Was möchten Sie trinken?« Darauf fragt der Algorithmus zurück: »Was trinken denn die anderen?«
>
> – *Chet Hasse (@chethaase)*

Im vorherigen Kapitel haben wir über das überwachte Lernen mit *Regressionsmodellen* gesprochen. Mit ihrer Hilfe können wir Zahlenwerte vorhersagen, zum Beispiel Verkaufszahlen, indem ein Modell an einen Satz von Features angepasst wird. Aber wie gehen Sie vor, wenn Sie ein bestimmtes Ergebnis vorhersagen wollen, zum Beispiel ob eine Person mit bestimmten demografischen Eigenschaften ein Buch über Daten kaufen wird? Wenn Sie schon immer wissen wollten, wie Unternehmen vorhersagen, ob Sie eine bestimmte Anzeige anklicken, ein Produkt kaufen (und welches), ob Sie Ihren Autokredit zurückzahlen können, zu einem Bewerbungsgespräch eingeladen werden oder eine bestimmte Krankheit bekommen, dann sind Sie in diesem Kapitel genau richtig.

Probleme, bei denen eine kategoriale Variable (ein Label) vorhergesagt werden soll, verwenden *Klassifikationsmodelle*.

Einführung in die Klassifikation

Klassifikationsmodelle können zwei Ergebnisse vorhersagen, die als binäre Klassifikation bezeichnet werden. Sollen mehr als zwei Ergebnisse vorhergesagt werden, spricht man von *mehrklassiger Klassifikation*.[1] Die Vorhersage, ob jemand seinen Autokredit zurückzahlen kann, ist binär (Ja/Nein), während die Vorhersage, welches Auto jemand kauft, ein mehrklassiges Problem ist (Honda, Toyota, Ford etc.). Der Einfachheit halber konzentrieren wir uns hier auf binäre Klassifikationsprobleme. Zusätzliche Klassen sind eine natürliche Erweiterung der hier besprochenen Themen.

1 Verwechseln Sie Klassifikation nicht mit Clustering. Das Clustering funktioniert ohne Labels. Werden dennoch Labels zugewiesen, geschieht dies durch Sie, den Analysten, *im Nachhinein*. Bei der Klassifikation sind die Labels von Beginn an im Datensatz vorhanden.

Die Ergebnisse einiger Klassifikationsmodelle werden oft als »positiv« oder »negativ« beschrieben. In der Wissenschaft werden Dinge gern als Bestätigung oder Ablehnung formuliert. Positiv und negativ können also als »tut etwas« oder »tut etwas nicht« verstanden werden. So kann das Ausführen einer Aktion (Mausklick, Autokauf, Kreditausfall, Krankheit) klar vom Nichtausführen dieser Aktion unterschieden werden. In anderen Situationen wie der Vorhersage, ob jemand eine bestimmte politische Partei wählt, muss klar sein, welche Klasse »positiv« und welche »negativ« genannt wird, um Verwirrung zu vermeiden. So muss klar sein, dass die Zuweisung von positiv und negativ an eine bestimmte Partei in Ihrem Modell keine Aussage über irgendwelche Präferenzen ausdrücken soll. Stattdessen handelt es sich um ein beliebig gewähltes Label. Als Data Head müssen Sie dafür sorgen, dass das gesamte Team bei der Zuweisung des Modells die gleichen Definitionen benutzt.

Was Sie lernen werden

In diesem Kapitel verwenden wir einen Datensatz aus dem Personalwesen, um folgende Klassifikationsmodelle zu erklären:

- logistische Regression
- Entscheidungsbäume
- Ensemblemethoden

Die logistische Regression[2] und die Entscheidungsbäume stehen auf den meisten Data-Science-Lehrplänen. Für sie stehen außerdem die meisten Softwareprodukte zur Verfügung. Durch ihre leichte Benutzbarkeit und Interpretierbarkeit sind sie für einige Probleme besonders gut geeignet. Gleichzeitig haben sie, wie alle in diesem Buch beschriebenen Algorithmen, eine Reihe eigener Probleme und Fallstricke.

Außerdem stellen wir Ihnen Ensemblemethoden vor, die sich zu einem neuen Standard für Datenanalysten entwickeln, besonders in Data-Science-Wettbewerben.[3]

In der zweiten Hälfte dieses Kapitels gehen wir genauer auf *Data Leakage* und *Überanpassung* (Overfitting) ein. Eine Diskussion zur Genauigkeit sparen wir uns für das Ende des Kapitels auf, weil für das Verständnis dieses Begriffs (im Zusammenhang mit Daten) eine Reihe von Details nötig ist. Und wir wollen nicht, dass Sie die gleichen Fehler machen, die wir bei anderen Menschen immer wieder gesehen haben.

2 Wie Sie sehen werden, sagt die logistische Regression Wahrscheinlichkeiten voraus. Durch das Hinzufügen einer Entscheidungsregel wird sie zu einem Klassifikationsalgorithmus.

3 Zur Klärung: Die hier gezeigten Entscheidungsbäume und Ensemblemethoden können auch auf Regressionsprobleme angewendet werden. Wenn die Ausgabe Ihres Datensatzes eine Zahl ist, sollten Sie das ruhig einmal ausprobieren.

Klassifikationsproblem: Versuchsaufbau

Angenommen, jeden Sommer bewerben sich Hunderte Studenten für ein Data-Science-Praktikum in Ihrem Unternehmen. Es wäre ziemlich aufwendig, alle diese Bewerbungen von Hand zu prüfen. Finden Sie eine Möglichkeit, das Verfahren zu automatisieren?

Glücklicherweise verfügt Ihr Unternehmen über große Mengen historischer Daten, aus denen man lernen kann – Informationen über alle Bewerberinnen und Bewerber mit einem Ja/Nein-Label, das angibt, ob sie zu einem Bewerbungsgespräch eingeladen wurden. Mit diesen Daten und einem Klassifikationsmodell wie der logistischen Regression könnten Sie ein Vorhersagemodell entwickeln. Es könnte die Daten aus den Onlinebewerbungen als Eingabe übernehmen, also Attribute wie der *Grade Point Average* (GPA)[4], Studienjahr, Anzahl der extrakurrikularen Aktivitäten und so weiter. Das Modell könnte dann eine Vorhersage dazu ausgeben, ob die Bewerberinnen und Bewerber zu einem Interview eingeladen werden. Wenn das funktioniert, müssten die Bewerbungen nicht mehr manuell geprüft werden.

Wie könnten Sie das Problem lösen? Beginnen wir mit der logistischen Regression.

Logistische Regression

Zu Anfang verwenden wir für die Überprüfung der zehn letzten Bewerbungen ausschließlich den GPA als Eingabe. Da Computer nur Zahlen verstehen, können wir »Ja« und »Nein« in 1 (positiv) und 0 (negativ) umwandeln. Die Daten in Tabelle 10-1 zeigen einen allgemeinen Trend: Wenig überraschend, werden Studierende mit einem höheren GPA häufiger zu Bewerbungsgesprächen eingeladen.

Tabelle 10-1: Ein einfacher Datensatz für die logistische Regression: Der Grade Point Average wird verwendet, um Einladungen zum Bewerbungsgespräch vorherzusagen.

Bewerbungsnummer	GPA	Einladung (Ja/Nein)	Einladung (1/0)
1	2,00	Nein	0
2	2,20	Nein	0
3	2,50	Nein	0
4	2,80	Ja	1
5	2,85	Nein	0
6	3,50	Ja	1
7	3,60	Nein	0
8	3,70	Ja	1

4 Der Grade Point Average entspricht ungefähr dem Notendurchschnitt in Deutschland. Allerdings ist die Reihenfolge umgekehrt: je höher der GPA, desto besser die Bewertung (siehe auch *https://de.wikipedia.org/wiki/Grade_Point_Average*).

Tabelle 10-1: Ein einfacher Datensatz für die logistische Regression: Der Grade Point Average wird verwendet, um Einladungen zum Bewerbungsgespräch vorherzusagen. (Fortsetzung)

Bewerbungsnummer	GPA	Einladung (Ja/Nein)	Einladung (1/0)
9	3,80	Ja	1
10	4,00	Ja	1

Würden Sie versuchen, die lineare Regression auf diese Daten anzuwenden (wie im vorherigen Kapitel gezeigt), erhielten Sie seltsame Ergebnisse. Übergeben wir Tabelle 10-1 beispielsweise einer Statistiksoftware und erzeugen das Regressionsmodell, bekämen wir eine Gleichung wie diese:

$$Einladung = (0,5) * GPA - 1,1$$

Denken wir noch mal kurz über das Modell nach. Angenommen, ein neuer Bewerber hat einen GPA von 2,0. Dann lautet die Ausgabe des Regressionsmodells *Einladung* = (0,5) * (2,0) – 1,1 = –0,1. Für eine Bewerberin mit einem GPA von 4,0 wäre die Ausgabe 0,9. Aber was bedeuten die Zahlen –0,1 und 0,9 im Kontext der Vorhersage, ob Bewerber eingeladen werden? (Hinweis: Wir wissen es auch nicht so genau.)

Hilfreich wäre eine Vorhersage der *Wahrscheinlichkeit*, ob Bewerber zu einem Gespräch eingeladen werden, auf Basis ihres GPA-Werts. So könnten Sie beispielsweise herausfinden, dass Bewerber mit einem GPA von 2,0 nur eine 4%ige Chance auf eine Einladung haben, während die Chance für Bewerber mit einem Wert von 4,0 bei 92 % liegt. Diese Informationen sind für unsere Aufgabe wichtig, weil sie bei der Definition der Regeln helfen können, nach denen zukünftige Bewerber eingeteilt werden. Dabei dürfen Sie nicht vergessen, dass Wahrscheinlichkeiten zwischen 0 und 1 liegen müssen. Regressionsmodelle funktionieren aber nicht innerhalb dieser Grenzen. Sie sind unbegrenzt und können jeden nur erdenklichen Wert ausgeben. Das heißt, die lineare Regression ist für unsere Aufgabenstellung ziemlich sicher nicht geeignet.

Stattdessen brauchen Sie eine Möglichkeit, die Ausgabe einer Gleichung auf die Form $y = mx + b$ zu beschränken, damit sie im Bereich korrekter Wahrscheinlichkeiten liegt. Und genau das tut die logistische Regression. Sie »quetscht« die Zahlen zusammen, um sicherzustellen, dass die Ausgaben des Modells immer zwischen 0 und 1 liegen. So erhält man eine Vorhersage darüber, wie wahrscheinlich die Ausgabe zur positiven Klasse gehört (in diesem Fall Einladung = Ja). Die Gleichung für die logistische Regression sieht so aus:

Gleichung 10-1

$$\text{Wahrscheinlichkeit der positiven Klasse, gegeben } x = \frac{1}{1 + e^{-(mx + b)}}$$

Kommt Ihnen der *mx+b*-Teil bekannt vor? Genau. Das ist die Formel aus der linearen Regression, die nun in eine Gleichung namens *logistische Funktion* eingebettet ist (daher auch der Name logistische Regression).[5] Diese Funktion stellt sicher, dass das Ergebnis als Wahrscheinlichkeit ausgedrückt wird.

Sehen wir uns zur Illustration einige Diagramme an. Abbildung 10-1 zeigt drei Streudiagramme für die Daten in Tabelle 10-1. (Wie im vorherigen Kapitel haben wir die Ausgleichsgerade in drei Diagrammen dargestellt.) Jedes Diagramm steht für verschiedene Eingabewerte für *m* und *b* in Gleichung 10-1. Wie Sie wissen, modulieren die Werte *m* und *b* in der linearen Regression die perfekte Position der Linie, die den Fehler reduziert, gemessen als Summe der Quadrate. Wir haben aber bereits festgestellt, dass eine gerade Linie aus der linearen Regression nicht gut zu diesen Daten passt. Die Linie würde links über 0 hinauslaufen und rechts über 1. Dagegen erzeugt die Gleichung 10-1 unabhängig von den Werten für *m* und *b* immer eine s-förmige Kurve, die zwischen 0 und 1 liegt.

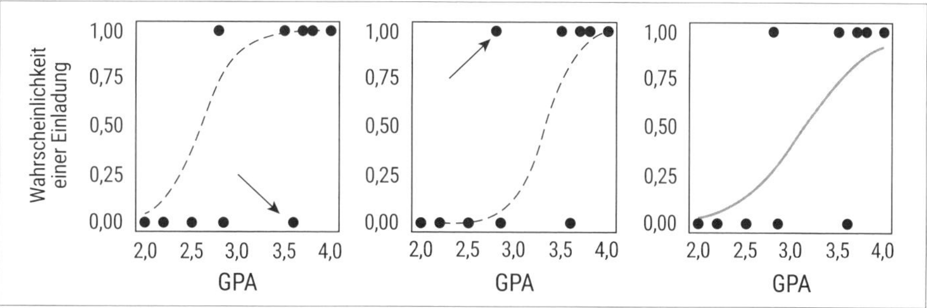

Abbildung 10-1: Anpassung verschiedener logistischer Regressionsmodelle an die Daten. Das Modell auf der rechten Seite passt am besten.

Beginnen Sie mit dem linken und dem mittleren Diagramm in Abbildung 10-1 und versuchen Sie, ihre Schwächen zu erkennen. Das linke Diagramm zeigt ein Modell (die gestrichelte Linie), das zu sehr davon ausgeht, dass ein hoher GPA-Wert zu einem Bewerbungsgespräch führt. Bei dem abgelehnten Bewerber mit einem GPA-Wert von 3,5 liegt das Modell vollkommen daneben. Im mittleren Diagramm gibt das Modell Studierenden mit einem niedrigen GPA eine zu geringe Chance. Der Studentin mit einem GPA von 2,8, die zu einem Gespräch eingeladen wurde, wurde vom Modell eine Chance nahe null eingeräumt. Das rechte Diagramm in Abbildung 10-1 ist am ausgewogensten. Es zeigt die Ausgabe des logistischen Regressionsalgorithmus, der ein gutes Gleichgewicht zwischen linkem und mittlerem Diagramm gefunden hat. Wie sich zeigt, ist dies die mathematisch optimale Lösung für die aktuellen Datenpunkte. Das entsprechende logistische Regressionsmodell hat die folgende Formel:

Gleichung 10-2

$$\text{Wahrscheinlichkeit einer Einladung anhand des } GPA = \frac{1}{1 + e^{-(2.9 \cdot GPA - 9.0)}}$$

5 Die Zahl *e* in der Gleichung steht für die *eulersche Zahl*. Sie ist eine mathematische Konstante wie π, die in vielen Bereichen der Mathematik verwendet wird, so auch in der logistischen Regression. Sie entspricht ungefähr einem Wert von 2,71828.

Durch die logistische Regression wird der sogenannte *logistische Verlust* (oder kurz *Log-Verlust*) verringert. Der Log-Verlust ist eine einfache Möglichkeit, zu messen, wie nah die vorhergesagten Wahrscheinlichkeiten an den tatsächlichen Labels liegen. Obwohl lineare und logistische Regression verschiedene Methoden verwenden, sind sie sich ähnlich: Alle vorhergesagten Werte eines Modells sollen den tatsächlichen Werten (insgesamt) so nahe wie möglich kommen.

Logistische Regression: Na und?

Die logistische Regression hat zwei Vorteile: Wir erhalten eine Formel, die uns hilft, auf Basis der Daten Vorhersagen zu treffen. Gleichzeitig erklären die Koeffizienten der Formel die Beziehungen zwischen Ein- und Ausgaben.

Eine mögliche Anwendung zeigen wir Ihnen in Abbildung 10-2. Hier sehen Sie die Wahrscheinlichkeit einer Einladung für einen Studenten mit einem GPA-Wert von 2,0 aus unserem logistischen Regressionsmodell. Steigt der GPA-Wert von 2,0 auf 3,0, erhöht sich die Wahrscheinlichkeit einer Einladung von 4 auf 41 %. Das ist ein Unterschied von 37 %. Ein Anstieg um eine weitere Einheit von 3,0 auf 4,0 steigert die Wahrscheinlichkeit dagegen von 41 auf 92 %, das ergibt eine Differenz von 51 %! Wie Sie sehen, ist der Einfluss eines zusätzlichen GPA-Punkts auf die Wahrscheinlichkeit in logistischen Regressionsmodellen nicht linear. In der linearen Regression wäre das anders. Hier hätte die Steigerung der Eingabevariablen um eine Einheit immer die gleiche Auswirkung – unabhängig vom Startwert.

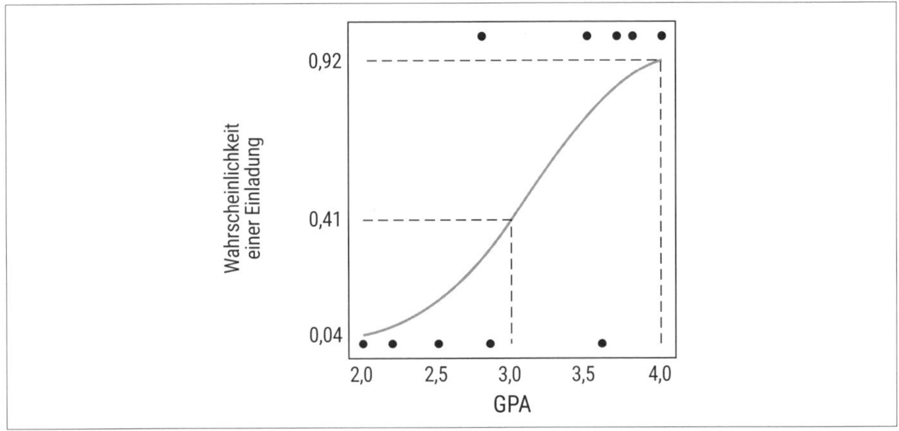

Abbildung 10-2: Einsatz des logistischen Regressionsmodells, um eine Vorhersage bei GPA = 2, GPA = 3 und GPA = 4 zu treffen

Sie werden feststellen, dass die logistische Regression allein Ihnen nicht sagen kann, ob Sie einen Bewerber einladen sollen oder nicht. Stattdessen erhalten Sie eine Wahrscheinlichkeit für eine Einladung. Wenn Sie die Entscheidung mithilfe der logistischen Regression automatisieren wollen, müssen Sie einen Schwellenwert oder *Cut-off-Wert* (auch als Entscheidungsregel bezeichnet) definieren. Die Cut-off-Wahrscheinlichkeit legt fest, wie das Gelernte umgesetzt wird. Wenn Sie den Cut-off-Wert auf 90 % festlegen, sich also nur Bewerber ansehen wollen, deren GPA zuvor eine 90%ige Wahrscheinlichkeit einer Einladung ergab, dann werden Sie nur sehr wenige Kandidaten einladen. Legen Sie den Wert dagegen auf 60 % fest, werden Sie mit deutlich mehr Kandidaten sprechen. Für die Bestimmung des richtigen Cut-off-Werts ist die entsprechende Sachkenntnis unabdingbar.

Wir haben außerdem darauf hingewiesen, dass der Koeffizient einer beliebigen Regressionsfunktion uns Informationen über die Beziehungen zwischen Ein- und Ausgaben liefert. Auf den ersten Blick lässt sich erkennen, dass der Koeffizient des GPA-Werts in Gleichung 10-2 positiv ist: Sein Wert liegt bei 2,9. Daran können wir erkennen, dass ein höherer GPA-Wert die Chancen auf eine Einladung erhöht. Das sind in diesem Fall zwar keine weltbewegenden Neuigkeiten, aber für Forscher, die zum Beispiel auf Basis bestimmter Biomarker vorhersagen, ob jemand Krebs bekommt, könnte es eine sehr große Rolle spielen.[6]

Dinge, auf die man bei der Arbeit mit logistischer Regression achten sollte

Logistische Regressionsmodelle bringen die gleichen Bedenken und Probleme mit sich, die wir im vorherigen Kapitel bereits für lineare Modelle genannt haben:

- **Nicht berücksichtigte Variablen:** Ein Algorithmus kann nur aus existenten Daten lernen.
- **Multikollinearität:** Korrelierte Eingabefeatures können die Interpretation der Koeffizienten Ihres Modells ziemlich durcheinanderbringen, zum Beispiel durch geänderte Vorzeichen.
- **Extrapolation:** Extrapolation ist in der logistischen Regression kein so großes Problem wie in der linearen Regression, weil die Ausgaben niemals außerhalb des Bereichs zwischen 0 und 1 liegen. Dabei sollten Sie aber nicht leichtsinnig werden. Vorhersagen, die außerhalb des mit den Trainingsdaten Möglichen liegen, können zu übermäßig zuversichtlichen Wahrscheinlichkeiten führen, weil sich die Vorhersagen asymptotisch an 1 annähern.

Natürlich gibt es in der logistischen Regression auch Fehler, die vermieden werden sollten. Wir werden am Ende des Kapitels genauer darauf eingehen.

Entscheidungsbäume

Manche Menschen schreckt die für logistische Regression nötige Mathematik ab. Außerdem folgt nicht jede Beziehung zwischen Ein- und Ausgaben dem linearen Ansatz von $y = mx + b$. Eine weitere Möglichkeit, die leicht verständlich und gut vi-

6 Um die Formel komplett zu erfassen, brauchen Sie ein Verständnis für *Logits* (engl. *Log Odds*). Eine genauere Auseinandersetzung mit Logits würde jedoch den Rahmen dieses Buchs sprengen (siehe hierzu auch *https://de.wikipedia.org/wiki/Logit*).

sualisierbar ist, ist der *Entscheidungsbaum* (*Decision Tree*). Hierbei wird ein Datensatz in mehrere Teile aufgeteilt. Die Entscheidungsbäume stellen eine Reihe von Regeln bereit, die Ihnen wie in einem Flussdiagramm einen Weg durch die Vorhersagen weisen.

Nehmen Sie zum Beispiel den Datensatz in Tabelle 10-2. Hier sehen Sie eine zufällige Auswahl von 10 Studenten (aus 300), die tatsächlich zu einem Bewerbungsgespräch in Ihrem Unternehmen eingeladen wurden. Anstatt nur den GPA-Wert als Eingabe für Ihren Prozess zu verwenden, entscheiden Sie, alle Features zu analysieren, um herauszufinden, wie die Entscheidungen für ein Bewerbungsgespräch in der Vergangenheit getroffen wurden. Beachten Sie, dass aus dem gesamten Datensatz 120 Studenten (40 %) eingeladen wurden.

Tabelle 10-2: Ausschnitt aus dem Praktikanten-Datensatz der Personalabteilung. Die Hauptfächer (Major) sind: IT = Informatik, WW = Wirtschaft, Stat = Statistik und Bus = Business.

Bewerbungsnummer	GPA	Jahr	Major	Extrakurrikulare Aktivitäten	Einladung?
1	3,41	1	IT	1	Nein
2	3,33	3	WI	2	Nein
3	2,96	3	IT	5	Ja
4	3,28	2	Stat	4	Ja
5	2,78	2	IT	3	Nein
6	3,01	4	WI	0	Nein
7	2,56	3	Stat	2	Nein
8	2,72	3	IT	4	Ja
9	2,00	3	Stat	2	Nein
10	2,42	1	Bus	3	Nein
⋮	⋮	⋮	⋮	⋮	⋮

Einige Regeln fallen sofort ins Auge: Studierende mit einem hohen GPA, die sich an extrakurrikularen Aktivitäten beteiligen, haben offenbar eine höhere Chance auf eine Einladung. Aber welcher GPA-Wert soll den Cut-off-Wert markieren? 3,0? 3,5? Und mit welchen Informationen würden Sie Ihre Entscheidung untermauern? Sie merken, worauf wir hinauswollen: Die Erstellung eigener Regeln kann eine enorme Herausforderung sein. Glücklicherweise kann Ihnen der Entscheidungsbaumalgorithmus einen großen Teil dieser Arbeit abnehmen. Er sucht nach einem Eingabefeature und dessen Wert, der die eingeladenen Studentinnen und Studenten am besten von denen ohne Einladung unterscheidet. Danach findet der Algorithmus das nächste Feature, das eine noch feinere Trennung zwischen diesen beiden Gruppen ermöglicht, und so weiter.

Wir haben unseren Datensatz mit dem sogenannten CART-Algorithmus[7] verarbeitet und damit den Entscheidungsbaum in Abbildung 10-3 erzeugt. Tatsächlich scheint der Baum auf dem Kopf zu stehen. Er besteht aus »Knoten« (Verzweigungen), »Zweigen« und »Blättern«, wobei die abschließende Vorhersage durch ein Blatt dargestellt wird. Durchlaufen wir den Baum anhand eines Beispiels, um zu sehen, wie er funktioniert.

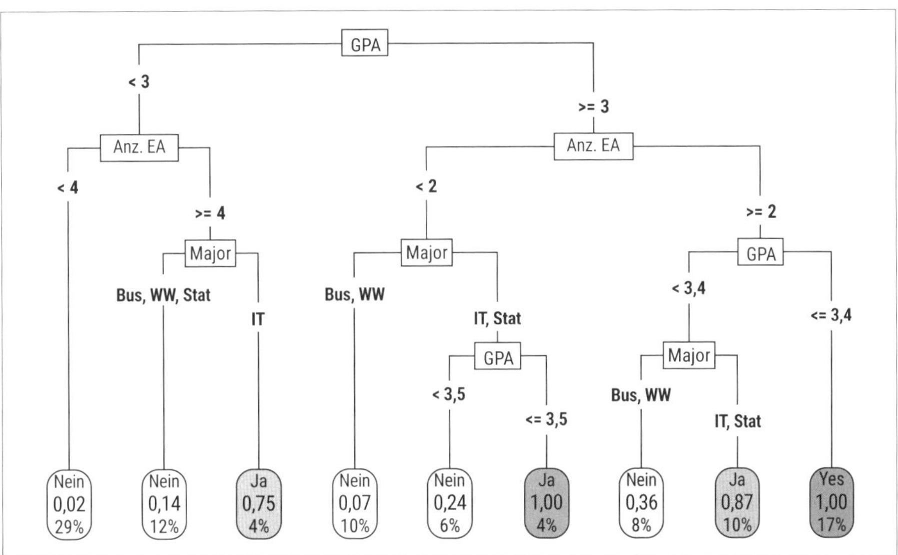

Abbildung 10-3: Ein einfacher Entscheidungsbaum, auf den Praktikanten-Datensatz angewendet

Eine Bewerberin heißt Ellen. Sie ist im zweiten Studienjahr, hat einen GPA von 3,6, ihr Hauptfach ist Informatik und sie ist Mitglied in einem Sportverein. Als Daten codiert, könnte das so aussehen: {GPA = 3,6, Jahr = 2, Major = IT, EA = 1}, wobei EA für die Zahl der extrakurrikularen Aktivitäten steht.

In Abbildung 10-3 sehen Sie den Wurzelknoten, der das Feature angibt, durch das sich die Daten am besten unterscheiden lassen. Ellen hat einen GPA von 3,6, also bewegt sie sich auf dem rechten Zweig des Baums zum nächsten Knoten: EA. Ihr Wert für EA ist 1, also bewegt sie sich auf dem linken Zweig wiederum zum nächsten Entscheidungsknoten: Major (ihr Hauptfach). Da sie als Hauptfach Informatik (CS) hat, bewegt sie sich nach rechts, wo erneut der GPA ausschlaggebend ist. Ihr GPA liegt mindestens bei 3,5, also lautet die Vorhersage: Ja: Ellen würde ein Bewerbungsgespräch angeboten werden.

7 Für die Erstellung von Entscheidungsbäumen gibt es eine Reihe von Algorithmen, von denen CART (*Classification and Regression Trees*) aktuell der beliebteste ist. Für weitere Informationen zu CART siehe: Breiman, Leo, Friedman, J. H., Olshen, R. A., Stone, C. J. (1984). *Classification and Regression Trees*. Monterey, CA: Wadsworth & Brooks/Cole Advanced Books & Software.

Beachten Sie, wie der Baum die Interaktionen zwischen den Eingabefeatures offenbart. Die Tatsache, dass Ellen nur an einer extrakurrikularen Aktivität teilnimmt, wird durch ihren hohen GPA in Informatik oder Statistik wieder ausgeglichen.

Die Zahl der Blätter am unteren Ende von Abbildung 10-3 fasst zusammen, wie der Entscheidungsbaum die Trainingsdaten aufteilt. Das Blatt ganz rechts besitzt drei Datenpunkte (Ja, 1,00 und 17 %). Daran können wir ablesen, dass 100 % der früheren Bewerber mit einem GPA ≥ 3,4 und mindestens 3 extrakurrikularen Aktivitäten eingeladen wurden, unabhängig davon, was sie studieren. (Das lässt sich erkennen, wenn Sie das Blatt bis zum Wurzelknoten zurückverfolgen.) Für alle neuen Bewerber mit dieser Beschreibung würde demnach eine Einladung vorhergesagt, weil der Prozentsatz früherer Bewerber in diesem Blatt über 50 % lag. Das repräsentiert 17 % der Trainingsdaten (51 Bewerber).

Am Blatt ganz links können wir erkennen, dass 29 % der früheren Bewerber einen GPA-Wert unter 3,0 und weniger als 4 extrakurrikulare Aktivitäten hatten. Von diesen Bewerbern haben nur 2 % eine Einladung erhalten. Daher sagt dieser Knoten ein Nein voraus.[8]

Entscheidungsbäume eignen sich besonders gut für die Darstellung von explorativen Daten. Sie bieten eine schnelle und einfache Möglichkeit, sicherzustellen, dass die Eingaben Ihres Datensatzes eine Beziehung zu den Ausgaben haben.

Allerdings reicht ein Entscheidungsbaum allein meistens nicht aus, um eine Vorhersage zu treffen. Überlegen Sie, wie ein einzelner Entscheidungsbaum wie der in Abbildung 10-3 Sie in die Irre führen könnte. Ein Extrem könnte sein, dass er immer weiterwächst, bis es für jeden Bewerber ein einzelnes Blatt gibt, was perfekte Entscheidungsregeln für alle 300 Bewerber in den Trainingsdaten bedeuten würde. Und wenn die nächste Gruppe Bewerber exakt so strukturiert ist wie die vorherige, wäre Ihr Entscheidungsbaum perfekt. Aber Variation – zusammen mit unserem gesunden Menschenverstand – sagt uns, dass das unmöglich ist. Neue Bewerber werden sich von den alten unterscheiden. Das Ergebnis wäre ein *überangepasster* Entscheidungsbaum, der Ihnen voller Überzeugung beim Treffen der falschen Entscheidungen hilft.

Tatsächlich sind einzelne Entscheidungsbäume anfällig für eine Überanpassung. Ein einzelner Baum passt also eher auf den verwendeten Datensatz als auf die Realität, die das Modell vorherzusagen versucht. Eine Möglichkeit besteht im »Ausdünnen«. Trotzdem reagieren einzelne Entscheidungsbäume empfindlich auf ihre Trainingsdaten. Wenn Sie stichprobenartig 100 Bewerberinnen und Bewerber aus Ihren Daten auswählen und daraus einen neuen Entscheidungsbaum erstellen, wird er sehr wahrscheinlich andere Entscheidungsknoten und Trennwerte enthalten. Der Wurzelknoten könnte beispielsweise bei einem GPA von 3,2 anstatt bei 3,0 trennen.

Wie könnten Sie die Probleme mit Entscheidungsbäumen lösen? Willkommen bei den Ensemblemethoden.

8 Wir haben diesen Baum und die Diagramme mit der (freien) Open-Source-Software R in Kombination mit den Paketen *rpart* und *rpart.plot* erstellt. Nicht alle Entscheidungsbäume, die Ihnen begegnen werden, sind so detailliert wie unserer.

Ensemblemethoden

Ensemblemethoden heißen so, weil sie die Zusammenfassung verschiedener Ergebnisse darstellen, indem ein Algorithmus dutzend-, vielleicht sogar tausendfach ausgeführt wird. Ensemblemethoden sind unter Data Scientists beliebt, weil sie aussagekräftige Vorhersagen ermöglichen.

Hierbei sind zwei Methoden bei Data Scientists aktuell besonders beliebt: *Zufallswälder* (*Random Forests*) und *gradientenverstärkte Bäume* (*Gradient Boosted Trees*). Sie werden oft von den Gewinnerteams auf der Website *Kaggle.com* verwendet. Dort posten Unternehmen Datensätze und fordern Data Scientists auf, die genauesten Modelle dafür zu entwickeln. Den Gewinnern winkt ein ordentliches Preisgeld. In diesem Abschnitt geben wir Ihnen eine kurze, intuitive Erklärung zu diesen äußerst beliebten Methoden.

Zufallswälder

Fragen Sie zwei erfahrene Personaler, werden Sie feststellen, dass beide ihre eigenen internen Entscheidungsregeln verwenden. Diese basieren auf vergangenen Erfahrungen und den Bewerbertypen, mit denen sie es bisher zu tun hatten. Sie bewerten die Kandidatinnen und Kandidaten also unterschiedlich. Daher ist in manchen Unternehmen ein Team für die Neueinstellung zuständig. Die Entscheidung ist der Konsens der Einschätzungen mehrerer Mitarbeitenden. So sollen gravierende Unterschiede zwischen den einzelnen Entscheidungen ausgeglichen werden.

Ein Zufallswald[9] entspricht bei dieser Idee also einer Kombination aus mehreren Entscheidungsbäumen. Der Algorithmus nimmt eine zufällige Stichprobe der Daten und erstellt einen Entscheidungsbaum. Dieser Prozess wird dann mehrere Hundert Male oder öfter wiederholt.[10] Das Ergebnis ist ein »Wald« aus Entscheidungsbäumen, die das Verhalten mehrerer unabhängiger Auswerter Ihres Datensatzes nachbilden, wobei die abschließende Vorhersage dem »Konsens der Bäume« durch mehrheitliche Abstimmung entspricht. (Für Klassifikationsprobleme können Zufallswälder auch einen Durchschnitt der vorhergesagten Wahrscheinlichkeiten ausgeben oder einen Durchschnitt fortlaufender Zahlen für Regressionsprobleme.)

Abbildung 10-4 zeigt vier Bäume in unserem Wald. Wenn Sie genau hinsehen, erkennen Sie eine weitere Eigenschaft von Zufallswäldern. Bei zwei Bäumen wird zuerst beim GPA verzweigt. Bei den anderen beiden sind es das Studienfach und die extrakurrikularen Aktivitäten. Das ist Absicht – Zufallswälder wählen für die Erstellung eines Baums nicht nur die Beobachtungen (Zeilen) zufällig aus, sondern auch die Features (Spalten). Das hebt die Korrelationen der Bäume eines solchen Walds auf, wodurch jeder Baum seine eigenen neuen Interaktionen mit den Daten finden kann. Ansonsten würden die Bäume redundante Informationen finden.

9 Breiman, L. (2001). Random Forests. *Machine Learning*, *45*(1), 5–32.

10 Die Erstellung von Modellen auf Basis zufälliger Stichproben nennt man *Bagging*. Zufallswälder sind eine spezielle Anwendung des Bagging.

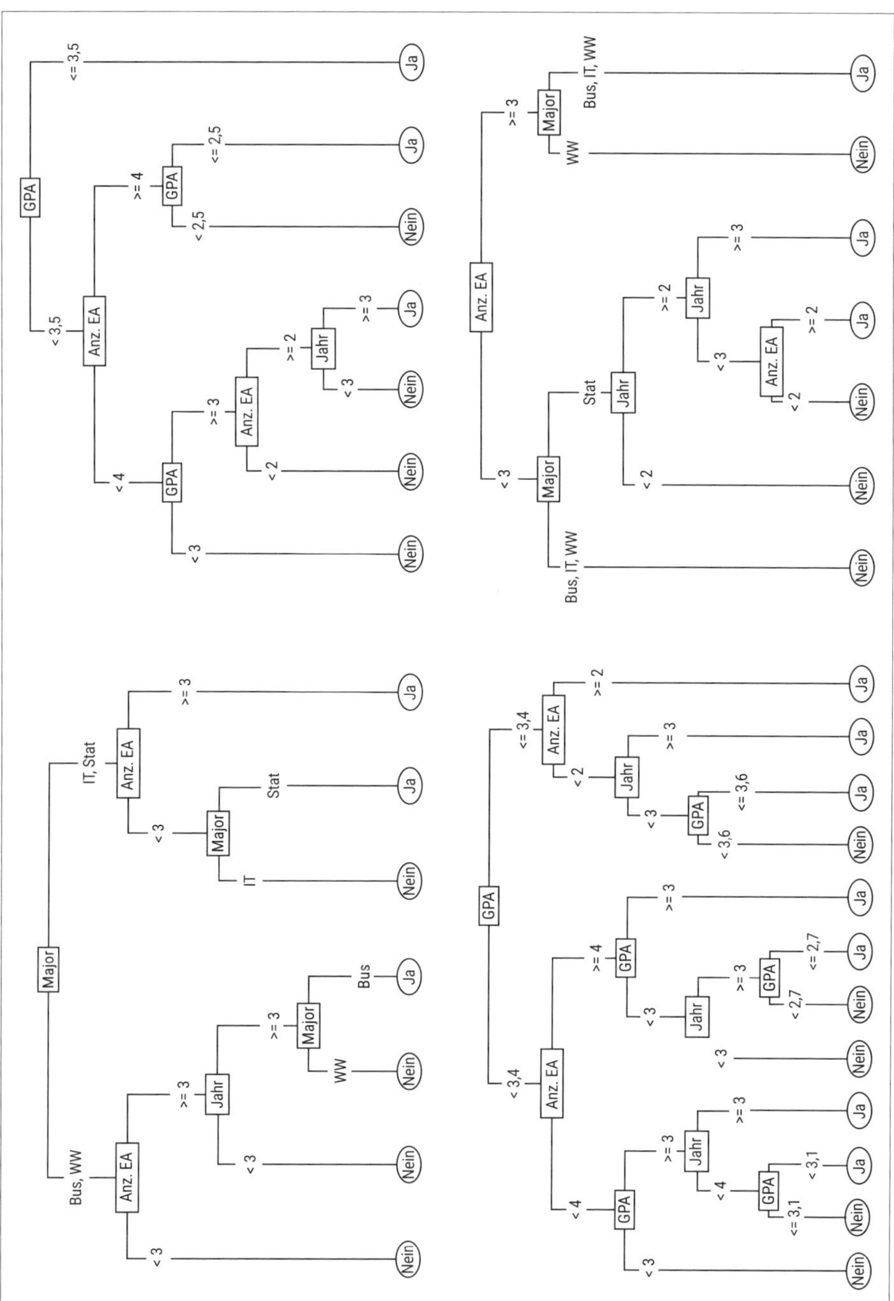

Abbildung 10-4: Ein Zufallswald besteht aus mehreren, oft sogar Hunderten Entscheidungsbäumen, wobei jeder Baum auf einer zufällig gewählten Untermenge der Daten basiert. Die abschließende Vorhersage ist der Konsens der Bäume eines Walds.

Gradientenverstärkte Bäume

Gradientenverstärkte Bäume (*Gradient Boosted Trees*)[11] folgen einem anderen Ansatz. Während Zufallswälder Hunderte einzelner Bäume erstellen und am Ende einen Durchschnitt der Ausgaben bilden, erstellen gradientenverstärkte Bäume die Bäume *nacheinander*.

Auf die Personalabteilung bezogen, wäre das, als würde ein Interviewer nach dem anderen eine Kandidatin oder einen Kandidaten befragen. Jeder Interviewer käme in den Raum und würde der Kandidatin eine oder zwei Fragen stellen. Dann würde er den Raum wieder verlassen und dem folgenden Interviewer etwas sagen wie: »Bisher würde ich diese Person einstellen. Aber wir müssen in diesem Bereich noch weitere Detailfragen stellen.« Das ginge bis zum letzten Interviewer so weiter. Das Ergebnis ist eine Empfehlung, die nach und nach durch die gesamte Gruppe aufgebaut, ergänzt und angepasst wird, anstatt viele Einzelempfehlungen zu einem gemeinsamen Urteil zusammenzufassen.

Bei gradientenverstärkten Bäumen beginnt man üblicherweise mit der Erstellung eines »flachen« Baums (Shallow Tree) mit nur wenigen Ästen und Verzweigungen. Diese erste Iteration ist recht einfach gehalten und noch nicht besonders gut darin, den Datensatz korrekt zu klassifizieren. Der folgende Baum basiert auf den Fehlern des ersten, wobei Beobachtungen mit großen Fehlern verstärkt werden (hier ist der *Gradient* an der Arbeit). Dieser Prozess wird wiederholt, bei großen Datensätzen möglicherweise mehrere Tausend Male, um ein »verstärktes Modell« zu erhalten.

Im Allgemeinen sind diese Ensemblemethoden nicht so gut für »kleine Datenmengen« (Small Data im Gegensatz zu Big Data) geeignet. Datenanalysten verwenden sie daher hauptsächlich, wenn sie es mit Hunderten oder gar Tausenden von Beobachtungen zu tun haben.

Interpretierbarkeit von Ensemblemethoden

Stellen Sie sich vor, Sie müssten Tausende von Baumblättern und Verzweigungen sinnvoll interpretieren, deren Regeln schon auf kleinste Veränderungen in den Daten reagieren. Diese Modelle werden oft als *Black Boxes* bezeichnet, weil ihr Innenleben nur schwer zu verstehen ist. Was Sie bei Zufallswäldern und gradientenverstärkten Bäumen gegenüber logistischer Regression an Genauigkeit gewinnen, verlieren Sie bei der Interpretierbarkeit. Es ist ein Kompromiss.[12]

Weitere Black-Box-Modelle besprechen wir in Kapitel 12, *Konzepte des Deep Learning*.

11 Siehe: Friedman, J., Hastie, T., & Tibshirani, R. (2001). *The Elements of Statistical Learning* (Vol. 1, No. 10). New York: Springer Series in Statistics, Kapitel 10 und die dort enthaltenen Referenzen über die Gradientenverstärkung. Dieser Text ist für Fortgeschrittene.

12 Einen guten Überblick finden Sie im Artikel *Ideas on interpreting machine learning* unter *www.oreilly.com/radar/ideas-on-interpreting-machine-learning*. Es wird beständig weitergeforscht, wie diese Modelle interpretiert werden können.

Achten Sie auf Fallstricke

So mächtig die Klassifikation ist, so groß ist auch die Gefahr, sie falsch zu verwenden. Hierbei gibt es mehrere Fallen, in die Sie tappen können. Machen Sie hier keine Fehler. Modelle, die unter unten beschriebenen Problemen leiden, sind nicht »gut genug«. Als Data Head müssen Sie ein Experte für die folgenden Fallstricke sein:

- falsche Anwendung des Problems
- Data Leakage
- keine Aufteilung der Daten
- Wahl des richtigen Cut-off-Werts
- falsch verstandene Genauigkeit

Besonders die falsch verstandene Genauigkeit erfordert ihren eigenen, ausführlicheren Abschnitt, zu dem wir etwas weiter unten kommen.

Falsche Anwendung des Problems

Es scheint offensichtlich, aber wenn Sie versuchen, eine kategoriale Variable vorherzusagen, sollten Sie keine lineare Regression verwenden. In Tabelle 10-1 haben Sie beispielsweise Ja und Nein durch 1 und 0 ersetzt, um das Problem für die logistische Regression vorzubereiten.

Ihre Statistiksoftware wird Sie nicht korrigieren, wenn Sie fälschlicherweise die lineare Regression auf diese Daten anwenden. Sie weiß nicht, dass Ihre Einsen und Nullen für Ja und Nein stehen. Als Data Head sollten Sie auf diesen Fehler achten und ihn korrigieren, sobald er Ihnen auffällt.

Data Leakage

Was wäre, wenn Sie in der Eile, ein Klassifikationsmodell für die Praktikumsbewerbungen zu erstellen, alle verfügbaren früheren Daten benutzt hätten, inklusive der Information, ob eine Person einen Praktikumsplatz bekommen hat (mit 0 für Nein und 1 für Ja)? Im nächsten Schritt wenden Sie die logistische Regression an, um vorherzusagen, ob ein Angebot gemacht wird.

Fällt Ihnen auf, was mit der Verwendung des Attributs »Praktikumsplatz bekommen« nicht stimmt?

Die Information über den Praktikumsplatz stammt aus der Zeit *nach* dem Bewerbungsgespräch (hier ist das *Data Leakage*[13]). Nur Bewerber, die zu einem Praktikum eingeladen wurden (was Sie versuchen, vorherzusagen) haben die Eingabe »Praktikumsplatz bekommen« = 1. In diesem Fall muss also auch der Wert für das

13 Wir haben uns hier entschieden, im Buch den englischen Begriff *Data Leakage* beizubehalten, um Verwechslungen mit Datenlecks, wie sie zum Beispiel durch Hackerangriffe auftreten, zu vermeiden.

Ziel »Einladung« 1 sein. Und damit ist Ihr Modell nutzlos, denn es wurde mit Daten trainiert, die zum Vorhersagezeitpunkt gar nicht zur Verfügung standen.

Das kritische Hinterfragen Ihrer Daten und der Eingabefeatures eines überwachten Lernalgorithmus kann Ihnen die Software nicht abnehmen.

Keine Aufteilung der Daten

Wenn Sie Ihre Daten nicht in einen Trainings- und einen Testdatensatz aufteilen, riskieren Sie eine Überanpassung der Daten, was zu miserablen Ergebnissen führt, wenn mit neuen Daten gearbeitet werden soll. Üblicherweise wird empfohlen, 80 % der Beobachtungen eines Datensatzes für das Training und den Lernprozess eines Modells einzusetzen, während die übrigen 20 % für das Testen der Leistung benutzt werden.

Yann LeCun, Chief AI Scientist bei Facebook, hat es einmal so formuliert: »Das Testen auf den Trainingsdaten ist beim Machine Learning ein absolutes Tabu, die größte Sünde, die Sie überhaupt begehen können.«[14] Sie sollten daher unbedingt sicherstellen, dass Sie Ihr Modell mit Daten testen, die es vorher noch nicht gesehen hat. Zeigt Ihr Machine-Learning-Algorithmus nahezu perfekte Ergebnisse – was mit gradientenverstärkten Bäumen möglich ist –, hat sich Ihr Modell sehr wahrscheinlich zu sehr an die Trainingsdaten angepasst.

Den richtigen Cut-off-Wert wählen

Die meisten Klassifikationsalgorithmen geben kein Label aus, sondern eine Wahrscheinlichkeit für die Zugehörigkeit zur positiven Klasse. Weiter oben besprachen wir das Beispiel, in dem ein Student mit einem GPA von 2,0 eine 4%ige Chance für eine Einladung zum Bewerbungsgespräch hatte, während die Chance für jemanden mit einem GPA von 3,0 bei 41 % lag. Das funktioniert erst, wenn eine Entscheidungsregel (ein Cut-off-Wert) eingeführt wird.

Und da sind Sie gefragt. Die Wahl einer Cut-off-Wahrscheinlichkeit für die Klassifikation muss letztendlich von einem Menschen getroffen werden, nicht von einer Maschine. Viele Softwarepakete wählen standardmäßig 0,5 oder 50 % als Cut-off-Wert. Sie sollten aber keinesfalls davon ausgehen, dass dies auch für Ihr Problem sinnvoll ist.

Nehmen Sie die Cut-off-Entscheidung nicht auf die leichte Schulter. Ein Modell, das vorhersagt, ob jemand ein Angebot für eine Kreditkarte erhalten soll, könnte einen niedrigen Cut-off-Wert benutzen (was angesichts der vielen Post in unserer Mailbox realistisch erscheint), während ein Modell, das vorhersagt, ob jemand eine teure medizinische Behandlung erhalten soll, eher einen hohen Wert verwen-

14 Zitat aus einem Facebook-Post *www.facebook.com/ylecun/posts/cmu-statistician-cosma-shazili-received-a-grant-from-the-institute-of-new-econom/318206501719799*. Zugriff am 27.09.2020.

det. Die zu beachtenden Vor- und Nachteile hängen sehr stark vom jeweiligen Geschäftsproblem ab.

Und damit kommen wir zum Thema der Genauigkeit in der Klassifikation und was diese »Genauigkeit« überhaupt bedeutet.

Falsch verstandene Genauigkeit

Wenn Sie und andere in Ihrem Unternehmen die Aufgabe haben, Klassifikationsmodelle zur Automatisierung von Entscheidungen zu erstellen, bereitzustellen und zu verteidigen, müssen Sie auch in der Lage sein, diese Modelle zu bewerten und zu beurteilen.

Ihre erste Aufgabe besteht darin, innezuhalten und sich einen Überblick über die historischen Daten zu verschaffen. Sobald Sie mit der Bereitstellung Ihres Modells beginnen, brauchen Sie eine Bezugsgröße, an der Sie es messen können. Das nennt man das Festlegen eines Kontrollwerts (*Control*). Sie sollten dies für jedes Klassifikationsmodell tun, das Datenanalysten erstellen. Bei der binären Klassifikation ist das leicht: Ermitteln Sie einfach den Anteil der *Mehrheitsklasse* in Ihrem Datensatz. Beim Praktikanten-Datensatz war die Mehrheitsklasse Nein, weil 60 % der Bewerber nicht eingeladen wurden.

Angenommen, jemand in Ihrem Team wendet XGBoost (eine bestimmte Art von gradientenverstärktem Baumalgorithmus) auf 80 % der Daten (Trainingsdaten) an. Das Klassifikationsmodell gibt nun in 60 % der Fälle auf den verbleibenden 20 % Testdaten korrekte Ergebnisse aus. Das klingt erst einmal gut, weil es besser ist als 50/50, ein einfacher Münzwurf. Sie denken, jede Information, die besser ist als ein Münzwurf, hat auf lange Sicht einen Vorteil.

Tatsächlich ist dies jedoch ein Zeichen dafür, dass die Features in Ihrem Datensatz keine Beziehung zu den Ausgaben haben. Aber woran kann man das erkennen? Wenn Sie die Eingaben Ihres Originaldatensatzes komplett ignorieren und stattdessen einfach die Mehrheitsklasse für jede Vorhersage geraten hätten (Nein), liegen Sie in 60 % der Fälle richtig. Im Ergebnis hat Ihnen XGBoost nicht geholfen. Die Kennzahl von 60 % geht mit einer Ungenauigkeit einher, weil sie nicht besser ist als der Kontrollwert.

Bedenken Sie auch unregelmäßige Ereignisse. Eine Onlinewerbeanzeige könnte nur von wenigen Menschen angeklickt werden, obwohl sie tausendfach angezeigt wurde. Diese Daten nennen wir *unausgewogen* (engl. *unbalanced*), weil die Trainingsdaten zu einem sehr großen Teil aus nur einer Klasse stammen (die meisten sind »nicht angeklickt« im Gegensatz zu »angeklickt«). Wenn beispielsweise 99,5 % aller Personen die Anzeige nicht anklicken, ist die Vorhersage, dass niemand die Anzeige anklickt, in 99,5 % aller Fälle korrekt.

Aus diesem Grund sollten Sie Machine-Learning-Algorithmen nicht nur an ihrer Genauigkeit messen. Es gibt andere und bessere Möglichkeiten, die Leistung eines Klassifikationsmodells zu messen: die Konfusionsmatrix.

Konfusionsmatrizen

Eine *Konfusionsmatrix* ist eine Möglichkeit, die Ergebnisse eines Klassifikationsmodells *und* eines bestimmten Cut-off-Werts visuell darzustellen. Angenommen, Sie hätten ein Zufallswaldmodell mit 80 % (240 Bewerber) der Praktikanten-Datenbank trainiert, um zu simulieren, wie sich das Modell in der Realität verhält. Die Konfusionsmatrix in Abbildung 10-5 zeigt die Ergebnisse für einen Standard-Cut-off-Wert von 0,5. Alle Werte addiert, ergibt 60 – die Zahl der Beobachtungen im Testdatensatz. In diesen Testdaten erhielten 23 Bewerber eine Einladung, und 37 wurden abgelehnt. Wie gut hat der Algorithmus die Daten demnach klassifiziert?

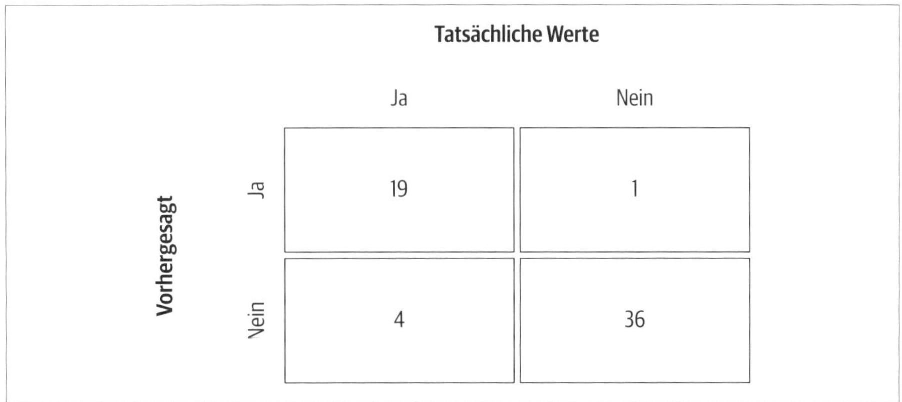

Abbildung 10-5: Konfusionsmatrix für Vorhersagen eines Klassifikationsmodells mit einem Cut-off-Wert von 0,5

Mit der Konfusionsmatrix erhalten Sie verschiedene Optionen, um die Leistung des Modells zu beurteilen. Die reine Genauigkeit ist nur eine davon.

> **Genauigkeit** = Prozentsatz korrekt = (36 + 19)/60 = 91,6 %

Allerdings geht es Ihnen nur selten um die Genauigkeit, besonders weil sie gegenüber unausgewogenen Daten so empfindlich ist. In den meisten Fällen wollen Sie eher wissen, wie gut Ihr Algorithmus bei der Vorhersage der wahren positiven und negativen Werte abgeschnitten hat. Anders gefragt: Findet der Klassifikator die Fälle, die Sie tatsächlich finden wollen (richtig positiv)? Ignoriert er die Beobachtungen, die er ignorieren soll (richtig negativ)?

> **Richtig-positiv-Rate (*Sensitivität*):** Prozent der eingeladenen Bewerber, geteilt durch die Zahl der Bewerber, die hätten eingeladen werden sollen = 19 / (19 + 4) = 83 %. Dieser Wert sollte so nah an 100 % liegen wie möglich.

> **Richtig-negativ-Rate (*Spezifität*):** Prozent der abgelehnten Bewerber, geteilt durch die Zahl der Bewerber, die hätten abgelehnt werden sollen = 36 / (36 + 1) = 97 %. Dieser Wert sollte so nah an 100 % liegen wie möglich.

Wie gesagt, der Standard-Cut-off-Wert beim Erstellen einer Konfusionsmatrix liegt oft bei 0,5. Erhöhen wir ihn auf 0,75, liegt die Messlatte für eine Einladung eines

Bewerbers deutlich höher, was auch zu einer Änderung der Konfusionsmatrix führt. Die neue Matrix sehen Sie in Abbildung 10-6.

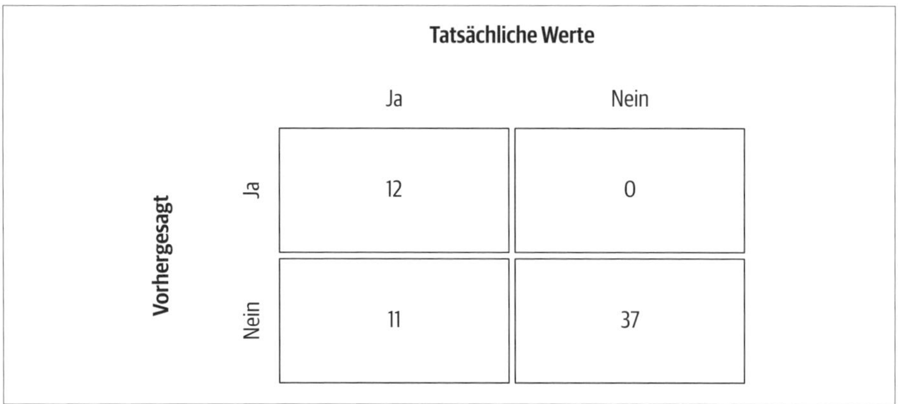

Abbildung 10-6: Konfusionsmatrix für Vorhersagen eines Klassifikationsmodells mit einem Cut-off-Wert von 0,75

Beachten Sie, wie sich die Kennzahlen verändert haben.

Richtig-positiv-Rate: Prozent der eingeladenen Bewerber, geteilt durch die Zahl der Bewerber, die hätten eingeladen werden sollen = 12 / (12 + 11) = 52 %.

Richtig-negativ-Rate: Prozent der abgelehnten Bewerber, geteilt durch die Zahl der Bewerber, die hätten abgelehnt werden sollen = 37 / 37 = 100 %.

Eine Erhöhung des Cut-off-Werts hat die Richtig-positiv-Rate verringert, was wiederum die Richtig-negativ-Rate steigert. Ein höherer Cut-off eignet sich also hervorragend, um Bewerber abzulehnen, die nicht zugelassen werden sollten. Der Preis: Es werden auch Bewerber abgelehnt, die ein Angebot hätten erhalten sollen.

Mit diesem Beispiel wollten wir zeigen, welche Abstimmung bei der Definition des Cut-off-Werts nötig ist. Um den korrekten Cut-off-Wert zu finden, bedarf es großer Expertise im jeweiligen Bereich. Als Data Head sollten Sie sich Zeit dafür nehmen, über den besten Cut-off-Wert für Ihr Problem nachzudenken.

Verwirrende Begriffe für Konfusionsmatrizen

Richtig-positiv-Rate und Richtig-negativ-Rate sind nur ein paar Kennzahlen, die leicht aus einer Konfusionsmatrix abgeleitet werden können.

Statistiker und Mediziner nennen die Richtig-positiv-Rate *Sensitivität*, während Data Scientists und Machine-Learning-Experten eher von *Recall* sprechen. Verschiedene Bereiche erfordern unterschiedliche Begriffe für die gleichen Kennzahlen.

Zusammenfassung

In diesem Kapitel haben wir Ihnen die logistische Regression, Entscheidungsbäume und Ensemblemethoden vorgestellt. Außerdem haben wir viele der Fallstricke vorgestellt, die Ihnen bei der Arbeit mit Klassifikationsmodellen begegnen können (und werden). Im Besonderen sind wir auf die folgenden Probleme eingegangen:

- falsche Anwendung des Problems
- Data Leakage
- keine Aufteilung der Daten
- Wahl des richtigen Cut-off-Werts
- falsch verstandene Genauigkeit

Speziell im Zusammenhang mit der Genauigkeit haben wir die Konfusionsmatrix beschrieben und gezeigt, wie sie zu einem besseren Verständnis der Leistung eines Modells beitragen kann. Im folgenden Kapitel betreten wir die Welt der unstrukturierten Daten, um die Textanalyse zu verstehen.

KAPITEL 11

Textanalyse verstehen

»Suche den Erfolg, aber erwarte Gemüse.«

– *InspireBot™, ein KI-Bot »für die Erzeugung unbegrenzter Mengen inspirierender Zitate.«*[1]

In den vorherigen Kapiteln haben wir uns mit Daten beschäftigt, wie wir sie üblicherweise verstehen. Meistens stellen wir uns Daten als Tabellen mit Zeilen und Spalten vor. Das sind *strukturierte Daten*. In der Realität sind jedoch die meisten Daten, mit denen Sie täglich zu tun haben, *unstrukturiert*. Man findet sie in den Texten, die Sie lesen, in Wörtern und Sätzen von E-Mails, Zeitungsartikeln, Social-Media-Posts, Amazon-Produktbewertungen, Wikipedia-Artikeln und im Buch, das Sie gerade in den Händen halten.

Diese unstrukturierten Textdaten warten nur darauf, analysiert zu werden. Hierfür müssen sie allerdings anders behandelt werden als strukturierte Daten. Und genau darum geht es in diesem Kapitel.

Erwartungen an die Textanalyse

Bevor wir loslegen, wollen wir über Ihre Erwartungen sprechen. Die Textanalyse hat über die Jahre eine Menge Aufmerksamkeit bekommen. Ein Beispiel ist die *Sentimentanalyse*, also die Fähigkeit, positive oder negative Emotionen in Social-Media-Posts, Kommentaren oder Beschwerden zu erkennen. Wie Sie sehen werden, ist die Textanalyse aber nicht so einfach, wie man anfangs denken könnte. Am Ende dieses Kapitels werden Sie verstehen, warum einige Unternehmen vom Einsatz der Textanalyse profitieren können, während andere vorher noch eine Menge Hausaufgaben zu erledigen haben.

Viele Leute haben gewisse Vorstellungen davon, was Computer mit menschlicher Sprache anfangen können. Diese sind zweifellos auch gelenkt vom enormen Er-

1 Unter *inspirobot.me* können Sie Ihre eigenen inspirierenden Zitate erzeugen.

folg von IBMs Watson-Computer in der Quizshow »Jeopardy!« im Jahr 2011.[2] Hinzu kommen die neueren Fortschritte von Spracherkennungssystemen (Amazon Alexa, Apple Siri, Google Assistant und so weiter). Übersetzungssysteme wie Google Translate erreichen durch den Einsatz von Machine Learning (genauer: überwachtem Lernen) inzwischen fast menschliche Leistungen.[3] Diese Applikationen gelten zu Recht als die größten Leistungen in Informatik, Linguistik und Machine Learning.

Aus diesen Gründen, so denken wir, haben Unternehmen immer höhere Erwartungen, wenn sie mit der Analyse eigener Textdaten beginnen (Kundenkommentare, Umfrageergebnisse, medizinische Befunde oder was auch immer in ihren Datenbanken gespeichert ist). Wenn Weltreisende ihre Muttersprache in Sekundenbruchteilen in eine von über 100 Sprachen übersetzen können, ist es sicher auch möglich, Tausende von Kundenkommentaren zu untersuchen, um die Themen zu identifizieren, um die sich Ihr Unternehmen am dringendsten kümmern muss, oder?

Na ja, vielleicht.

Während die Textanalysetechnik vielleicht in der Lage ist, schwierige Probleme wie Diktierfunktionen (Sprache zu Text) oder Sprachübersetzungen zu lösen, scheitert sie oft bei Aufgaben, die eigentlich viel einfacher erscheinen. Unserer Erfahrung nach kommt es oft zu Enttäuschungen und Frust, wenn Unternehmen ihre eigenen Textdaten analysieren. Kurz gesagt, die Textanalyse ist deutlich schwieriger, als Sie denken. Als Data Head müssen Sie Ihre Erwartungen daher entsprechend anpassen.

In diesem Kapitel wollen wir Ihnen die Grundlagen der Textanalyse näherbringen,[4] also der Gewinnung nützlicher Informationen aus »rohem« Text. Hierbei sollte klar sein, dass wir nur an der Oberfläche dieses wachsenden Themenbereichs kratzen. Dennoch hoffen wir, Ihnen genügend Informationen bieten zu können, damit Sie ein Gefühl für die Möglichkeiten und Herausforderungen der Textanalyse entwickeln. Wir geben Ihnen die Werkzeuge an die Hand, die Sie brauchen, um einschätzen zu können, welche neuen Entwicklungen in diesem Bereich hilfreich sind und welche nicht. Wie bei jedem Thema gilt auch hier: Je mehr Sie lernen, desto mehr gewinnen Sie ein Bewusstsein für die tatsächlichen Möglichkeiten und entwickeln auch in diesem Bereich einen gesunden Data-Head-Skeptizismus.

---

2 Eine großartige Beschreibung von Watsons Frage-Antwort-System finden Sie in dem Buch: Siegel, E. (2013). *Predictive Analytics: The Power to Predict Who Will Click, Buy, Lie, or Die.* John Wiley & Sons. Siehe auch *https://de.wikipedia.org/wiki/Watson_(Künstliche_Intelligenz)*.

3 Hinweis des Übersetzers: Während das für einzelne Sätze zutreffen mag, scheitern KI-Übersetzungssysteme immer noch kläglich an komplexeren Texten, in denen der Kontext eine wichtige Rolle spielt. Warum das so ist, wird auf wunderbare Weise in dem Buch *Künstliche Intelligenz – Wie sie funktioniert und wann sie scheitert* von Janelle Shane erklärt (O'Reilly 2021). Am weitesten ist aktuell – Anfang 2022 – der Onlineübersetzungsdienst DeepL.

4 Möglicherweise hören Sie auch das Wort *Text Mining*.

In den folgenden Abschnitten geht es darum, wie Sie ungeordnete Daten mit einer Struktur versehen und welche Art von Analysen Sie darauf ausführen können. Außerdem sprechen wir noch einmal darüber, warum große Technologieunternehmen fast schon Science-Fiction-artige Fortschritte machen, während der Rest von uns noch mit den Kinderkrankheiten zu kämpfen hat.

Wie aus Text Zahlen werden

Wenn wir als Menschen Texte lesen, erkennen wir Stimmungen, Sarkasmus, Anspielungen, Feinheiten und Bedeutungen. Manchmal ist das Gefühl sogar unerklärlich: Ein Gedicht ruft eine Erinnerung wach, ein Witz bringt Sie zum Lachen.

Es ist also wenig überraschend, dass Computer Bedeutungen nicht so verstehen wie Menschen. Computer können nur Zahlen »sehen« und »lesen«. Der Großteil der unstrukturierten Textdaten muss also erst in Zahlen und in die bereits bekannten strukturierten Datensätze umgewandelt werden, um analysiert werden zu können. Die Umwandlung von unstrukturiertem, möglicherweise auch fehlerhaftem Text mit Tippfehlern, Emojis oder Akronymen, vielleicht in Umgangssprache, in einen ordentlichen Datensatz mit Spalten und Zeilen kann für Sie und Ihre Datenanalysten ein ziemlich subjektiver und zeitraubender Prozess sein. Für die Umsetzung gibt es mehrere verschiedene Verfahren, von denen wir hier drei vorstellen wollen.

Ein großer Sack voll Wörter

Der einfachste Weg, Text in Zahlen zu verwandeln, ist die Erstellung eines *Bag of Words*-Modells (BoW). Hierbei werden die Wörter eines Satzes, bildhaft gesprochen, in einem Sack geworfen. Wortreihenfolge und Grammatik werden dabei ignoriert. Was Sie lesen als »This sentence is a big bag of words« (Dieser Satz ist ein großer Sack voll Wörter), wird in ein sogenanntes *Dokument* umgewandelt, bei dem jedes Wort als Identifier und seine Anzahl bzw. Häufigkeit als Feature betrachtet wird:

{a: 1, bag: 1, big: 1, is: 1, of: 1, sentence: 1, this: 1, words: 1}.

Die Identifier werden in diesem Zusammenhang *Tokens* genannt. Die Gesamtheit aller Tokens eines Dokuments nennt man ein *Dictionary* (Wörterbuch).

Natürlich werden Ihre Textdaten mehr als ein Dokument enthalten. Dieser Sack voller Wörter kann also schnell sehr groß werden. Jedes einmalige Wort und jede Schreibweise würde als neues Token behandelt. Unten sehen Sie, wie das als Tabelle aussehen könnte, in der jede Zeile einen Satz (oder einen Kundenkommentar oder eine Produktbewertung) enthält.

Wir verwenden für dieses Beispiel folgende Sätze:

- This sentence is a big bag of words.
- This is a big bag of groceries.
- Your sentence[5] is two years.

Eine mögliche Bag-of-Words-Darstellung sehen Sie in Tabelle 11-1, wobei die Datenpunkte für die Anzahl jedes Worts in einem Satz stehen.

Tabelle 11-1: Text als »Bag-of-Words« in Zahlen umwandeln. Die Zahlen geben an, wie oft jedes Wort (Token) im jeweiligen Satz (Dokument) vorkommt.

Ausgangstext	a	bag	big	groceries	is	of	sentence	this	two	words	years	your
This sentence is a big bag of words.	1	1	1	0	1	1	1	1	0	1	0	0
This is a big bag of groceries.	1	1	1	1	1	1	0	1	0	0	0	0
Your sentence is two years.	0	0	0	0	1	0	1	0	1	0	1	1

Die Darstellung in Tabelle 11-1 wird als *Document-Term-Matrix* (Dokument-Begriff-Matrix – ein Dokument pro Zeile, ein Begriff pro Spalte) bezeichnet. Sie werden sehen, wie leicht sich darauf einfache Textanalysen ausführen lassen: die Berechnung zusammenfassender Statistiken für jedes Wort (*is* ist klar das am häufigsten vorkommende Wort) und die Ermittlung, welcher Satz die meisten Tokens enthält (erster Satz). Auch wenn dieses Beispiel nicht weiter interessant ist, zeigt es, wie einfache zusammenfassende Statistiken von Dokumenten berechnet werden können.

Ein paar Gedanken zu Wortwolken

Bevor wir weitermachen, wollen wir kurz über Wortwolken (*Word Clouds*) sprechen. Für viele Menschen sind Wortwolken der erste Berührungspunkt mit der Textanalyse. Eine Wortwolke ist eine einfache Visualisierung, bei der die Größe eines Worts darstellt, wie häufig es in einem Dictionary vorkommt. Die Wortwolke für die englische Fassung dieses Kapitels sehen Sie in Abbildung 11-1.

5 Das englische Wort *sentence* hat, je nach Kontext, unterschiedliche Bedeutungen: Im ersten Beispielsatz steht es für »Satz«, im dritten für »Gefängnisstrafe«.

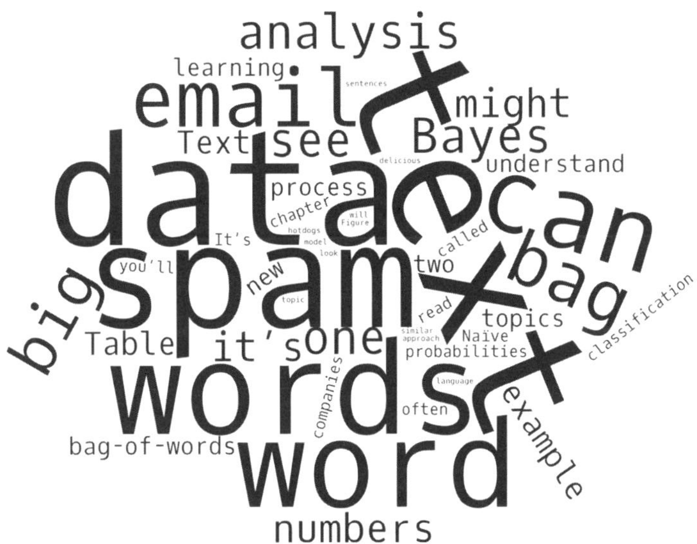

Abbildung 11-1: Eine Wortwolke für die englische Fassung dieses Kapitels

Haben Sie aus Abbildung 11-1 irgendetwas Nützliches gelernt? Vermutlich nicht. Es ist uns klar, dass Wortwolken wunderbares Marketingmaterial darstellen. Dennoch sind wir keine Fans und können Wortwolken nicht weiterempfehlen. Selbst für die Visualisierung ist es schwerer, die Größe eines Worts als »Häufigkeit« zu interpretieren. In einem einfachen Balkendiagramm, in dem die Worthäufigkeit als einfache Länge dargestellt wird, ist das deutlich leichter.

Vermutlich sind Ihnen auch einige Nachteile von Tabelle 11-1 (und hoffentlich auch von Wortwolken!) aufgefallen. Je mehr Dokumente hinzukommen, desto breiter wird die Tabelle, weil sie für jedes Token um eine neue Spalte erweitert werden muss. Außerdem nimmt die Informationsdichte der Tabelle stetig ab, das heißt, sie ist voller Nullen, weil jeder Satz nur eine Handvoll Wörter des Dictionarys enthält. Die Experten sprechen hier von *Sparseness* (Spärlichkeit).

Dieses Problem kann man lösen, indem häufige Füllwörter wie *the*, *of*, *a*, *is*, *an*, *this* etc. entfernt werden, die für die Bedeutung eines Satzes oder die Unterscheidung zwischen den Sätzen nicht nötig sind. Diese Wörter nennt man auch *Stoppwörter*. Zudem ist es üblich, Interpunktion und Zahlen zu entfernen und alles in Kleinbuchstaben umzuwandeln. Außerdem werden Wörter durch ihren Wortstamm ausgetauscht, um Wörter wie *grocery* und *groceries* dem gleichen Stamm *groceri* zuzuordnen oder *reading*, *read*, *reads* etc. zu *read*. Weiter fortgeschritten ist die sogenannte *Lemmatisierung*, bei der Wörter wie *lief*, *gelaufen* oder *läufst* auf ihre Grundform (*laufen*) reduziert werden. In diesem Sinne ist die Lemmatisierung »schlauer« als die Verwendung des Wortstamms, braucht aber auch länger für die Verarbeitung.

Kleine Anpassungen wie diese können die Größe eines Dictionarys dramatisch verringern und so die Analyse erleichtern. Abbildung 11-2 zeigt, wie dieser Prozess für einen Satz aussehen könnte.

Text in Zahlen umwandeln	Verarbeitungsschritte
You are reading a short, simple sentence with 10 words!	In Kleinbuchstaben umwandeln, Interpunktionszeichen entfernen
you are reading a short simple sentence with 10 words	Stoppwörter und Zahlen entfernen
reading short simple sentence words	Wortstämme bilden
read short simpl sentenc word	Token zählen
read: 1, sentenc: 1, short:1, simpl:1, word:1	Endergebnis

Abbildung 11-2: Text auf einen Bag-of-Words reduzieren

Nachdem Sie den Ansatz in Abbildung 11-2 gesehen haben, sollte klar sein, warum die Textanalyse so schwer durchführbar ist. Bei der Umwandlung von Text in Zahlen werden Emotionen, Kontext und die Wortreihenfolge ignoriert. Sie haben übrigens vollkommen recht, wenn Sie vermuten, dass so etwas Auswirkungen auf die Ergebnisse jeder folgenden Analyse hat. Und dabei haben wir noch Glück gehabt – es gibt keine Rechtschreibfehler, die eine zusätzliche Herausforderung für Datenanalysten darstellen.

Die Bag-of-Words-Methode (als freie Software erhältlich) ist der erste Ansatz, den Datenanalysten in Textanalysekursen lernen. Sie ergäbe für die folgenden zwei Sätze trotz ihrer offensichtlichen Bedeutungsunterschiede die gleiche numerische Codierung:

1. Jordan liebt Hotdogs, aber er hasst Hamburger.[6]
2. Jordan hasst Hotdogs, aber er liebt Hamburger.

Menschen erkennen den Unterschied zwischen beiden Sätzen sofort. Ein Bag-of-Words-Ansatz tut das nicht. Aber machen Sie hier keinen Fehler. Obwohl sie sehr vereinfachend ist, kann die Bag-of-Words-Methode bei der Zusammenfassung sehr unterschiedlicher Themen hilfreich sein, wie wir später in diesem Kapitel sehen werden.

N-Gramme

Es ist leicht zu erkennen, wo uns die Bag-of-Words-Methode im Beispiel von Jordan und seinen Hotdogs im Stich lässt. Die zwei Wörter »liebt Hotdogs« bedeuten das genaue Gegenteil von »hasst Hotdogs«. Die Bag-of-Words-Methode ignoriert Kontext und Wortreihenfolge. Hier können N-Gramme helfen. Ein *N-Gramm* ist eine Folge aus N aufeinanderfolgenden Wörtern. Die aus dem Satz »Jordan liebt

6 Tatsächlich mag Jordan am liebsten Hotdogs.

Hotdogs, aber er hasst Hamburger.« gebildeten 2-Gramme (auch als Bigramme bezeichnet) wären also: { Jordan liebt: 1, liebt Hotdogs: 1, Hotdogs aber: 1, aber er: 1, er hasst: 1, hasst Hamburger: 1 }.

N-Gramme sind eine Erweiterung der Bag-of-Words-Methode. Sie schaffen Kontext, wenn zwischen Phrasen mit identischen Wörtern in unterschiedlicher Reihenfolge unterschieden werden muss. Üblicherweise werden die Bigramm-Tokens zum Bag-of-Words hinzugefügt, was die Größe und »Spärlichkeit« der Document-Term-Matrix weiter erhöht. Praktisch gesehen, heißt das, Sie müssen eine große (breite) Tabelle speichern, die relativ wenige Informationen enthält. Für die Erstellung von Tabelle 11-2 haben wir Tabelle 11-1 um einige Bigramme erweitert.

Tabelle 11-2: Die resultierende Document-Term-Matrix wird sehr breit.

a	bag	big	groceries	is	of	sentence	this	two	words	years	your	a big	big bag	is a	sentence is	this sentence	of groceries	this is	bag of	...
1	1	1	0	1	1	1	1	0	1	0	0	1	1	1	1	1	0	0	1	...
1	1	1	1	1	1	0	1	0	0	0	0	1	1	1	0	0	1	1	1	...
0	0	0	0	1	0	1	0	1	0	1	1	0	0	0	1	0	0	0	0	...

Es ist umstritten, ob Bigramme, die Stoppwörter enthalten, herausgefiltert werden sollten, weil dadurch Kontext verloren gehen kann. Manche Programme sehen Wörter wie *mich* und *dein* als Stoppwörter an. Gleichzeitig geht der Unterschied zwischen Phrasen wie »meine Vorlieben« und »deine Vorlieben« verloren, wenn die Stoppwörter entfernt werden. Dies ist noch eine Entscheidung, die Ihre Datenanalysten treffen müssen, wenn sie Textdaten analysieren. (Merken Sie langsam, warum die Textanalyse so schwierig ist?)

Einmal vorbereitet, können auch einfache Wortzählungen bei der Analyse von Texten helfen. Websites wie *tripadvisor.com* setzen auf diesen Ansatz, um ihren Nutzern die Möglichkeit zu geben, Bewertungen schnell nach häufig verwendeten Wörtern oder Phrasen zu durchsuchen. Vorschläge wie »gebackene Kartoffeln« oder »perfekt zubereitet« könnten beispielsweise Bigramme für ein lokales Steakhaus sein.

Worteinbettungen

Mit Bag-of-Words und N-Grammen ist es möglich, die Ähnlichkeit zwischen zwei Dokumenten festzustellen. Enthalten mehrere Dokumente ähnliche Wortgruppen oder N-Gramme, können Sie davon ausgehen, dass diese Sätze verwandt sind (natürlich in einem angemessenen Rahmen, vergessen Sie nicht Jordans Hassliebe für Hotdogs). Die Zeilen der Document-Term-Matrix hätten eine numerische Ähnlichkeit.

Aber wie könnte man numerisch herausfinden, welche Wörter in einem Dictionary – nicht Dokumente, sondern Wörter – miteinander verwandt sind?

2013 analysierte Google Milliarden von Wortpaaren (zwei Wörter, die in einem Satz sehr nah beieinanderlagen) aus seiner enormen Datenbank aus Google-News-Artikeln.[7] Durch die Analyse der Häufigkeit dieser Wortpaare – zum Beispiel kamen Paare wie (*köstlich, Rindfleisch*) und (*köstlich, Schweinefleisch*) öfter vor als (*köstlich, Kuh*) oder (*köstlich, Schwein*) – konnten sogenannten *Worteinbettungen* (engl. *Word Embeddings*) erstellt werden. Hierbei werden die Wörter numerisch als Zahlenlisten (Vektoren) dargestellt. Erscheinen *Rindfleisch* und *Schweinefleisch* oft zusammen mit dem Wort *köstlich*, würde die Mathematik jedes Wort als »ähnlich« in einem Element des Vektors darstellen, der mit Dingen assoziiert wird, die als köstlich beschrieben werden, bzw. mit dem, was wir Menschen einfach »Essen« nennen.

Für unser Beispiel nutzen wir eine kleine Untermenge der Wortpaare (Google verwendet Milliarden). Angenommen, wir untersuchen einen Artikel aus unserer Lokalzeitung und finden folgende Wortpaare: *(köstlich, Rindfleisch)*, *(köstlich, Salat)*, *(füttern, Kuh)*, *(Rindfleisch, Kuh)*, *(Schwein, Schweinefleisch)*, *(Schweinefleisch, Salat)*, *(Salat, Rindfleisch)*, *(essen, Schweinefleisch)*, *(Kuh, Landwirtschaft)* etc. (Stellen Sie sich weitere Paare dieser Art vor.) Jedes dieser Wörter landet im Dictionary: {*Rindfleisch, Kuh, köstlich, Landwirtschaft, füttern, Schwein, Schweinefleisch, Salat*}.[8]

Das Wort *Kuh* kann beispielsweise als Vektor der Länge des vorherigen Dictionarys dargestellt werden – eine Komponente pro Wort mit einer 1 an der Stelle, an der *Kuh* steht, ansonsten 0: (0, 1, 0, 0, 0, 0, 0, 0). Dies ist eine Eingabe für einen Algorithmus des überwachten Lernens, der auf den dazugehörigen Ausgabevektor (ebenfalls von der Länge des Dictionarys) abgebildet wird. Darin enthalten sind die Wahrscheinlichkeiten, dass andere Wörter des Dictionarys in der Nähe des Eingabeworts auftauchen. Für die Eingabe *Kuh* könnte die Ausgabe beispielsweise (0.3, 0, 0, 0.5, 0.1, 0.1, 0, 0) lauten. Das bedeutet, dass *Kuh* in 30 % aller Fälle zusammen mit *Rindfleisch*, in 50 % mit *Landwirtschaft* und in jeweils 10 % mit *füttern* und *Schwein* auftaucht.

Wie bei jedem Problem des überwachten Lernens versucht das Modell die Eingaben (Wortvektoren) so nah wie möglich auf die Ausgaben (Vektoren mit Wahrscheinlichkeiten) abzubilden. An der Sache gibt es allerdings einen Haken. Das Modell selbst ist uns nicht wichtig. Uns interessiert ein bestimmter Teil der vom Modell erzeugten Mathematik: eine Tabelle mit Zahlen, die zeigt, welche Beziehungen die einzelnen Wörter des Dictionarys zueinander haben. Dies sind die *Worteinbettungen*. Stellen Sie sich das als numerische Darstellung eines Worts vor, die seine »Bedeutung« codiert. Tabelle 11-3 zeigt einige der Wörter unseres Dictionarys gemeinsam

7 Eine detailliertere Beschreibung von Word2vec finden Sie in Kapitel 11 des ausgezeichneten Buchs *Artificial Intelligence: A Guide for Thinking Humans* von Mitchell, M. (2019), Penguin UK.

8 Ja, wir ignorieren hier viele Wortpaare, die selbst in den kürzesten Artikeln vorkommen würden. Schon das allein sollte Sie davon überzeugen, welche rechentechnische Herausforderung Google für die Umsetzung auf sich genommen hat.

mit ihren Worteinbettungen über die verschiedenen Zeilen. *Kuh* wird beispielsweise als dreidimensionaler Vektor (1.0, 0.1, 1.0) geschrieben. Vorher wurde das Wort als längerer und »spärlicherer« Vektor (0, 1, 0, 0, 0, 0, 0, 0) ausgedrückt.

Tabelle 11-3: Wörter als Vektoren mit Worteinbettungen darstellen

Wort	Dimension 1	Dimension 2	Dimension 3
Kuh	**1.0**	0.1	**1.0**
Rindfleisch	0.1	**1.0**	**0.9**
Schwein	**1.0**	0.1	0.0
Schweinefleisch	0.1	**1.0**	0.0
Salat	0.0	**1.0**	0.0

Das Faszinierende an Worteinbettungen ist, dass die Dimensionen (hoffentlich) die Bedeutung hinter den Wörtern enthalten, ähnlich wie die reduzierten Dimensionen in der Hauptkomponentenanalyse die Grundthemen von Features abbildet.

Werfen Sie mal einen Blick auf Dimension 1 in Tabelle 11-3. Erkennen Sie ein Muster? Was immer Dimension bedeutet, *Kuh* und *Schwein* haben eine Menge davon, *Salat* dagegen gar nicht. Vielleicht entscheiden wir uns, diese Dimension *Tier* zu nennen. Dimension 2 könnten wir *Essen* nennen, weil *Rindfleisch*, *Schweinefleisch* und *Salat* hier hohe Werte erzielen. Dimension 3 nennen wir *rinderartig*, weil hier Wörter, die mit Rindern zu tun haben, auffällig hohe Werte haben. Es ist sogar möglich (wenn auch ein bisschen seltsam), einfache Gleichungen zwischen den Wörtern zu zeigen.

Als Übung können Sie sich selbst davon überzeugen (mithilfe von Tabelle 11-3), dass *Rindfleisch – Kuh + Schwein ≈ Schweinefleisch.*[9]

Diese Technik nennt man *Word2vec*[10] (Word to Vector), und die von Google erzeugten Worteinbettungen stehen zum kostenlosen Download zur Verfügung[11]. Erwarten Sie hier aber keine perfekten Beziehungen. Variation ist in allen Dingen, wie Ihnen mittlerweile mehr als bewusst sein sollte, und das ist mit Text sicher nicht anders. Auch Dinge, die keine Nahrungsmittel sind, können als *köstlich* bezeichnet werden, zum Beispiel ein *köstlicher Witz*. Orange gibt es als Farbe, als Saft, als Frucht, ein Ball kann ein Spielgerät sein oder eine Tanzveranstaltung – und so weiter.

Worteinbettungen und ihre numerische Struktur, durch die Berechnungen angestellt werden können, kommen in Suchmaschinen und Empfehlungssystemen zum Einsatz. Das heißt aber nicht, dass die aus Google-News-Texten erzeugten Wort-

9 *Rindfleisch* = (0.1, 1, 0.9), *Kuh* = (1.0, 0.1, 1.0), *Schwein* = (1.0, 0.1, 0.0). Addieren/subtrahieren Sie die Elemente. *Rindfleisch – Kuh + Schwein* = (0.1, 1, –0.1), die sich nahe an *Schweinefleisch* befinden = (0.1, 1.0, 0).

10 Mikolov, T., Chen, K., Corrado, G., & Dean, J. (2013). Efficient Estimation of Word Representations in Vector Space. *arXiv*:1301.3781.

11 *code.google.com/archive/p/word2vec*

einbettungen auch für Ihr Problem passen. Amerikanische Markenbezeichnungen wie Tide® (ein Waschmittel) und Goldfish® (Kräcker) haben in einem System wie Word2vec vielleicht eine semantische Ähnlichkeit mit Wörtern wie »Ozean« und »Haustier«. In einem Supermarkt haben sie dagegen mehr Ähnlichkeit mit konkurrierenden Marken wie dem Putzmittel Gain® und den Kräckern Animals®.

Mit Word2vec können Sie auch Ihre eigenen Worteinbettungen erzeugen. Das kann Ihnen helfen, Themen und Konzepte zu finden, die Sie sonst in Ihren Daten möglicherweise übersehen würden. Dabei ist es nicht einfach, genügend bedeutsame Daten zu bekommen. Nicht jedes Unternehmen verfügt über so große Datenmengen wie Google. Eventuell haben Sie einfach nicht genug Text, um sinnvolle Worteinbettungen zu finden.

Topic Modeling

Nachdem Sie Ihren Text in einen aussagekräftigen Datensatz umgewandelt haben, können wir mit der Analyse beginnen. Und jetzt sieht man, warum sich der Aufwand lohnt, unstrukturierten Text in einen strukturierten Datensatz mit Zeilen und Spalten umzuwandeln, die Zahlen enthalten. Jetzt können Sie nämlich die Analysemethoden, die Sie im Verlauf dieses Buchs gelernt haben (mit ein paar Anpassungen) darauf anwenden. Damit wollen wir uns in den folgenden Abschnitten beschäftigen.

In Kapitel 8 haben Sie das unüberwachte Lernen kennengelernt – das Finden natürlicher Muster in den Zeilen und Spalten eines Datensatzes. Wendet man einen Clustering-Algorithmus wie *k*-Means auf eine Document-Term-Matrix wie die in den Tabellen 11.1 und 11.2 an, erhält man *k* verschiedene Textgruppen, die sich irgendwie ähnlich sind, was manchmal recht hilfreich sein kann. Andererseits ist die Anwendung von *k*-Means-Clustering auf Textdaten ziemlich unflexibel. Nehmen Sie zum Beispiel die folgenden drei Sätze:

1. Das Verteidigungsministerium sollte eine offizielle Strategie für den Weltraum entwickeln.
2. Der Vertrag für die Nichtverbreitung von Kernwaffen ist wichtig für die nationale Verteidigung.
3. Das Weltraumprogramm der Vereinigten Staaten hat kürzlich zwei Astronauten in den Weltraum geschickt.

Unserer Ansicht nach werden hier zwei allgemeine Themen angesprochen: nationale Verteidigung und Weltraum. Im ersten Satz geht es um beide Themen, während es im zweiten und dritten Satz jeweils nur um eins der beiden Themen geht. (Wenn Sie anderer Meinung sind – was natürlich Ihr gutes Recht ist –, erkennen Sie eine zentrale Herausforderung beim Clustering von Text: Es gibt niemals eine klare Trennung der Themen. Außerdem bildet man sich bei einem Text, anders als bei einer Zeile mit Zahlen, schnell eine Meinung.)

Das *Topic Modeling* (die Themenmodellierung)[12] hat insofern Ähnlichkeit mit dem *k*-Means-Verfahren, als dass es ebenfalls ein Algorithmus für unüberwachtes Lernen ist. Auch hier wird versucht, eine Gruppe ähnlicher Beobachtungen zusammenzufassen. Allerdings geht der Algorithmus lockerer mit der Vorstellung um, dass jedes Dokument explizit einem Cluster zugewiesen werden sollte. Er stellt Wahrscheinlichkeiten bereit, die zeigen, wie sich ein Dokument über mehrere Themen erstrecken kann. Satz 1 könnte man beispielsweise zu 60 % dem Thema »nationale Verteidigung« zuordnen und zu 40 % dem Thema »Weltraum«.

Hierzu ein weiteres Beispiel. In Abbildung 11-3 sehen Sie eine Darstellung einer Document-Term-Matrix, die auf die Seite gedreht wurde.[13]

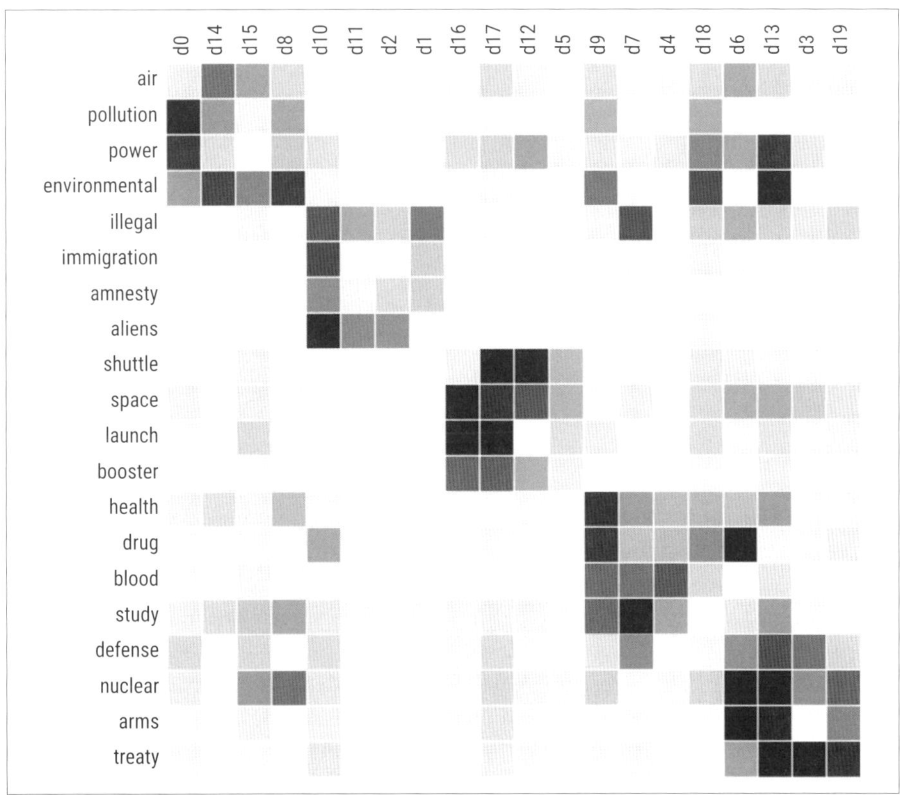

Abbildung 11-3: Clustering von Dokumenten und Begriffen mithilfe von Topic Modeling. Finden Sie die fünf Hauptthemen? Wie würden Sie sie benennen?

12 Zwei beliebte Arten des Topic Modeling sind *Latent Semantic Analysis* (LSA) und *Latent Dirichlet Allocation* (LDA).

13 Diese Abbildung stammt von *https://en.wikipedia.org/wiki/File:Topic_model_scheme.webm*, erstellt von Christoph Carl King, und wurde von Wikipedia unter der Creative Commons Attribution-Share Alike 4.0 International License zur Verfügung gestellt.

Links sehen Sie die Begriffe, die in den oben angegebenen 20 Dokumenten (*d0* bis *d19*)[14] vorkommen. Jede Zelle steht für die Häufigkeit eines Worts im jeweiligen Dokument. Dabei stehen dunkle Zellen für eine höhere Häufigkeit. Allerdings wurden die Begriffe und Dokumente per Topic Modeling so angeordnet, dass sie die Ergebnisse des Topic Models preisgeben.

Bei genauer Betrachtung werden Sie erkennen, welche Wörter in den Dokumenten häufig zusammen auftreten und mögliche Themenbereiche bilden. Außerdem sehen Sie Dokumente mit verschiedenen Begriffen, die sich über mehrere Themenbereiche erstrecken (sehen Sie sich hierzu besonders d13 an, die dritte Spalte von rechts). Dabei sollten Sie aber bedenken, dass es wie bei allen Methoden des unüberwachten Lernens keine Garantie für genaue Ergebnisse gibt.

In der Praxis funktioniert das Topic Modeling am besten, wenn die Dokumente unterschiedliche Themen enthalten. Das mag offensichtlich erscheinen, aber wir haben genug Fälle gesehen, in denen das Topic Modeling auf eine Untermenge des Texts angewandt wurde, die bereits vor der Analyse auf ein bestimmtes Interessengebiet reduziert worden war. Das wäre, als nähmen Sie eine Reihe von Nachrichtenartikeln, suchen nur nach denen, die »Basketball« und »LeBron James« enthalten, und erwarten dann vom Topic Modeling, die verbleibenden Artikel in etwas Sinnvolles aufzuteilen. Sie werden von den Ergebnissen bestenfalls enttäuscht sein. Durch die Filterung des Texts haben Sie für die verbleibenden Artikel bereits ein Thema definiert. Behalten Sie diese Feinheiten im Auge, wenn Sie Ihre Daten infrage stellen, und gehen Sie entsprechend mit den Erwartungen um.

Textklassifikation

In diesem Abschnitt wechseln wir vom unüberwachten Lernen zum überwachten Lernen auf einer Document-Term-Matrix (wobei wir davon ausgehen, dass es ein bekanntes Ziel gibt, von dem gelernt werden kann). Bei Text versuchen wir normalerweise, eine kategoriale Variable vorherzusagen. Im Gegensatz zu Regressionsmodellen, die Zahlen vorhersagen, zählt dieser Bereich also zu den Klassifikationsmodellen, die Sie aus dem letzten Kapitel kennen. Eine der größten Erfolgsgeschichten der Textklassifikation ist der Spam-Filter Ihres E-Mail-Programms. Hierbei ist die Eingabe der Text einer E-Mail, und die Ausgabe ist eine binäre Kennzeichnung, die angibt, ob die Nachricht als »Spam« oder als »kein Spam« angesehen wird.[15] Eine mehrklassige Anwendung der Textanalyse ist beispielsweise die automatische Zuweisung von Onlinenachrichtenartikeln zu bestimmten Kategorien wie Lokales, Politik, Weltgeschehen, Sport, Unterhaltung etc.

14 In der Informatik ist es oft üblich, die Nummerierung von Dingen bei 0 anstatt bei 1 zu beginnen.

15 Drucker, H., Wu, D., & Vapnik, V. N. (1999). Support Vector Machines for Spam Categorization. *IEEE Transactions on Neural Networks*, *10*(5), 1048–1054, ist eines der zukunftsweisenden Forschungspapiere in diesem Bereich.

Sehen wir uns hierzu ein (stark vereinfachtes) Beispiel an, um zu zeigen, wie die Textkategorisierung mit einem Bag-of-Words-Modell funktioniert. Tabelle 11-4 zeigt fünf verschiedene E-Mail-Betreffzeilen, die in Tokens aufgeteilt und mit einem Label versehen wurden (Spam oder kein Spam). Dabei sollten wir nicht unbeachtet lassen, welchen Aufwand Unternehmen treiben, um Daten wie diese zu sammeln. Es gibt einen Grund, warum Ihr E-Mail-Anbieter Sie fragt, ob eine Mail Spam ist oder nicht. Sie stellen mit Ihrer Antwort die Trainingsdaten für Machine-Learning-Algorithmen zur Verfügung!

Tabelle 11-4: Ein einfaches Beispiel zur Spam-Klassifikation

Betreffzeile	Tipps	Haarausfall	Geburtstag	Schulden	kostenlos	helfen	Mama	Party	weniger	Geldanlagen	Viagra	Spam?
Tipps für Mamas Party zum Geburtstag	1	0	1	0	0	0	1	1	0	0	0	0
Viagra kostenlos!	0	0	0	0	1	0	0	0	0	0	1	1
Kostenlose Tipps für Geldanlagen!	1	0	0	0	1	0	0	0	0	1	0	1
Kostenlose Tipps für weniger Schulden	1	0	0	1	1	0	0	0	1	0	0	1
Haarausfall? Wir können helfen!	0	1	0	0	0	1	0	0	0	0	0	1

Wie könnten wir einen Algorithmus verwenden, der aus den Daten in Tabelle 11-4 lernt, um Vorhersagen über neue, bisher noch nicht gesehene Betreffzeilen zu machen?

Vielleicht fällt Ihnen hierzu die logistische Regression ein, die bei der Vorhersage binärer Ergebnisse hilfreich sein kann. Leider funktioniert das hier aber nicht. Die Mathematik hinter der logistischen Regression bricht zusammen, weil es zu viele Wörter gibt, aber zu wenige Beispiele, von denen gelernt werden kann. Tabelle 11-4 enthält mehr Spalten als Zeilen, und damit kann die logistische Regression nicht umgehen.[16]

Naive Bayes

Am beliebtesten für Situationen wie diese ist ein Klassifikationsalgorithmus namens *Naive Bayes* (benannt nach Herrn Bayes, den wir bereits in Kapitel 6 kennengelernt haben). Der Gedankengang ist leicht nachvollziehbar: Gibt es Wörter, die in der Betreffzeile von Spam-Nachrichten häufiger auftauchen als bei Nicht-Spam-E-Mails? Vermutlich gehen Sie beim Überfliegen Ihrer neuen E-Mails ähnlich vor. Aus Erfahrung können Sie sagen, dass das Wort *kostenlos* typischerweise »spammig« wirkt, genau wie *Geld*, *Viagra* oder *reich*. Sind die meisten Wörter einer Be-

16 Auch die lineare Regression funktioniert nicht, wenn die Daten mehr Features als Beobachtungen enthalten. Allerdings gibt es Varianten der linearen und logistischen Regression, die mit mehr Features als Beobachtungen umgehen können.

treffzeile »spammig«, handelt es sich bei der Mail sehr wahrscheinlich um Spam. Ganz einfach.

Anders gesagt, Sie versuchen anhand der Wörter (w_1, w_2, w_3, ...) in der Betreffzeile zu berechnen, wie wahrscheinlich es sich bei einer E-Mail um Spam handelt. Ist diese Wahrscheinlichkeit größer als die für »kein Spam«, wird die Nachricht als Spam markiert. In der Wahrscheinlichkeitsschreibweise lassen sich diese konkurrierenden Wahrscheinlichkeiten wie folgt ausdrücken:

- Wahrscheinlichkeit, dass eine E-Mail Spam ist = P(Spam | w_1, w_2, w_3, ...)
- Wahrscheinlichkeit, dass eine E-Mail kein Spam ist = P(kein Spam | w_1, w_2, w_3, ...)

Bevor wir weitermachen, wollen wir eine Bestandsaufnahme der Daten machen, die uns in Tabelle 11-4 zur Verfügung stehen. Wir haben für jedes Wort die Wahrscheinlichkeit, ob es in einer Spam-Nachricht auftaucht (oder nicht). Das Wort *kostenlos* tauchte in drei von vier Spam-Nachrichten auf. Die Wahrscheinlichkeit, dass es sich um eine Spam-Mail handelt, wenn die Betreffzeile das Wort *kostenlos* enthält, liegt also bei P(kostenlos | Spam) = 0,75. Ähnliche Berechnungen kommen zu folgenden Ergebnissen: P(Schulden | Spam) = 0,25, P(Mama | kein Spam) = 1 und so weiter.

Und was haben wir davon? Wir wollen anhand der Wörter in der Betreffzeile herausfinden, wie wahrscheinlich es sich bei einer E-Mail um Spam handelt. Was wir haben, ist die Wahrscheinlichkeit, ein bestimmtes Wort zu sehen, sofern es sich um eine Spam-Nachricht handelt. Diese beiden Wahrscheinlichkeiten sind nicht das Gleiche, aber sie sind durch den Satz von Bayes miteinander verbunden (siehe Kapitel 6, *Wahrscheinlichkeiten untersuchen*). Die Grundidee ist, dass wir die bedingten Wahrscheinlichkeiten gegeneinander austauschen können. Anstelle von P(Spam | w_1, w_2, w_3, ...) können wir also P(w_1, w_2, w_3, ... | Spam) verwenden. Mit ein paar zusätzlichen Berechnungen (die wir der Kürze wegen überspringen)[17], lässt sich die Entscheidung, ob eine E-Mail als Spam gilt, darauf reduzieren, den höheren Wert herauszufinden:

1. Wahrscheinlichkeit, dass E-Mail Spam ist = P(Spam) × P(w_1 | Spam) × P(w_2 | Spam) × P(w_3 | Spam)
2. Wahrscheinlichkeit, dass E-Mail kein Spam ist = P(kein Spam) × P(w_1 | kein Spam) × P(w_2 | kein Spam) × P(w_3 | kein Spam)

Alle diese Informationen stehen in Tabelle 11-4 zur Verfügung. Die Wahrscheinlichkeiten P(Spam) und P(kein Spam) geben das Verhältnis zwischen Spam- und Nicht-Spam-Nachrichten in den Trainingsdaten wieder: 80 % bzw. 20 %. Wenn Sie, ohne die Betreffzeile anzusehen, raten sollten, würden Sie erst einmal auf Spam tippen, weil das in der Mehrheit der Trainingsdaten der Fall ist.

17 Weitere Informationen finden Sie im entsprechenden Wikipedia-Artikel unter *https://de.wikipedia.org/wiki/Bayesscher_Spamfilter*.

Um auf die vorherigen Formeln zu kommen, wurde beim Naive-Bayes-Ansatz ein Fehler begangen, der in der Wahrscheinlichkeitsrechnung eigentlich als Todsünde gilt: Es wurde davon ausgegangen, dass die Ereignisse voneinander unabhängig sind. Die Wahrscheinlichkeit, dass die Wörter *kostenlos* und *Viagra* gemeinsam in einer E-Mail vorkommen, ausgedrückt als P(kostenlos, Viagra | Spam), hängt davon ab, wie oft beide Wörter in der gleichen Betreffzeile vorkommen. Das macht die Berechnungen aber deutlich komplizierter. Der »naive« Teil des Naive-Bayes-Verfahrens besteht in der Annahme, dass alle Wahrscheinlichkeiten unabhängig voneinander sind, also P(kostenlos, Viagra | Spam) = P(kostenlos | Spam) × P(Viagra | Spam).

Ein genauerer Blick

Wenn Sie eine E-Mail mit der Betreffzeile »Werden Sie Ihre Schulden los! Erhalten Sie kostenlose Tipps zur Geldanlage!« sehen, würden Sie sich auf die Wörter konzentrieren, die keine Stoppwörter sind, also: *erhalten*, *Schulden*, *Geldanlage* und *Tipps*, und daraus die konkurrierenden Werte berechnen:

1. Spam – Bewertung = P(Spam) × P(erhalten | Spam) × P(Schulden | Spam) × P(Geldanlage | Spam) × P(Tipps | Spam)
2. Kein – Spam – Bewertung = P(kein Spam) × P(erhalten | kein Spam) × P(Schulden | kein Spam) × P(Geldanlage | kein Spam) × P(Tipps | kein Spam)

Dabei gibt es aber ein kleines Problem. Für neue und seltene Wörter müssen die Berechnungen angepasst werden, um zu vermeiden, dass die Wahrscheinlichkeiten mit null multipliziert werden. In dem winzigen Datensatz aus Tabelle 11-4 taucht das Wort *erhalten* überhaupt nicht auf, während *Schulden*, *Geldanlagen* und *Tipps* nur in Spam-Nachrichten zu finden waren. Diese Eigenarten sorgen dafür, dass die Bewertungen als Spam oder nicht Spam beide gleich null sind. Um das zu reparieren, gehen wir davon aus, dass wir jedes Wort mindestens einmal gesehen haben, indem wir zu allen Wortvorkommen jeweils 1 addieren. Außerdem addieren wir 2 zu den Spam- (und den Nicht-Spam-)Vorkommen, um zu verhindern, dass die Werte 1 erreichen.[18]

Jetzt können wir folgende Berechnungen ausführen:

1. Spam-Bewertung: $(0.8) \times \frac{0+1}{4+2} \times \frac{1+1}{4+2} \times \frac{1+1}{4+2} \times \frac{2+1}{4+2} = 0.0074$
2. Kein-Spam-Bewertung: $(0.2) \times \frac{0+1}{1+2} \times \frac{0+1}{1+2} \times \frac{0+1}{1+2} \times \frac{1+1}{1+2} = 0.0049$

Die obere Zahl ist größer, daher sagen wir voraus, dass es sich bei unserer E-Mail um Spam handelt.

18 Dieses Verfahren wird als Stetigkeitskorrektur nach Laplace bezeichnet. Sie hilft, eine hohe Variabilität zu vermeiden, die durch geringe Werte verursacht wird, wie in Kapitel 3, *Vorbereitungen für das statistische Denken*, besprochen.

Sentimentanalyse

Die *Sentimentanalyse* ist eine beliebte Anwendung der Textklassifikation auf Daten aus sozialen Medien, bei der versucht wird, eine bestimmte Grundstimmung (*Sentiment*) in einem Text zu finden. Wenn Sie bei Google nach »sentiment analysis of Twitter data« (Sentimentanalyse von Twitter-Daten) suchen, werden Sie vermutlich über die Menge der Ergebnisse überrascht sein. Anscheinend befasst sich jeder damit. Die Grundidee funktioniert wie das vorherige Beispiel zur Spam-Erkennung: Ist es wahrscheinlicher, dass die Wörter eines Social-Media-Posts (oder einer Produktbewertung oder einer Umfrage) »negativ« oder »positiv« sind? Was Sie mit diesen Informationen anfangen, hängt von Ihren Geschäftsvorgängen ab. Eine Sache sollten wir dabei auf jeden Fall noch einmal erwähnen: Wenn Sie bei der Sentimentanalyse über den Kontext der Trainingsdaten hinaus extrapolieren, dürfen Sie keine aussagekräftigen Ergebnisse erwarten.

Was wollen wir damit sagen? Viele Sentimentanalyse-Klassifikator lernen aus online frei verfügbaren Daten. Ein beliebter Datensatz ist eine große Sammlung an Filmrezensionen aus der *Internet Movie Database* (*IMDb.com*). Diese Datensammlung und jedes darauf basierende Modell wäre selbstverständlich nur für die Bewertung von Filmen relevant. Sicherlich gäbe es Verbindungen von Wörtern wie *großartig* (*great*) und *fantastisch* (*awesome*) mit einer positiven Stimmung. Allerdings dürfen Sie nicht erwarten, dass dieses Modell auch auf Ihren geschäftlichen Anwendungsfall übertragbar ist.

Wie sieht es mit dem Einsatz von baumbasierten Methoden für Text aus?

Baumbasierte Methoden wie Random Forests und Gradient Boosted Trees können auch auf Probleme der Textklassifikation angewandt werden. Auf manchen Datensätzen funktionieren sie sogar besser als Naive Bayes. Dennoch ist Naive Bayes in den meisten Fällen gut nachvollziehbar und ein guter Startpunkt.

Praktische Überlegungen bei der Arbeit mit Text

Nachdem Sie nun einige Werkzeuge der Textanalyse kennen, wollen wir sie mit etwas mehr Abstand betrachten.

Bei der Arbeit mit Text haben Sie den Luxus, die Daten als Mensch lesen zu können. Gibt es beim Topic Modeling Hinweise darauf, dass Sätze zu bestimmten Themen gehören, können Sie die Ergebnisse mit Ihrem gesunden Menschenverstand überprüfen. Erstellt jemand ein Modell zur Textklassifikation, lassen Sie sich die Ergebnisse zeigen, egal wie schön, schlecht oder hässlich sie sein mögen.

Unserer Erfahrung nach macht es Spaß, den Entscheidern erfolgreiche Textanalyseprojekte zu präsentieren, denn das Publikum kann die Daten lesen und an Gesprächen über die Ergebnisse teilhaben. Es geht nicht um eine Reihe von Zahlen, sondern um etwas Lesbares und Verständliches, über das man sich sofort ein Urteil bilden kann. Dabei ist man als Referierender oder als Vortragende versucht, eher die Erfolge zu präsentieren als die absoluten Fehlschläge. Data Heads sollten beim Vortrag der Ergebnisse einer Textanalyse Erfolge, aber auch Misserfolge transparent kommunizieren. Das Gleiche gilt übrigens bei der Überprüfung der Ergebnisse. Lassen Sie sich auf jeden Fall auch Beispiele dafür zeigen, wo die Algorithmen versagt haben. Glauben Sie uns, die gibt es.

Und damit kommen wir zu einem Kommentar zurück, den wir weiter oben in diesem Kapitel abgegeben haben: *Unserer Erfahrung nach kommt es oft zu Enttäuschungen und Frust, wenn Unternehmen ihre eigenen Textdaten analysieren.* Damit wollten wir Sie aber nicht von der Textanalyse abhalten. Wir hoffen allerdings, dass zukünftige Rückschläge vermieden werden können, sofern auch die Mängel und Probleme klar benannt werden. Wenn Sie und Ihr Unternehmen mit der Textanalyse beginnen, kann es leicht passieren, dass die Sache deutlich kniffliger ist als erwartet. Das Ergebnis kann sein, dass das ganze Projekt wütend verworfen wird, oder man ignoriert seinen unzureichenden Nutzen und arbeitet mit einer schwachen Analyse weiter.

Aufgrund der vorherigen Abschnitte sollten Sie genug Skepsis entwickelt haben, um zu bemerken, wo sich mögliche Stolpersteine verstecken. Einige große Technologieunternehmen haben diese Herausforderungen offenbar bezwungen und sich als Marktführer der Textanalyse und des *Natural Language Processing* (NLP) etabliert, bei dem es um alle Aspekte der Sprache inklusive Audiosprachdaten (im Gegensatz zu geschriebenem Text) geht.

Die großen Technologiekonzerne haben die Oberhand

Im Gegensatz zu vielen anderen Unternehmen besitzen große Technologiekonzerne wie Facebook, Apple, Amazon, Google und Microsoft Text- und Sprachdaten im Überfluss (die mit *Labels* versehen sind, sodass sie für das Training von Modellen des überwachten Lernens benutzt werden können). Sie verfügen über mächtige Computer, spezielle Forschungsteams von Weltrang und – Geld.

Mithilfe dieser Ressourcen haben die Unternehmen nicht nur bei Text bemerkenswerte Fortschritte gemacht, sondern auch mit Audiodaten. In den vergangenen Jahren gab es beachtliche Verbesserungen in folgenden Bereichen:

- **Sprache-zu-Text:** Sprachgesteuerte Assistenten (wie z.B. Alexa oder Siri) und die Spracherkennung auf Smartphones sind genauer geworden.
- **Text-zu-Sprache:** Vorlesestimmen von Computern sind heute deutlich menschenähnlicher.

- **Text-zu-Text:** Die Übersetzung einer natürlichen Sprache in eine andere passiert direkt und mit guter Genauigkeit.
- **Chatbots:** Automatische Chatbots, die mittlerweile auf vielen Websites zu finden sind und eine »Wie kann ich Ihnen helfen?«-Nachricht anzeigen, sind tatsächlich (etwas) hilfreicher.
- **Erzeugung von menschenlesbarem Text:** Das GPT-3 genannte Sprachmodell[19] von OpenAI kann Text erzeugen, von dem man denken könnte, Menschen hätten ihn geschrieben. Es kann Fragen beantworten und auf Abruf Programmiercode erzeugen. Während dieses Buch (übrigens von Menschen) geschrieben wurde und während der (ebenfalls menschgemachten) Übersetzung Ende 2021/Anfang 2022 ist es das am weitesten fortgeschrittene Modell seiner Art. Schätzungen zufolge liegen die Kosten für das Training des Modells (ohne die Gehälter der Forscher, sondern nur für den Betrieb der Computer) bei 4,6 Millionen US-Dollar.[20]

Wenn Sie darüber nachdenken, wer Zugang zu den Daten und den Experten für die Forschung hat, wird Ihnen klar, dass es oft eine Frage der nötigen Ressourcen ist. Um es deutlich zu sagen: Die meisten Unternehmen gehören (noch?) nicht zu diesem illustren Kreis. Die Algorithmen mögen Open Source sein, die massiven Datensammlungen und der Zugang zu Supercomputern sind es nicht. Die großen Tech-Konzerne sind hier klar im Vorteil.

Beim Nachdenken über realistische Erwartungen sollte man außerdem überlegen, wie viele der Anwendungen der Tech-Unternehmen für Millionen von Menschen nutzbar sind. Stellen Sie sich diese als allgemeine Aufgaben vor, die allen Teilen der Gesellschaft gemeinsam sind. Amazon Alexa soll beispielsweise für alle Menschen funktionieren, Kinder eingeschlossen. Und bei der Übersetzung von Text folgen die Trainingsdaten strengen Regeln, die beachtet werden müssen. Das englische Wort *party* heißt auf Spanisch *fiesta*. Was wir damit sagen wollen: Alle, die diese Systeme nutzen, erwarten, dass sie für sie auf die gleiche Weise funktionieren.

Vergleichen Sie das mit einer Firma, die bestimmte geschäftsspezifische Texte klassifizieren soll. Die Grundstimmung des Satzes »Samsung ist besser als ein iPhone« hängt davon ab, ob Sie für Apple oder für Samsung arbeiten. Die Daten, auf die Sie Zugriff haben, verwenden möglicherweise ihre eigene Art von Sprache, die nur auf Ihr Unternehmen zutrifft. Neben diesen Faktoren ist die Menge der verfügbaren Daten meist deutlich kleiner als das, was Großtechnologiekonzerne zur Verfügung haben. Als Folge sind die Ergebnisse vermutlich nicht so sauber wie erwartet.

Dennoch möchten wir Sie dringend dazu ermutigen, sich alle verfügbaren Algorithmen für die Textanalyse zu beschaffen. Erkenntnisse sind keine Frage großer Maschinen, sondern eher von Kontext und Erwartung. Wenn Sie schon vor Pro-

19 Generative Pre-trained Transformer 3, *https://en.wikipedia.org/wiki/GPT-3*

20 *www.forbes.com/sites/bernardmarr/2020/10/05/what-is-gpt-3-and-why-is-it-revolutionizing-artificial-intelligence/#116e7b04481a*

jektbeginn die Grenzen der Textanalyse kennen, sind Sie darauf vorbereitet, diese in Ihrem Unternehmen korrekt durchzuführen.

Zusammenfassung

Wir hoffen, dass wir Sie in diesem Kapitel davon überzeugen konnten, dass Computer menschliche Sprache nicht wie Menschen verstehen. Für einen Computer besteht alles aus Zahlen. Das Wissen darüber ist unserer Meinung nach schon von unschätzbarem Wert. Sie lassen sich jetzt nicht mehr so leicht täuschen, wenn Sie Marketingsprüche hören, die behaupten, *künstliche Intelligenz* könnte jedes textbezogene geschäftliche Problem lösen. Sie wissen, dass die Umwandlung von Text in Zahlen zumindest einen Teil der Bedeutung entfernt, den wir Menschen in Wörtern und Sätzen finden können. Wir haben drei Methoden zur Textanalyse besprochen:

1. Bag-of-Words
2. N-Gramme
3. Worteinbettungen

Sobald ein Text in Zahlen umgewandelt ist, können Sie Methoden des unüberwachten Lernens wie das Topic Modeling oder des überwachten Lernens wie die Textklassifikation für die Analyse einsetzen. Zum Schluss haben wir beschrieben, warum große Technologiekonzerne die Oberhand bei diesen Aufgaben haben und dass Sie Ihre Erwartungen danach ausrichten sollten, wie viele Daten und Ressourcen Ihnen zur Verfügung stehen.

Im folgenden Kapitel führen wir unsere Analyse von unstrukturierten Daten weiter, um neuronale Netzwerke und Deep Learning zu beschreiben.

KAPITEL 12

Konzepte des Deep Learning

»KI wird manchmal als die neue industrielle Revolution angepriesen. Wenn Deep Learning die Dampfmaschine ist, dann sind Daten die Kohle: das Rohmaterial, das unsere intelligenten Maschinen befeuert, ohne das nichts möglich wäre.«

– *François Chollet, KI-Forscher und Autor*[1]

Herzlichen Glückwunsch, wenn Sie es bis hierher geschafft haben. Dieses Kapitel ist in vielerlei Hinsicht der Höhepunkt Ihres Wegs zum Data Head. Hier setzen wir die Einzelteile zusammen und legen das Fundament für den ständig wachsenden Teilbereich des Machine Learning, der als *Deep Learning* bezeichnet wird.

Schon heute ist das Deep Learning Antrieb für Spitzentechnologien, und in unserer kollektiven Faszination erscheint es dabei nur allzu menschlich. Deep Learning umfasst eine Gruppe von Technologien, die Dinge wie Gesichtserkennung, autonomes Fahren, Krebserkennung und Sprachübersetzungen antreibt. Diese Technologien helfen dabei, Entscheidungen zu treffen, die bisher allein den Menschen vorbehalten waren. Dennoch ist das Deep Learning weder neu, noch ist es – entgegen allen Gerüchte, die Sie vielleicht gehört haben – dem menschlichen Verstand ähnlich, wie wir hier zeigen werden.

Ein Großteil der Aufregung, der Versprechungen und des Hypes in der Welt der Daten hat mit den Möglichkeiten des Deep Learning zu tun. Es überrascht daher nicht, dass die Geschäftswelt Unmengen von Geld in Deep Learning investiert. Es ist absehbar, dass diese Technologie in den kommenden Jahren viele Branchen verändern wird. Aber mit dem Wachstum des Deep Learning wächst auch der Hype darum. Dabei werden die dadurch entstehenden ethischen Bedenken oft übersehen.

In diesem Kapitel zeigen wir Ihnen die Bausteine des Deep Learning. Wir beginnen mit der Struktur. Im Kern verwendet das Deep Learning eine Familie von Modellen, die als künstliche neuronale Netzwerke bezeichnet werden. Man sagt, dass diese Algorithmen nachbilden, wie das Gehirn über eine Idee nachdenkt. Allerdings werden wir auch sehen, dass das nur mehr oder weniger stimmt. Danach ge-

1 François Chollet, *Deep Learning mit Python und Keras*, mitp 2018.

hen wir tiefer darauf ein, wie neuronale Netzwerke so angepasst werden können, dass auch komplexere Lernaufgaben (wie zum Beispiel Bilderkennung) bewältigt werden können. Wir beschließen das Kapitel mit der Realität des Deep Learning und konzentrieren uns dabei auf die praktischen Herausforderungen, die Fehler bei ihrer Umsetzung und Bereitstellung sowie auf die allgemeineren Folgen bei der Verwendung von *Black-Box-Modellen*.

Neuronale Netzwerke

Um das Konzept des Deep Learning zu erfassen, müssen Sie zunächst verstehen, wie künstliche neuronale Netzwerke, die Hauptbestandteile des Deep Learning, funktionieren,

Worin besteht die Ähnlichkeit zwischen neuronalen Netzwerken und dem Gehirn?

Das menschliche Gehirn besteht aus einem Netzwerk biologischer Nervenzellen, den Neuronen. Man sagt, diese Neuronen »absorbieren« Informationen in Form chemischer Signale und elektrischer Impulse. An einem bestimmten Punkt, den wir allerdings noch nicht vollständig verstehen, sorgen die Informationen dafür, dass ein Neuron »feuert« bzw. reagiert. Wenn Ihnen beim Autofahren ein Reh vor das Auto läuft, verarbeitet Ihr Gehirn die Eingaben blitzschnell (Geschwindigkeit, Entfernung zum Reh, übriger Verkehr), wodurch Millionen von Neuronen feuern, was dann zu einer Ausgabe führt (entweder auf die Bremse zu treten oder auszuweichen).[2]

Das führt zu der Frage, ob wir Modelle und Algorithmen schaffen können, die auf die gleiche Weise wie das Gehirn lernen können. Können wir Eingaben in Form von Daten, Bildern oder Tönen schnell in sinnvolle Ausgaben umwandeln? Stellen Sie sich die Möglichkeiten vor, die sich bieten würden, wenn wir das Gehirn mit einem Algorithmus abbilden könnten. Wie viele menschliche Bewertungen, die wir jede Sekunde vornehmen, könnten wir optimieren und von einem Computer erledigen lassen?

Künstliche neuronale Netzwerke, das elektronische Gegenstück zu biologischen neuronalen Netzwerken, wurden erschaffen, um genau diese Fragen zu beantworten. Oder um es zumindest zu versuchen.

Das klingt alles ziemlich schwer vorstellbar. Nur um das klarzustellen: Ihre Autoren finden neuronale Netzwerke wirklich faszinierend. Die ersten Netze wurden

2 Natürlich ist ein Wildunfall ein extremes Beispiel, um einen scharfen und erwarteten Wechsel in der Chemie des Gehirns auszulösen. In der Realität verarbeitet Ihr Gehirn auch schon genau in diesem Moment eine Unmenge von Ein- und Ausgaben: Millionen von Neuronen feuern, während Sie diesen Text lesen.

bereits in den 1940er-Jahren entwickelt, um die menschliche Biologie nach damaligem Kenntnisstand nachzubilden. Tatsächlich rührt ein großer Teil des Hypes um neuronale Netze – und damit um Deep Learning – daher, dass sie vom menschlichen Gehirn inspiriert sind. Das Risiko bei dieser Analogie liegt darin, dass man versucht, neuronalen Netzwerken eine Ebene von Abstraktion und Allgemeinwissen überzustülpen, obwohl sie in Wirklichkeit einfach nur riesige mathematische Gleichungen sind.

Trotz der Dinge, die in Populärmedien oder Werbeanrufen angepriesen werden, sollte man sich nicht zu dem Glauben verleiten lassen, die neuesten Entwicklungen bei neuronalen Netzwerken würden eine engere Verbindung zum menschlichen Gehirn bedeuten. Tatsächlich liegt der Erfolg dieser Algorithmen an schnelleren Computern, Bergen von Daten und einem großen Forschungsaufwand in den Bereichen Machine Learning, Statistik und Mathematik.

Anhand der folgenden zwei Beispiele wollen wir zeigen, wie neuronale Netzwerke funktionieren.

Ein einfaches neuronales Netzwerk

In Kapitel 10, *Das Klassifikationsmodell verstehen*, haben wir ein Modell erstellt, das vorhersagen sollte, ob jemand zu einem Bewerbungsgespräch für eine Praktikantenstelle eingeladen wird. Hierfür wurden Informationen wie GPA (*Grade Point Average*, in den USA eine Art Notendurchschnitt), Studienjahr, Abschluss und Anzahl der extrakurrikularen Aktivitäten wie z.B. Sport herangezogen. Abbildung 12-1 zeigt, wie das als einfaches neuronales Netzwerk dargestellt werden kann.

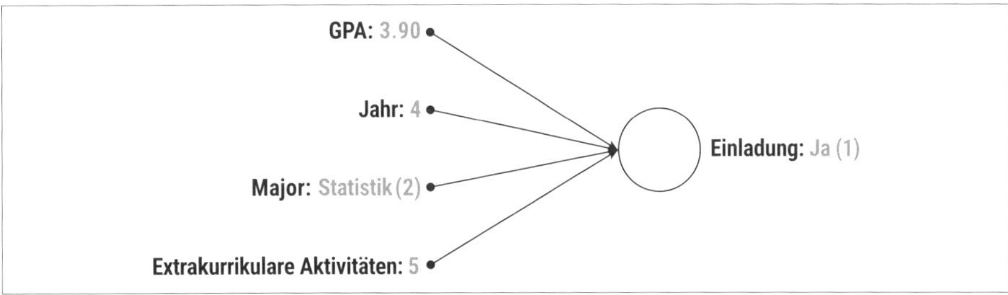

Abbildung 12-1: Das einfachste neuronale Netzwerk überhaupt. Die vier Eingaben werden in einem einzelnen Neuron von einer Aktivierungsfunktion verarbeitet, was die folgende Ausgabe erzeugt.

Abbildung 12-1 zeigt die vier Eingaben für eine Bewerberin:

- GPA = 3.90
- Studienjahr = 4
- Major (Hauptfach) = Statistik (codiert als 2)
- extrakurrikulare Aktivitäten (kurz EA) = 5 (Gesamtzahl)

Diese Werte landen in einer Recheneinheit, die wir als *Neuron* bezeichnen, in unserer Abbildung als Kreis dargestellt. Innerhalb des Neurons befindet sich eine *Aktivierungsfunktion*. Sie konvertiert die vier Eingabewerte in eine einzelne numerische Ausgabe. Die biologische Motivation dahinter ist, dass das Neuron »feuert«, wenn eine bestimmte Kombination der Eingaben einen bestimmten Schwellenwert überschreitet und so vorhersagt, dass die Bewerberin eine Einladung erhält.

Als Aktivierungsfunktion kommen verschiedene mathematische Funktionen infrage, je nachdem, welches Problem Sie zu lösen versuchen und welche Daten Ihnen dafür zur Verfügung stehen. Da wir es hier mit einem Klassifikationsproblem zu tun haben (»Bekommt dieser Praktikant eine Einladung zu einem Bewerbungsgespräch?«), ist unsere Aktivierungsfunktion so angelegt, dass sie die Wahrscheinlichkeit einer Einladung ausgibt, wie wir es in Kapitel 10 mithilfe der logistischen Regression getan haben.[3]

In den Gleichungen 12-1 und 12-2 zeigen wir Ihnen eine übliche Aktivierungsfunktion. Um uns die Arbeit zu erleichtern (und sie leichter abdrucken zu können), haben wir sie hier in zwei Teile geteilt:

Gleichung 12-1

$$\text{Wahrscheinlichkeit einer Einladung} = \frac{1}{1 + e^{-(X)}}$$

wobei

Gleichung 12-2

$$X = w_1 * GPA + w_2 * Jahr + w_3 * Major + w_4 * EA + b$$

Hoffentlich kommen Ihnen diese Gleichungen bekannt vor. Gleichung 12-1 ist die logistische Funktion aus Kapitel 10, und Gleichung 12-2 ist die lineare Regressionsfunktion, die Sie in Kapitel 9 kennengelernt haben. Mathematisch gesehen, enthält ein neuronales Netzwerk also die Bestandteile früherer Algorithmen aus Machine Learning und Statistik. Durch die lineare Regressionsgleichung in 12-2 ist es möglich, vier Eingaben zu einer zu kombinieren. Die logistische Funktion in 12-1 konvertiert das Ergebnis, sodass ein Wert zwischen 0 und 1 herauskommt, zwischen denen die Wahrscheinlichkeit liegen muss.

Wie bei der logistischen Regression ist es das Ziel des Netzwerks, die besten Werte für Gewichtungen und konstante Terme (die in 12-2 als *b*s und *w*s dargestellt und oft auch als *Parameter* bezeichnet werden) zu finden, mit denen die vorhergesagten Ausgaben des Netzes so nahe wie möglich an den tatsächlichen Ausgaben im Gesamtsystem liegen.[4] Der »lernende« Teil des neuronalen Netzes (und von Machine

3 Neuronale Netzwerke können auch für Regressionsprobleme verwendet werden. Allerdings kommen hierfür andere Aktivierungsfunktionen für die abschließenden Berechnungen zum Einsatz. Im Grunde ist dies ein lineares Regressionsmodell.

4 Die Gewichtungen werden auch als Koeffizienten bezeichnet. Dies sind verschiedene Namen für die gleichen Konzepte.

Learning im Allgemeinen) bezieht sich auf den Trainingsprozess, der die Parameter von Gleichungen wie 12-2 für die Vorhersage optimiert.

Wie ein neuronales Netzwerk lernt

Die wirkliche Frage ist, welche Werte diese Parameter haben müssen, um das Optimum zu erreichen. Das ist die magische Antwort, nach der wir suchen – die Antwort, die das neuronale Netzwerk zu einer nützlichen Vorhersagemaschine macht. Am Anfang des Trainingsprozesses können die Parameter allerdings vollkommen beliebig sein. Also weist unser Algorithmus ihnen zu Beginn Zufallswerte zu, denn irgendwo müssen wir schließlich anfangen. Wenn Sie sich die Hände waschen wollen und zum ersten Mal einen Wasserhahn sehen, aber nicht wissen, wo heiß und wo kalt ist, würden Sie es genau so machen. Sie würden den Mischhebel einfach in eine Richtung drehen und ausprobieren, wie sich die Temperatur ändert. Je nach Ergebnis können Sie die Einstellung entsprechend anpassen. Genauso funktioniert das hier auch.

Diese zufälligen Startgewichtungen sind von Natur aus falsch, und zwar in dem Sinne, dass sie zufällig erzeugt und nicht *gelernt* wurden. Aber sie bringen den Ball ins Rollen. Und noch wichtiger: Sie erzeugen eine numerische Ausgabe. Nehmen wir zum Beispiel die beiden letzten Bewerber für einen Praktikantenplatz, wir nennen sie Will und Allie, und leiten ihre Eingabedaten durch das Netzwerk (d.h. die oben gezeigten Gleichungen). Angenommen, die zufälligen Parameter haben für Will einen Wert von 0,2 und für Allie 0,3 berechnet. Anders gesagt: Die zufällig gewählten Werte und konstanten Parameter haben eine niedrige Wahrscheinlichkeit dafür berechnet, dass einer der beiden eine Einladung erhält. Vergessen Sie aber nicht, dass wir historische Trainingsdaten haben. Wir wissen, wie die Ausgabewerte aussehen müssen und dass Will und Allie am Ende beide eine Einladung bekommen haben. Der tatsächliche Ausgabewert lautete für beide 1, auch wenn das Modell anderer Meinung ist. Im Moment liefert unser neuronales Netzwerk also noch keine besonders guten Vorhersagen.

An dieser Stelle sieht sich unser Algorithmus die wahren Ausgabewerte an (1 und 1) und macht Meldung, dass die aktuellen Parameter falsch sind und angepasst werden müssen. Aber in welche Richtung sollten die Gewichtungen verändert werden und in welchem Maße? Hierfür kommt ein Algorithmus namens *Backpropagation*[5] (Fehlerrückführung) zum Einsatz. Er passt die Gewichtungen an und entscheidet, wie stark sie erhöht oder verringert werden sollen: Sollte das GPA eine größere Rolle spielen? Vielleicht sollte das Studienjahr weniger wichtig sein? Danach wird der Prozess wiederholt, und die aktualisierten Gewichtungen werden erneut benutzt, um Wills und Allies Daten zu bewerten. Diesmal lauten die Ausgaben 0,4

5 Für Freunde der Infinitesimalrechnung: Im Prinzip entspricht die Backpropagation der Kettenregel, die uns die Werkzeuge an die Hand gibt, mit denen wir verschachtelte Gleichungen, die in neuronalen Netzen zu finden sind, optimieren können.

und 0,6. Schon besser, aber Begeisterung kommt noch nicht auf. Die Backpropagation schickt ein Signal durch das Netzwerk zurück, damit die Gewichtungen erneut angepasst werden. Wieder und wieder. Im Laufe der Zeit bewegen sich die Parameter auf ihr hypothetisches Optimum zu, dessen vorhergesagte Werte im Durchschnitt am nächsten an den tatsächlichen Labels liegen[6].

Ein etwas komplexeres neuronales Netzwerk

Im vorherigen Beispiel haben wir einfach die logistische Regression benutzt, um ein neuronales Netzwerk darzustellen. Die Mathematik war die gleiche, und Sie könnten sich fragen, warum man das überhaupt macht. Warum sollte man die logistische Regression als sogenanntes neuronales Netzwerk darstellen?

Die Antwort auf diese Frage und der wahre Vorteil neuronaler Netzwerke besteht darin, was passiert, wenn Sie das Netzwerk um sogenannte *verborgene Schichten* (*Hidden Layers*) erweitern. Gehen wir also eine Ebene tiefer und fügen wir dem vorherigen Netzwerk eine verborgene Schicht mit drei Neuronen hinzu, die jeweils eine logistische Aktivierungsfunktion enthalten. Dadurch erhalten wir die in Abbildung 12-2 gezeigte Netzwerkstruktur.

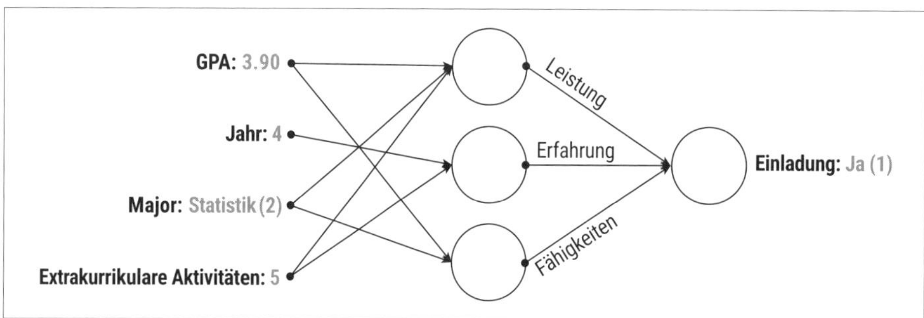

Abbildung 12-2: Ein neuronales Netzwerk mit einer verborgenen Schicht. Die mittlere Schicht ist zwischen der Haupteingabeschicht (links) und der Ausgabeschicht (rechts) »verborgen«.

Die Grundidee ist, dass die Neuronen in der verborgenen Schicht neue und andere *Repräsentationen* der Eingabedaten »lernen«, die eine Vorhersage erleichtern. Sehen wir uns hierzu das oberste Neuron der verborgenen Schicht an (die aus drei Neuronen bestehende Schicht in der Mitte der Abbildung). Für dieses Beispiel nehmen wir an, dass das oberste Neuron nach dem Training mit historischen Daten davon ausgeht, dass das GPA, der Abschluss und die Zahl der extrakurrikularen Aktivitäten wichtig sind, um eine Einladung zum Bewerbungsgespräch zu erhalten.

6 In der linearen Regression gibt es ein wahres Optimum für die Parameter (es gibt also einen Punkt, an dem die Summe der Quadrate nicht weiter verringert werden kann). Leider gibt es bei neuronalen Netzwerken oft keine Möglichkeit, herauszufinden, ob das neuronale Netzwerk ein mathematisches Optimum gefunden hat oder ob das Ergebnis einfach nur »gut genug« war.

Das heißt, Bewerber mit einem hohen GPA-Wert, vielen extrakurrikularen Aktivitäten und einem schwierigen Major-Studiengang würden dafür sorgen, dass dieses Neuron ein Signal »feuert«, das für ein neues Feature innerhalb der Daten steht, das beispielsweise *Leistung* (*Achievement*) heißen könnte. Mathematisch gesehen, heißt das, die Gewichtungen für GPA, Major und extrakurrikulare Aktivitäten sind in der Aktivierungsfunktion des Neurons »groß«.

Auf ähnliche Weise könnte das mittlere Neuron eine Kombination aus Studienjahr und der Anzahl extrakurrikularer Aktivitäten verwenden, um ein Signal für *Erfahrung* (*Experience*) zu feuern, während das untere Neuron feuert, wenn die Studierenden die passenden *Fähigkeiten* (*Skillset*) haben. Das ist natürlich alles nur hypothetisch. Ähnlich wie bei der Hauptkomponentenanalyse kategorisieren wir die Features auf Basis der Felder, die offenbar den größten Einfluss auf sie haben.

Um noch mal zusammenzufassen: Die vier ursprünglichen Dateneingaben werden an die verborgene Schicht übergeben und kommen als drei Features wieder heraus. Diese Features – Erfahrung, Leistung und Fähigkeiten – werden ihrerseits als Eingaben für das finale Neuron verwendet. Es übernimmt eine gewichtete Kombination dieser Eingaben, leitet sie durch eine weitere Aktivierungsfunktion und erzeugt daraus eine Vorhersage.

Aus rechnerischer Sicht kann man sich das Netzwerk als eine Reihe logistischer Regressionsmodelle in jedem Neuron vorstellen.[7] Innerhalb der verborgenen Schicht gibt es drei Regressionsmodelle, die die Anteile von GPA, Studienjahr, Major und extrakurrikularen Aktivitäten jeweils unterschiedlich bewerten. (Um die Darstellung nicht zu überfrachten, haben wir hier nicht alle Eingaben mit der verborgenen Schicht verbunden. Verbindungen, die kleine Gewichtungen ohne signifikante Auswirkungen haben würden, haben wir hier ignoriert.) Die Ausgaben dieser drei Modelle werden dann als Eingaben für das letzte Neuron verwendet, wo eine gewichtete Kombination dieser Eingaben die abschließende Ausgabe erzeugt.

Das Ergebnis sind mehrere ineinander verschachtelte mathematische Gleichungen, die russischen Matroschkapuppen ähneln. Unten sehen Sie ein Beispiel dafür, wie das aussehen könnte.

Die »äußere« Funktion ist die Aktivierungsfunktion der letzten Schicht des Netzwerks. Für das Netz in Abbildung 12-2 würde das so aussehen:

$$\textit{Wahrscheinlichkeit einer Einladung} =$$

$$1/1 + e^{-(w_1 * \textit{Leistung} + w_2 * \textit{Erfahrung} + w_3 * \textit{Fähigkeiten} + b)}$$

7 Wir machen hier einige Zugeständnisse. Diese Aussage ist nur wahr, wenn die Aktivierungsfunktion eine logistische Funktion ist.

Dabei ist jedes Feature in dieser Gleichung (Leistung, Erfahrung, Fähigkeiten) *eine eigene Gleichung*. Würden wir beispielsweise *Leistung* durch die tatsächliche Gleichung ersetzen, erhielten wir die unten stehende Formel (bitte halten Sie sich fest!):

$$\textit{Wahrscheinlichkeit einer Einladung} =$$

$$1 \Big/ 1 + e^{-\left(w_1 * \left(\frac{1}{1 + e^{-(w_{11} * GPA + w_{21} * Jahr + w_{31} * Major + w_{41} * extrakurrikular + b1)}}\right) + (w_2 * Erfahrung + w_3 * Fähigkeiten + b)\right)}$$

Und dabei haben wir nur *Erfahrung* durch ihre eigentliche Gleichung ausgetauscht. Die anderen beiden Features haben wir nicht ausgeschrieben. Hier kann man gut erkennen, dass neuronale Netzwerke letztendlich nur riesige mathematische Gleichungen sind.

Die Folge dieser Inception-artigen[8] Struktur ist eine gewaltige Gleichung mit vielen Parametern, die die Eingabedaten auf zahllose Arten miteinander kombiniert. Durch die Schichtung dieser Funktionen kann das Netzwerk weitere komplexe Repräsentationen in den Daten erkennen und so die Möglichkeit für feiner abgestimmte Vorhersagen schaffen.

Und genau wie Gedanken lassen sich auch neuronale Netzwerke nur schwer beschreiben. Das heißt, in der Praxis wird die verborgene Schicht sehr wahrscheinlich keine für Menschen verständlichen Repräsentationen erzeugen (wie die hier benutzten »Platzhalter« Leistung, Erfahrung und Fähigkeiten). Was noch schlimmer ist: Je mehr Ebenen und Neuronen Sie hinzufügen, desto komplizierter wird die Sache. Manchmal werden diese Modelle daher auch als *Black Boxes* (Behälter, von denen man nicht weiß, was in ihnen vorgeht) bezeichnet.

Wenn Sie anderen Menschen erklären, wie neuronale Netzwerke funktionieren, sollten Sie sich also nicht in dramatische Vergleiche mit dem menschlichen Gehirn verstricken. Es ist deutlich realistischer, neuronale Netze als riesige mathematische Gleichungen zu beschreiben. Diese werden typischerweise für Aufgaben des überwachten Lernens benutzt (Klassifikation oder Regression), die neue Repräsentationen der Daten finden können, mit deren Hilfe Vorhersagen erleichtert werden.

Aber was ist dann Deep Learning?

Anwendungen des Deep Learning

Als *Deep Learning* bezeichnet man eine Familie von Algorithmen, die eine künstliche neuronale Netzwerkstruktur mit zwei und mehr verborgenen Schichten verwenden (anders gesagt: ein künstliches neuronales Netzwerk mit einer besseren Marketingabteilung). Die Idee hinter der »Tiefe« (oder wie in Abbildung 12-3 der

8 Dies bezieht sich auf den Film *Inception*, in dem es um mehrere ineinander verschachtelte Träume geht. Mehr dazu finden Sie zum Beispiel in der Wikipedia unter *https://de.wikipedia.org/wiki/Inception*.

Breite) besteht bei neuronalen Netzwerken darin, immer mehr verborgene Schichten zu kombinieren, bei denen die Ausgaben einer Schicht als Eingaben für die folgende Schicht dienen. Bei jeder Schicht entstehen neue Abstraktionen und Repräsentationen der Daten, wodurch aus dem Eingabedatensatz immer subtilere Features entstehen.

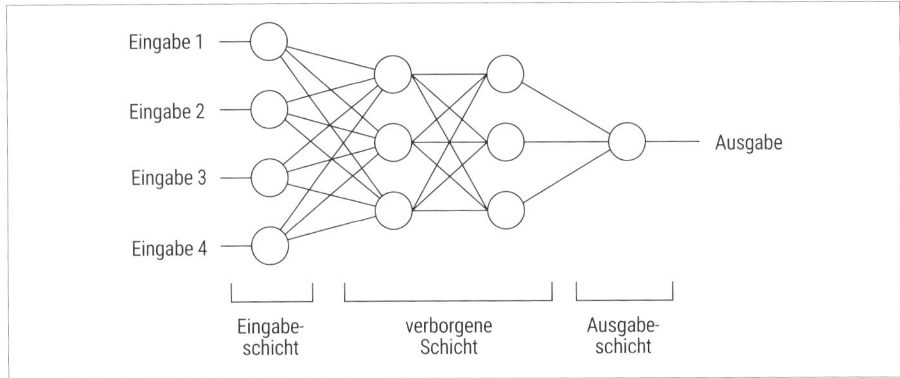

Abbildung 12-3: Ein Deep Neural Network mit zwei verborgenen Schichten

Das ist ein komplizierter Prozess, der nicht immer leicht durchzuführen war. Im Jahr 1989 erstellten Forscher unter der Führung von Yann LeCun[9] ein Deep-Learning-Modell, das handgeschriebene Ziffern als Eingaben übernahm und diesen automatisch das passende numerische Label (die passende Zahl) als Ausgabe zuwies. Das Ziel war eine automatische Erkennung von Postleitzahlen.

Das Netzwerk bestand aus über 1.200 Neuronen und fast 10.000 Parametern. (Stellen Sie sich das einen Moment lang vor. Das Modell in Gleichung 12-2. hat nur fünf Parameter. LeCuns Team brauchte also Zugriff auf Tausende handgeschriebener Zahlen mit den entsprechenden Labels, von denen gelernt werden konnte. Und all das musste mit Technologie der 1980er-Jahre umgesetzt werden.

Eine möglichst hohe Rechenleistung, ein großer, mit Labels versehener Datensatz und viel Geduld waren das Erfolgsrezept für diese Pionierleistung des Deep Learning. Während die Forschung große Fortschritte machte, ließen bahnbrechende Ergebnisse jahrelang auf sich warten. Die Gründe: Zum einen war das Training eines vielschichtigen (»tiefen«) neuronalen Netzwerks schmerzhaft langsam, und zum anderen war der Zugriff auf große Menge mit Labels versehener Daten begrenzt. Und auch Geduld hat irgendwann ihre Grenzen.

In den 2010er-Jahren startete eine Reihe von Faktoren eine Revolution im Deep Learning: das Zusammenfließen großer Datensätze (dank des Internets), verbesserte Algorithmen (wie z.B. bessere Aktivierungsfunktionen als die logistische Funktion) und schnelle Grafikprozessoren (GPUs). GPUs sorgten für hundert-

9 Le Cun, Y., *et al.* (1989). Backpropagation Applied to Handwritten Zip Code Recognition. *Neural Computation*, *1*(4), 541–551.

fach schnellere Trainingszeiten.[10] Plötzlich dauert der Prozess, Tausende Parameter zu lernen, nicht mehr Wochen und Monate, sondern nur noch ein paar Stunden oder Tage. Seitdem kommt es zu immer neuen Erfolgsmeldungen beim Deep Learning, besonders bei unstrukturierten Daten wie Text, Bildern und Audio – von der Identifizierung und dem Labeling von Gesichtern bis zur Konvertierung von Audiodaten in Text.

Die Vorteile des Deep Learning

Bevor wir darüber reden, wie Deep Learning mit unstrukturierten Daten umgehen kann, wollen wir besprechen, warum sich Deep Learning von den bereits bekannten Algorithmen unterscheidet. Ein paar Gründe kennen Sie schon: Die verborgenen Neuronen können neue und subtile Repräsentationen eines Datensatzes, Modellinteraktionen und nicht lineare Beziehungen erzeugen. Auf diese Weise können sie Nuancen entdecken, die andere Methoden vielleicht »übersehen«.

Aus praktischer Sicht kann das für Datenanalysten unglaublich hilfreich sein, weil es die Zeit für manuelles Feature Engineering deutlich verringern kann.

Feature Engineering bezeichnet die Kombination oder Umwandlung der Rohdaten in neue Features (Spalten) eines Datensatzes mithilfe des nötigen Fachwissens. Um beispielsweise herauszufinden, ob ein Hauskredit platzt, kann die Erstellung einer Erschwinglichkeitskennzahl die Leistungsfähigkeit eines Modells erhöhen. Hierfür könnte man die Eingaben »Kaufpreis« und »Einkommen« dividieren – Kaufpreis : Einkommen. Dieses Vorgehen kann allerdings sehr zeitaufwendig und ungenau sein. Deep Learning mit seinen verborgenen Schichten kann das Feature Engineering oft automatisieren, indem Repräsentationen der Daten erstellt werden, die für die Aufgabe der Vorhersage besser geeignet sind.

Je mehr Daten verfügbar sind und je tiefer die Netzwerkschichten reichen, desto komplexere und reichhaltigere Repräsentationen innerhalb der Daten kann das automatisierte Feature Engineering zum Vorschein bringen. So kann die Leistung weiter gesteigert werden, während das Netzwerk von größeren Datensätzen lernt. Diesen Vorgang sehen Sie in Abbildung 12-4.

Die Abbildung zeigt theoretische Leistungskurven verschiedener Algorithmen und wie traditionelle Methoden (logistische und lineare Regression) auch dann keine Verbesserung zeigen, wenn die Zahl der mit Labels versehenen Daten deutlich ansteigt. Die linearen Methoden können immer nur eine bestimmte Menge an Signalen auffangen. Bei immer tiefer reichenden neuronalen Netzwerken geht es darum, immer mehr Informationen und Vorhersageleistung aus den Daten herauszuquetschen. Und mit größeren Datenmengen steigen auch die Leistungen von tief geschachtelten neuronalen Netzwerken. Aus praktischer Sicht gibt es natürlich eine

10 Siehe auch den Artikel *From not working to neural networking* unter *https://www.economist.com/news/special-report/21700756-artificial-intelligence-boom-based-old-idea-modern-twist-not*.

Obergrenze – jeder Datensatz hat ein Limit. Und irgendwann ist auch der letzte Tropfen Saft aus der Zitrone herausgepresst.

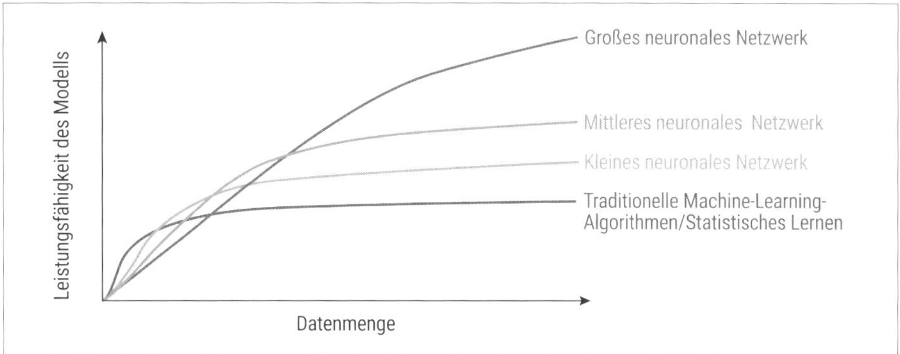

Abbildung 12-4: Theoretische Leistungskurven traditioneller Regressions- und Klassifikationsalgorithmen im Vergleich zu kleinen und großen neuronalen Netzwerken bei zunehmender Größe der gelabelten Daten[11]

In Abbildung 12-4 gibt es allerdings einen wichtigen Punkt zu beachten. Die Leistung eines Modells steigt nur dann, wenn die Daten auch aussagekräftige Signale oder Informationen enthalten. Und dafür gibt es keine Garantie.

Deep Learning mit seinem automatisierten Feature Engineering und seiner Fähigkeit, subtile Muster in Daten zu finden, ist gut für Probleme der Wahrnehmung geeignet. In den folgenden Abschnitten zeigen wir Ihnen, wie das geht.

Wie Computer Bilder »sehen«

Im vorherigen Kapitel haben Sie gelernt, wie ein Computer Texte »liest«. In diesem Abschnitt geht es darum, wie Computer Bilder »sehen«. Wir geben Ihnen außerdem einen Einblick darin, wie das Deep Learning im Bereich der Computervision funktioniert.

Abbildung 12-5 zeigt, wie ein einfaches Graustufenbild – eine handgeschriebene Zahl – für einen Computer aussieht.[12] Jedes Pixel des Bilds wird in einen Wert zwischen 0 (für Weiß) und 255 (für Schwarz) und die dazwischenliegenden Graustufen konvertiert. Die Abbildung zeigt ein gering aufgelöstes Bild von 8 × 9 Pixeln, das als Matrix mit 64 Werten zwischen 0 und 255 dargestellt werden kann. Men-

11 Bildquelle: *lilianweng.github.io/lil-log/2017/06/21/an-overview-of-deep-learning.html*, inspiriert von einem Bild in Ng, A. (2019). *Machine Learning Yearning: Technical Strategy for AI Engineers in the Era of Deep Learning*. Online abrufbar unter *mlyearning.org*.

12 Die automatische Erkennung von handgeschriebenen Ziffern gilt beim Studium des Deep Learning als eine Art Initiationsritus. Dies ist das Problem, das Yann LeCun, wie oben beschrieben, 1989 gelöst hat. Heutzutage kann der Prozess auf einem Laptop ausgeführt werden. Eine Datenbank mit handgeschriebenen Ziffern finden Sie hier: *yann.lecun.com/exdb/mnist*.

schen sehen links eine handgeschriebene Zahl – der Computer sieht darin eine Tabelle mit Zahlen.

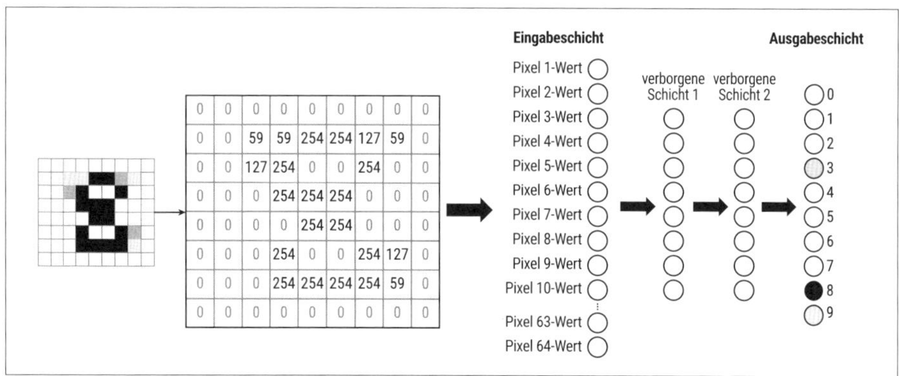

Abbildung 12-5: Wie sich ein Graustufenbild für einen Computer darstellt und wie die Daten an ein neuronales Netzwerk übergeben würden. Dunklere Schattierungen in der Ausgabeschicht stehen für die wahrscheinlichste Vermutung.

Und jetzt stellen Sie sich eine Datenbank mit mehreren Tausend Beispielen vor: handgeschriebene Zahlen zwischen 0 und 9 in verschiedenen Stilen und Handschriften. Werden Menschen gebeten, diese Zahlen zu identifizieren, klappt das selbst bei Kindern ohne Probleme. Aber wie würde ein Computer die Bildklassifikation vornehmen?

Wir könnten auf diesen Datensatz einen Lernalgorithmus anwenden, der Tausende handgeschriebener Buchstaben studiert. Stellen wir uns vor, dass die Neuronen in der verborgenen Schicht »feuern«, wenn eine Zahl beispielsweise einen geschlossenen Kreis enthält (0, 6, 8 oder 9), eine vertikale Linie (1, 4), eine horizontale Linie (2, 4, 7) oder auch eine Mischung aus allen drei Features.

Wir haben hier wieder geschummelt, um Ihnen einen Eindruck davon zu geben, was Neuronen repräsentieren *könnten*. Aber wie bereits gesagt, verborgene Schichten sind oft nur schwer zu interpretieren und können Repräsentationen hervorbringen, die keinen klaren Sinn ergeben. Der konzeptionelle Grundgedanke wird davon jedoch nicht berührt. Die inneren Neuronen können tatsächlich auf Muster in den Zahlen anspringen, die allerdings nur mathematisch einen Sinn ergeben, visuell dagegen nicht.

Neuronale Konvolutionsnetze

Kommen wir nun zu einer höher entwickelten Form der Bildanalyse: neuronale Konvolutionsnetze (*Convolutional Neural Networks*). Sie werden von Forschern eingesetzt, um größere (mit mehr Pixeln) und farbige Bilder zu klassifizieren.

Wir beginnen damit, wie ein Computer ein Farbbild »sieht«. Jedes Pixel eines farbigen Digitalbilds besteht aus den drei Farben Rot, Grün und Blau. Diese Informationen nennen wir *Farbkanäle*. Der rote Kanal enthält eine Matrix mit Werten zwischen 0 (kein Rot) und 255 (Rot). Das Gleiche gilt für den grünen und den blauen Farbkanal. Anstelle einer Matrix mit Zahlen haben wir jetzt also drei, wie Abbildung 12-6 zeigt.

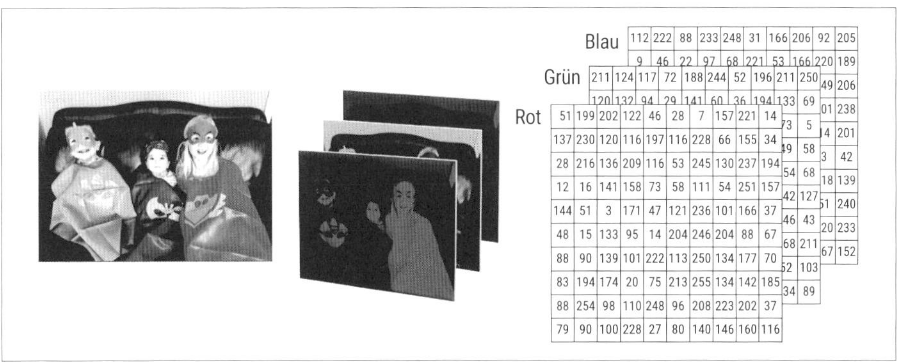

Abbildung 12-6: Farbbilder werden als 3-D-Matrizen für die Pixelwerte entsprechend den Werten für Rot, Grün und Blau dargestellt.

Ein 10 Megapixel großes Bild würde also 30 Millionen Zahlen enthalten (für jedes Pixel je ein Wert für Rot, Grün und Blau). Übergeben Sie diese 30 Millionen Eingaben an ein neuronales Netzwerk mit einer verborgenen Schicht aus 1.000 Neuronen, müsste Ihr Computer mal eben satte 30 Milliarden Gewichtungsparameter lernen.[13] Wenn Sie also nicht gerade Zugriff auf den größten Supercomputer der Welt haben (und selbst dann), wäre es sinnvoll, eine bessere Möglichkeit für den Umgang mit dieser enormen Informationsmenge zu finden.

Aber wie gehen Forscher und Deep-Learning-Praktizierende dann vor? Indem sie einen Prozess verwenden, der als *Faltung* (*Convolution*) bezeichnet wird. Faltung ist das mathematische Äquivalent einer Bildanalyse mit einer Reihe von Vergrößerungsgläsern, die jeweils einen unterschiedlichen Zweck haben. Wenn Sie die Lupen von links nach rechts und von oben nach unten über das Bild bewegen, werden Ihnen viele lokal begrenzte Muster auffallen: Linien, Ecken, abgerundete Kanten, Texturen und so weiter (siehe Abbildung 12-7). Die Faltung erledigt diesen Vorgang mathematisch. Sie führt Berechnungen an den Pixelwerten für einen bestimmten Bildausschnitt durch und findet dabei Kanten (zum Beispiel Nullwerte direkt neben hohen Werten) und andere Muster. Um die riesige Menge an Zahlen, die an dem Prozess beteiligt sind, zu reduzieren, werden die Zahlen zusammengefasst (»gepoolt«), um diejenigen mit den auffälligsten Features zu finden.

13 Jedes der 1.000 Neuronen wäre eine gewichtete Summe der 30 Millionen Eingabewerte.

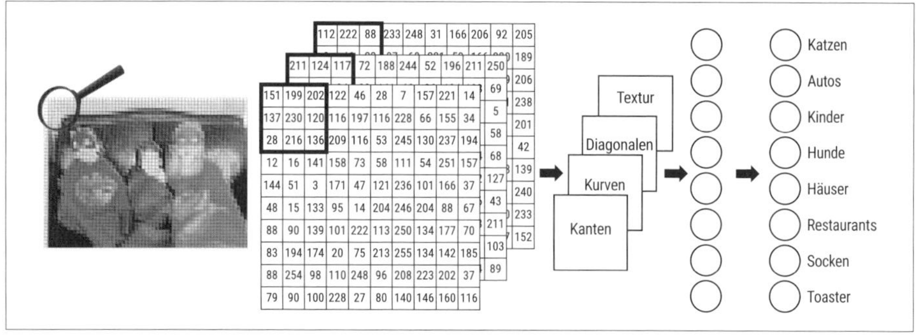

Abbildung 12-7: Die Faltung funktioniert wie eine Reihe von Lupen, die verschiedene Formen in einem Bild erkennen, die dann zur Klassifikation an die verborgenen Schichten eines neuronalen Netzwerks übergeben werden.

Nachdem die Faltung lokale Muster wie horizontale oder diagonale Kanten gefunden hat, beginnen die Neuronen der verborgenen Schicht, die (mathematisch gesehen) wichtigen Kanten wieder zusammenzusetzen und für die Zielausgabe unwichtige Informationen auszufiltern. Sie drehen die Daten so durch die Mangel, dass das Netzwerk lernen kann, zu erkennen, ob auf einem Bild Kinder zu sehen sind, oder den Unterschied zwischen den Gesichtern der Autoren auf einem anderen Foto. Im Fall von selbstfahrenden Autos können parkende von fahrenden Autos unterschieden werden, Fußgänger von Bauarbeitern und Stoppschilder von Vorfahrtschildern.

Der Faltungsprozess reduziert nicht nur die Anzahl der Werte, die an die bekannte neuronale Netzwerkstruktur übergeben werden (es geht immer noch darum, Milliarden von Zahlen zu schätzen), er »sucht« auch in mehreren Bildern nach ähnlichen Features. Im Gegensatz zu strukturierten Datensätzen, bei denen der Ort eines Features in einer ganz bestimmten Spalte codiert ist, müssen die Features in einem Bild nicht nur analysiert, sondern auch gefunden werden. Mit dieser Technik können soziale Medien Ihr Gesicht erkennen, egal wo im Bild Sie sich verstecken.

Deep Learning für Sprache und Wortsequenzen

Im Bereich von Sprache und Wortsequenzen hat das Deep Learning durch die Struktur der *rekurrenten neuronalen Netzwerke* (engl. *Recurrent Neural Networks*) für Fortschritte gesorgt. Wie Sie aus dem vorherigen Kapitel wissen, funktionieren traditionelle Methoden der Textanalyse nicht, weil sie die Wortreihenfolge ignorieren. Alles wird einfach in einen großen »Bag of Words« geworfen.

Selbstverständlich spielt die Wortreihenfolge aber eine wichtige Rolle. Nehmen Sie zum Beispiel die folgenden zwei Sätze, die beide das Wort »Tau« enthalten. Können Sie sagen, wie die abgeschnittenen Wörter enden?

1. Es war eine kalte Nacht. An den Gräsern hingen Tau__________.
2. Beide Mannschaften strengten sich beim Wettbewerb im Tau__________ redlich an.

Sehr wahrscheinlich hat Ihr Gehirn die fehlenden Teile ohne Probleme ergänzt: »tropfen« und »ziehen«. Als Sie auf das fehlende Wort im ersten Satz stießen, befanden sich die Wörter »kalte Nacht« und »Gräser« in Ihrem Kurzzeitgedächtnis. Natürlich lautete die Antwort »Tautropfen«. Entsprechend waren es im zweiten Satz die Wörter »Mannschaften« und »Wettbewerb«, die anzeigten, dass die Antwort für den zweiten Satz »Tauziehen« lauten musste. In beiden Fällen hat Ihr Gehirn sich frühere Informationen gemerkt, während neuere verarbeitet wurden. Ein rekurrentes neuronales Netzwerk[14] ist die rechnerische Entsprechung dazu.

Abbildung 12-8 zeigt ein einfaches rekurrentes neuronales Netzwerk, bei dem die Ausgabe in das Netzwerk zurückgeleitet wird, wodurch eine Art »Gedächtnis« entsteht.

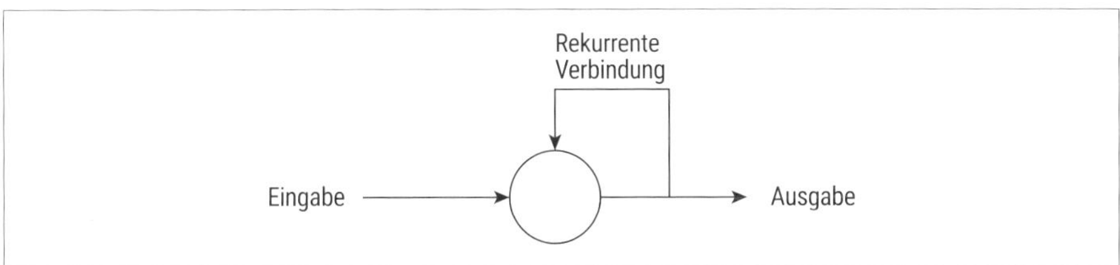

Abbildung 12-8: Ein einfaches rekurrentes neuronales Netzwerk

Für das Textkassifikationsproblem »Welches Wort kommt danach?« bilden Tausende oder Millionen von Eingabe/Ausgabe-Paaren von sich überschneidenden Wortfolgen einen Trainingsdatensatz. Die Eingabe »Es war eine kalte« würde beispielsweise auf die Ausgabe »war eine kalte Nacht« abgebildet. Während das System die Wortfolgen durchläuft, »merkt« es sich auch die früheren Wörter. Wenn das Netzwerk also die Eingabe »Gräsern hingen Tau« sieht, wird die Ausgabe wahrscheinlich »hingen Tau*tropfen*« lauten, wenn die historischen Daten die Phrase »Tautropfen« oder »hingen Tropfen« enthielten.

Deep-Learning-Algorithmen wie dieser können verwendet werden, um Ihnen bei der schnelleren Erstellung von E-Mail-Antworten und der Rechtschreibkorrektur zu helfen. Diese Technologie steht in Google Smart Compose für Gmail seit 2018 zur Verfügung. Sie macht beispielsweise Vorschläge für die Vervollständigung Ihrer ________. Und angetrieben wird sie durch rekurrente neuronale Netzwerke.[15]

Nachdem wir die technische Details des Deep Learning besprochen haben, wollen wir nun auf die Praxis eingehen.

14 Es gibt mehrere Arten rekurrenter neuronaler Netzwerke. Das aktuell beliebteste heißt Long Short-Term Memory Network (LSTM).

15 *www.blog.google/products/gmail/subject-write-emails-faster-smart-compose-gmail*

Deep Learning in der Praxis

Zugegeben: Es ist schwer, nicht vom Deep Learning fasziniert zu sein. Wir haben hier gerade mal einen Bruchteil der Möglichkeiten berührt. Und die größten Denker unserer Zeit sind davon überzeugt, dass sie sich in Zukunft auf viele Lebensbereiche auswirken wird. Dennoch kann diese Begeisterung von den vor uns liegenden Herausforderungen ablenken. Diese werden uns bei der Arbeit mit Daten immer wieder begegnen.

Haben Sie Daten?

So faszinierend das Deep Learning auch ist und klingt – die größte Hürde für Unternehmen liegt vermutlich darin, sich ausreichend mit Labels versehene Trainingsdaten zu beschaffen. Wie im Zitat am Anfang des Kapitels bereits gesagt, sind Daten die Rohmaterialien, ohne die nichts möglich wäre und die unsere intelligenten Maschinen antreiben. Dennoch sehen wir es immer wieder (und wir haben es bereits mehrmals wiederholt), dass viele Unternehmen übereilt versuchen, Deep Learning einzusetzen, ohne über genügend mit Labels versehene Daten für ihre spezielle Anwendung zu verfügen.

Der Deep-Learning- und KI-Experte Andrew Ng hat diese Datenherausforderung einmal so formuliert:[16]

> Eine der größten Herausforderungen bei der Nutzung von KI in der Wirtschaft ist die schiere Menge der nötigen Anpassungen. Damit hergestellte Güter mit Computervision kontrolliert werden können, müssen wir für jedes Produkt ein anderes Modell trainieren: für jedes Smartphone-Modell, jeden Halbleiterchip, jedes Elektrogerät und so weiter.

Jedes dieser Modelle bräuchte einen eigenen großen Satz an gelabelten Bildern.

Transfer Learning (oder wie man von kleinen Datensätzen lernt)

Wenn Ihnen *ein paar* mit Labels versehene Daten zur Verfügung stehen, vielleicht Hunderte, aber nicht Tausende von Bildern, haben Sie vielleicht Glück mit dem *Transfer Learning*.

Die Idee des Transfer Learning besteht darin, ein Modell darauf zu trainieren, Dinge des täglichen Lebens zu erkennen (Ballons, Katzen, Hunde etc.). Die mehrere Tausend Parameterwerte des Netzwerks wurden darauf optimiert, mit einer Gruppe von Bildern zu arbeiten. Zu Beginn wurden die einfachen, flachen Schichten neuronaler Netzwerke darauf trainiert, einfache Muster zu erkennen, wie Formen und Linien. Die folgenden tieferen Schichten kombinieren diese Formen und Linien normalerweise, um das erwartete Ausgabebild zu erzeugen.

16 *blog.deeplearning.ai/blog/the-batch-ai-researchers-under-fire-rl-agents-in-danger-bias-in-synthetic-data-one-neuron-to-rule-them-all*

Beim Transfer Learning werden diese letzten Schichten weggelassen. Dies sind genau die Schichten, die ansonsten lernen würden, wie aus Linien und Kanten zum Beispiel Katzen und Hunde geformt werden. Sie werden durch neue Schichten ersetzt, die mit etwas zusätzlichem Training lernen, wie diese Formen kombiniert werden können, um beispielsweise die Umrisse von Tumoren in medizinischen Bildern zu erkennen.

Sind Ihre Daten strukturiert?

Die überzogenen Erwartungen an das Deep Learning stammen größtenteils von seiner Vorhersageleistung bei Wahrnehmungsdaten: bei Bildern, Videos, Text und Audio. Daten, die wir verstehen, von denen wir begeistert sein können und deren Ergebnisse wir nutzen können, ohne hierfür eine Tabelle betrachten zu müssen. Auch bei strukturierten Daten, also den typischen Zeilen und Spalten, kann Deep Learning helfen, die Leistung zu verbessern. Das ist allerdings eher selten.

Wenn Ihre Datenanalysten Deep Learning bei der Erstellung eines überwachten Lernmodells als letzte Rettung betrachten – »... alles andere hat nicht geklappt, probieren wir es mit Deep Learning!« –, sollten Sie sich auf eine Enttäuschung einstellen.

Bei strukturierten Daten sind baumbasierte Methoden (siehe Kapitel 10) dem Deep Learning oft überlegen. Sicher gibt es Ausnahmen, aber wenn Ihr Modell bereits mit baumbasierten Methoden peinlich ungenau ist, können Sie Ihre Zeit woanders besser einsetzen. Suchen Sie nach Problemen mit den Daten selbst und überlegen Sie, ob das zu lösende Problem überhaupt nachvollziehbar ist. (Vergessen Sie nicht: Mit Labels versehene Daten sind keine Garantie für sinnvolle Verbindungen zwischen Ein- und Ausgaben.) Deep Learning kann Beziehungen zwischen Ein- und Ausgaben gut nutzen, *aber nur wenn diese Beziehungen auch existieren*. Aus dem Nichts kann auch das Deep Learning nichts erschaffen.

Die Qualität und Reichhaltigkeit Ihrer Daten ist auch weiterhin wichtig.

Wie wird das Netzwerk aussehen?

Nach dem, was Sie bisher gelesen haben, scheint die Einrichtung eines neuronalen Netzwerks für das Deep Learning einfach zu sein. Dabei gilt es aber Dutzende von Entscheidungen zu treffen:

- Wie viele Schichten soll das Netzwerk haben?
- Wie viele Neuronen sollen die einzelnen Schichten enthalten?
- Welche Aktivierungsfunktion soll benutzt werden?

Wir werden diese Fragen hier nicht beantworten (dafür gibt es eine ganze Reihe guter Bücher, zum Beispiel die unten im Kasten genannten). Allerdings sollten Sie wissen, dass Datenanalysten eine Menge Zeit, vermutlich Wochen, dafür einplanen werden, um mit diesen Parametern und der Grundarchitektur des Netzwerks zu experimentieren. Außerdem sollten Sie bei der Erstellung eines großen Netzwerks eine Überanpassung (Overfitting) vermeiden (alle Lektionen aus den Kapiteln 9 und 10 gelten auch hier!).

Deep Learning für Praktiker

Wenn Sie lernen wollen, Deep-Learning-Modelle selbst zu erstellen, empfehlen wir Ihnen die Buchreihe von François Chollet. Er verwendet die Deep-Learning-Bibliothek Keras für die Programmiersprachen Python und R.

- Chollet, François, *Deep Learning mit Python und Keras*, mitp 2018.
- Chollet, François, und Allaire, J. J., *Deep Learning with R*, Manning 2018.

Gut eignen sich auch diese Bücher von O'Reilly:

- Rashid, Tariq, *Neuronale Netze selbst programmieren: Ein verständlicher Einstieg mit Python*, O'Reilly 2017.
- Géron, Aurélien, *Praxiseinstieg Machine Learning mit Scikit-Learn, Keras und TensorFlow: Konzepte, Tools und Techniken für intelligente Systeme*, 2. Auflage, O'Reilly 2020.

Die künstliche Intelligenz und Sie

Bevor wir dieses Kapitel beenden, müssen wir noch kurz über künstliche Intelligenz (KI) und ihre weitreichenden Folgen sprechen. Als Data Head sollten Sie wissen, dass es zwei Arten von künstlicher Intelligenz gibt. Die erste heißt *Artificial General Intelligence* (AGI – allgemeine oder allumfassende künstliche Intelligenz). Sie entspricht im Grunde einer vollständigen menschlichen Wahrnehmung. Dies wäre der richtige Platz für Ihr Lieblingszitat aus einem Science-Fiction-Film. Aber keine Sorge. Im Bereich der AGI gibt es nur wenige Verbesserungen, jedenfalls nicht so viel, dass Sie sich Sorgen machen müssten.

Im Bereich der *Artificial Narrow Intelligence* (ANI – schwache künstliche Intelligenz) sind dagegen deutliche Fortschritte zu beobachten. Damit sind Computersysteme gemeint, die genau eine Aufgabe besonders gut erledigen, wie Gesichtserkennung, Sprachübersetzungen oder Erkennung von Betrug. Hierbei muss man allerdings sagen, dass ANI funktioniert, weil Machine Learning funktioniert. Sie können guten Gewissens davon ausgehen, dass *KI im Grunde maschinelles Lernen* ist. Wenn Sie und Ihre Mitarbeiterinnen und Mitarbeiter über KI sprechen oder irgendjemand versucht, Ihnen KI zu verkaufen, sprechen Sie in Wirklichkeit über Machine Learning. Geht es bei dem Problem um wahrnehmungsbasierte, unstrukturierte Daten, sprechen Sie von Deep Learning. Machine Learning ist eine Untermenge der künstlichen Intelligenz, und Deep Learning ist eine Untermenge des Machine Learning (siehe Abbildung 12-9).

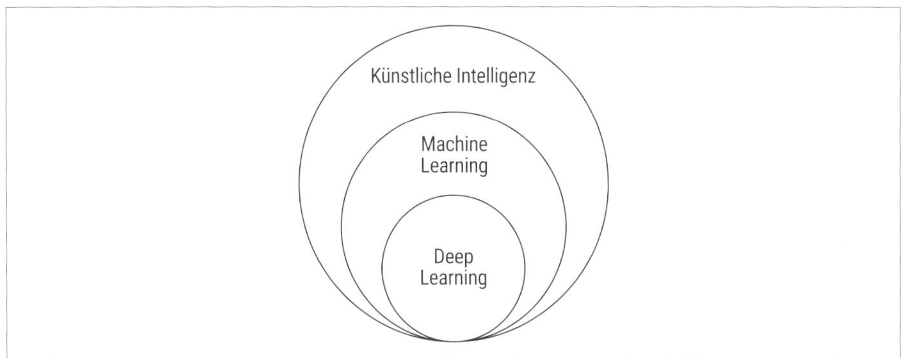

Abbildung 12-9: Deep Learning ist eine Untermenge des Machine Learning, das wiederum eine Untermenge der künstlichen Intelligenz ist.

Manche Menschen verwenden den Begriff KI großzügiger als andere. Ein System für Filmempfehlungen wird von einem Großteil der Gesellschaft beispielsweise als KI bezeichnet, obwohl es eigentlich besser maschinelles oder statistisches Lernen genannt werden sollte. Aber warum ist diese Unterscheidung überhaupt wichtig? Weil eine »KI« so, wie der Begriff in den Medien oft verwendet wird, große, von Menschen wie Ihnen und uns kuratierte Datensätze benötigt. Das erfordert ehrliche Diskussionen über Datenqualität, Variabilität, mögliche Data Leakage, Überanpassung und eine ganze Reihe weiterer praktischer Problemstellungen. KI verstärkt Muster von Daten, die in der Vergangenheit gesammelt wurden. Es geht nicht darum, den menschlichen Verstand oder auch nur etwas Ähnliches nachzubauen.[17]

Die großen Technologiekonzerne haben die Oberhand

Auch in diesem Bereich haben die großen Tech-Unternehmen die Oberhand. Sie haben jahrelang mit Labels versehene Trainingsdaten gesammelt, um Machine- und Deep-Learning-Modelle damit zu trainieren.

Erinnern Sie sich noch daran, als Sie damals Ihre Facebook-Fotos angeklickt haben (»Ja, das bin ich«)? Das Gleiche haben Millionen anderer Menschen ebenfalls getan und Facebook so eine riesige Menge an Bildern (Eingaben) mit der Position der Gesichter (Ausgaben) geschenkt. Deep Learning ist jetzt in der Lage, einen Rahmen um Ihr Gesicht zu zeichnen und festzustellen, ob Sie es sind oder vielleicht einer Ihrer Freunde. Und diese nervigen Beweisen-Sie-dass-Sie-ein-Mensch-sind-Aufforderungen (sogenannte Captchas) für die Anmeldung bei einer Website (»Wählen Sie alle Kästen aus, auf denen ein Zebrastreifen zu sehen ist.«) werden benutzt, um die Deep-Learning-Netzwerke zu trainieren, die für die Steuerung autonomer Fahr-

17 Anmerkung des Übersetzers: An dieser Stelle möchte ich Ihnen noch einmal das ausgezeichnete Buch *Künstliche Intelligenz – Wie sie funktioniert und wann sie scheitert: Eine unterhaltsame Reise in die seltsame Welt der Algorithmen, neuronalen Netze und versteckten Giraffen* von Janelle Shane (O'Reilly) ans Herz legen. In meinen Augen stellt es den idealen Begleiter zu diesem Buch dar.

zeuge eingesetzt werden sollen.[18] Vielleicht sollten Sie noch warten, in ein selbstfahrendes Auto einzusteigen, bis die Websites aufhören, Sie zu bitten, Stoppschilder zu identifizieren.

Das Sammeln von Daten ist der weniger bekannte Teil des Deep Learning. Er ist sicherlich nicht so glamourös, wie über das menschliche Gehirn und automatische Bilderkennung zu sprechen. Wenn Sie sich allerdings fragen, ob es für Ihr Unternehmen sinnvoll ist, Deep Learning – oder Machine Learning allgemein – einzusetzen, wäre die Beschaffung von mit Labels versehenen Daten der erste Schritt. Machen Sie sich keine Sorgen, wenn Sie zwar Daten haben, diese aber noch nicht mit Labels versehen sind. Um diese Aufgabe herum ist eine ganze Branche entstanden. Schon für wenig Geld werden Leute Ihre Daten mit Labels versehen. Und eine Zukunft, in der Sie bezahlbaren Zugriff auf die von Ihnen benötigten Datensätze haben werden, ist nicht mehr weit.

Ethik im Deep Learning

Ihre Autoren sind keine Ethiker. Wir sind also nicht unbedingt die richtigen Ansprechpartner, um eine solche Diskussion zu leiten. So oder so sollte ein Data Head diese Diskussion nicht leiten müssen, um daran teilnehmen zu können. Da Sie aber bei der Arbeit mit Daten an vorderster Front stehen, sollten Sie genau im Auge behalten, wie sie verwendet werden.

Die Datenmenge wächst schneller als unsere Fähigkeit, die dadurch geschaffenen Probleme zu formulieren. Im Rahmen einer rhetorischen und allgemeinen Kritik an neuen Technologien ergibt das durchaus einen Sinn. Aber die Verwendung von Daten wirft noch deutlich größere Probleme auf: zum einen, weil wir fälschlicherweise davon ausgehen, dass sie eine unerschütterliche Grundwahrheit darstellen, und zum anderen, weil es uns fasziniert, wie die Algorithmen scheinbar unsere eigenen Fähigkeiten zur Entscheidungsfindung abbilden.

Und obwohl wir betont haben, dass die Algorithmen keine Kopien menschlichen Denkens sind, können sie menschlich genug *erscheinen*, um uns zu täuschen. Hacker haben beispielsweise eine Form des Deep Learning namens *Generative Adversarial Networks* (GANs, generative gegnerische Netzwerke) benutzt, um »Deep Fakes« menschlicher Gesichter herzustellen. Auf diese Weise können Sie eine reale Person mit einem gefälschten Gesicht versehen, um beispielsweise vorzutäuschen, dass diese Person etwas getan hat, obwohl das nicht stimmt. Nachrichten über gefälschte Ereignisse könnten via Twitter mit realistischen Überschriften (die ebenfalls aus echten Überschriften »gelernt« wurden) verbreitet werden. Es gibt eine Reihe von Möglichkeiten, wie Technologie uns täuschen kann.

Auf einer noch tieferen Ebene sollten wir vorsichtig damit sein, welche menschlichen Bewertungen wir durch Deep Learning zu ersetzen versuchen. Wie nützlich

18 *hackernoon.com/you-are-building-a-self-driving-ai-without-even-knowing-about-it-62fadbfa5fdf*

ist beispielsweise ein KI-Werkzeug, das einem Richter die Wahrscheinlichkeit vorhersagt, mit der ein früherer Straftäter rückfällig wird?

Wie schon gesagt, der größte Kritikpunkt am Deep Learning ist die Verwirrung darüber, was tatsächlich hinter den Kulissen passiert. Eine gigantische mathematische Gleichung mit Millionen von Parametern ist schwer zu erklären. Dennoch werden genau diese Gleichungen möglicherweise bei der Verurteilung von Straftätern eingesetzt oder als Sicherheitsfeature eines Telefons (Apples Gesichtserkennung) oder um eine Vollbremsung Ihres Autos auszulösen oder das Lenkrad herumzureißen, um dem Reh vom Anfang dieses Kapitels auszuweichen.

Und was noch schwerer wiegt: Oft geht es in unseren Modellen nicht einfach um Datenpunkte, sondern um Menschen. Teile ihrer Identität werden codiert und mit Labels versehen. Wenn wir die Daten bekommen, haben sie vielleicht nur wenig Bedeutung für uns. Aber wenn wir akzeptieren, dass Daten schneller wachsen, als wir in der Lage sind, die dadurch entstehenden Probleme zu artikulieren, dürfen wir nicht davon ausgehen, dass die Gesellschaft unserer Verwendung der Daten bereits zugestimmt hätte. Auch wenn wir bestimmte Features sammeln und Algorithmen ausführen, heißt das noch lange nicht, dass wir das auch tun sollten. Und obwohl Sie nun über die Werkzeuge verfügen, die Konzepte hinter sorgfältig konstruierten Deep-Learning-Applikationen zu verstehen, können Sie nicht davon ausgehen, dass jede Applikation sie auch korrekt benutzt. Selbst in Ihrem eigenen Unternehmen sollten Sie sich nicht sofort davon beeindrucken lassen, wenn jemand behauptet, Deep Learning würde die Probleme schon lösen. Bestehen Sie nicht nur darauf, die Daten und Algorithmen zu sehen, sondern fragen Sie auch, *wer von den Ergebnissen betroffen ist. Kann ich dem guten Gewissens zustimmen?*

Das heißt, wenn Maschinen immer schlauer werden, dann müssen Sie das auch werden. Sehen Sie Ihre eigene Rolle bei der Nutzung von Daten zur Verbesserung von Unternehmen und Gesellschaft nicht als selbstverständlich an.

Zusammenfassung

In diesem Kapitel haben wir viele der Lektionen der vorherigen Kapitel zusammengebracht, um Deep-Learning-Netzwerke zu erklären. Bedenken Sie, dass Deep Learning auf künstlichen neuronalen Netzwerken basiert, dass künstliche neuronale Netzwerke aus Neuronen bestehen, wobei jedes Neuron für eine mathematische Gleichung steht, die Aktivierungsfunktion genannt wird. Jede Schicht gibt ihre Ergebnisse an ein oder mehrere Neuronen weiter. Diese Schichten bilden Unterfunktionen, die ihre Ergebnisse an die finale Schicht weiterleiten. Das alles zusammen ergibt eine große (und eindrucksvolle!) mathematische Gleichung, die als Vorhersagemodell dient.

Das Deep Learning ist ein aufregendes neues Kapitel für das Machine Learning. Die Fähigkeit, komplexere Modelle auszuführen, wird von Tag zu Tag einfacher und billiger. Doch trotz dieser Verheißung müssen wir unsere Erwartungen an das Deep

Learning zu Beginn angemessen festlegen. Deep Learning eignet sich gut für Wahrnehmungsprobleme wie die Zuordnung von Bildern und Text, die aus Daten von möglichst hoher Qualität mit korrekten Labels bestehen. Deep Learning ist nicht immer die beste Wahl, um kleine Probleme mit strukturierten Daten zu lösen.

Letztendlich werden diese Modelle von Menschen ausgeführt. Lassen Sie sich durch den Mythos um Deep Learning nicht dazu verleiten, zu glauben, dass Deep Learning schlauer sei als Sie oder dass Deep Learning frei von Vorurteilen sei. Am Ende des Tages ist und bleibt es Ihre Arbeit, und Sie müssen dazu stehen und sie vertreten können.

TEIL IV

Den Erfolg sichern

In Teil IV finden Sie heraus, wie Sie bei Ihrer Entwicklung zum Data Head am besten profitieren können, indem Sie aus den Fehlern (technisch und menschlich) anderer lernen.

Hier die Themen:

Kapitel 13: *Achten Sie auf Fallstricke*

Kapitel 14: *Menschen und Persönlichkeiten kennen*

Kapitel 15: *Was kommt danach?*

KAPITEL 13
Achten Sie auf Fallstricke

»Das erste Prinzip lautet, sich nicht selbst zu täuschen, denn Sie sind die Person, die am einfachsten zu täuschen ist.«

– *Richard P. Feynman, Physik-Nobelpreisträger*

Bei der Arbeit mit Daten geht es auf vielerlei Weise darum, zu erkennen, welche Fehler passieren können, wenn Sie bei der Interpretation nicht auf der Hut sind. Einige Fehler lassen sich leicht ausbügeln, sind aber schwer zu finden, wenn Sie nicht wissen, wonach Sie suchen müssen. Und wenn Sie nicht aufpassen, können sich diese Fehler schnell in größere Katastrophen verwandeln, wie mehrfach in diesem Buch gezeigt (denken Sie nur an das *Challenger*-Unglück oder den Kollaps des US-Immobilienmarkts).

In diesem Kapitel wollen wir Sie an die Gefahren erinnern, die Sie in diesem Buch kennengelernt haben, und Ihnen eine Reihe weiterer Fallstricke zeigen, die – wenn Sie nicht aufpassen – Ihre Arbeit scheitern lassen oder (schlimmer noch) Sie von etwas überzeugen können, das nicht der Wahrheit entspricht.

Natürlich ist es einfach, sich über die Fehler anderer zu beklagen. Zugegeben: Es macht vielleicht sogar Spaß, über Datenpannen und Patzer zu sprechen. Und auch wenn wir Sie dazu anhalten, die Arbeit in Ihrer Branche mit kritischen Augen zu betrachten, sollten wir erkennen, dass Veränderungen durch Empathie und Ermutigung möglich sind. Ehrliche Fehler passieren, und Sie können sicher sein, dass Ihre Autoren dieses Wissen auf die harte Tour gelernt haben. Wir sollten uns darüber im Klaren sein, dass die meisten Pannen nicht böswillig passieren. Oftmals wissen die Menschen einfach nicht, was alles schiefgehen kann. In diesem Kapitel werden diese Probleme offen angesprochen.

Bias und seltsame Datenphänomene

Bias (also Verzerrungen, Fehlwahrnehmungen, Voreingenommenheit und Vorurteile) ist ein komplexes Thema, das sich über verschiedene Disziplinen erstreckt. Wir verstehen unter *Bias* die einseitige (und manchmal sogar widersprüchliche) Bevorzugung bestimmter Ideen und Konzepte durch Einzelpersonen, die durch

Gruppen noch verstärkt wird. In diesem Abschnitt besprechen wir häufig vorkommende Bias aus der Welt der Daten. Außerdem geht es um Phänomene, bei denen der erste Blick auf die Daten Sie von einer Sache überzeugen kann, ein zweiter Blick jedoch etwas anderes offenbart.

Survivorship Bias

Stellen Sie sich vor, eine Investmentgesellschaft legt im gleichen Jahr Dutzende von Fonds auf, die aus einer zufälligen Auswahl an Aktien bestehen. Erreicht ein Fonds in einer bestimmten Zeit nicht seinen Benchmark (zum Beispiel wenn der S&P-500-Index um 10 % steigt, der Fonds aber nur um 3 %), wird er stillschweigend eingestellt. Nach ein paar Jahren bleiben nur noch die profitabelsten Fonds – die »Überlebenden« (*Survivors*) – übrig, diese jedoch mit einer beeindruckenden Rendite. Zu diesem Zeitpunkt kommen Sie als Investor vorbei, um Geld anzulegen. Ihnen werden Daten vorgelegt, die die jährliche Marktperformance der Fonds des Unternehmens zeigen.

Würden Sie hier guten Gewissens investieren?

Vielleicht. Unternehmen trennen sich auf vielerlei Weise von leistungsschwachen Fonds, was nicht grundsätzlich schlecht ist. Vorzugeben, die schwachen Fonds hätten niemals existiert, ist dagegen schlecht, weil es einen Bias schafft. In diesem Beispiel hat man Ihnen die Daten zu den »schlechten« oder glücklosen Fonds vorenthalten, weil sie eingestellt wurden. Das lässt den Eindruck entstehen, die Leistung des Unternehmens sei höher, als sie eigentlich ist. In der Folge glauben Sie, das Unternehmen verfüge über ausgezeichnete Aktienexperten, obwohl die plausible Erklärung für die Leistung schieres Glück ist.

Dies ist ein Beispiel für den sogenannten *Survivorship Bias* (Überlebenden-Verzerrung), den »logischen Fehler, sich auf Menschen oder Dinge zu konzentrieren, die einen früheren Auswahlprozess überstanden haben, dabei aber diejenigen zu übersehen, die gescheitert sind, typischerweise weil sie schlicht nicht sichtbar sind«.[1]

Ein klassisches Beispiel für den Survivorship Bias stammt von dem Statistiker Abraham Wald, der versuchte, die Verluste der alliierten Bomberflotte im Zweiten Weltkrieg zu verringern. Flugzeuge kamen mit teilweise ernsthaften Schäden und Einschusslöchern in den Flügeln zurück. Die ursprüngliche Idee war, die Flugzeuge dort zu verstärken, wo die Schäden am größten waren. Allerdings bemerkte Wald, dass er hier einem Survivorship Bias erlegen war. Die Erfahrungen stammten von Flugzeugen, die *zurückgekommen* waren. Was aber war mit denen, die es nicht geschafft hatten? Was sagt das Muster der Schäden über *sie* aus?

Walds scheinbar widersprüchliche Empfehlung lautete, die Bereiche zu verstärken, die am *wenigsten* beschädigt waren. Warum? Weil es Flugzeuge, die in diesen Bereichen getroffen wurden, nicht zurückgeschafft haben.

1 Übersetzung des englischen Wikipedia-Artikels zum Thema. Die deutsche Version finden Sie unter *https://de.wikipedia.org/wiki/Survivorship_Bias*.

Regression zur Mitte

Die »Regression zur Mitte« (*Regression to the Mean*) scheint recht einfach zu sein: Auf extreme Werte für zufällige Ereignisse folgen oft weniger extreme Werte. Diese Beobachtung wurde im Jahr 1886 ursprünglich von Sir Francis Galton[2] als »Rückentwicklung in die Mittelmäßigkeit« (*Regression towards Mediocracy*) bezeichnet. Ihm fiel auf, dass Kinder oft kleiner waren als ihre besonders großen Eltern, während die Kinder überdurchschnittlich kleiner Eltern größer waren als diese (die Kinder hatten sich *zurückentwickelt*). Was Galton tatsächlich bemerkte, war jedoch eine natürliche grundsätzliche Stabilität in der Größe von Menschen und ihren Nachkommen. In beiden Fällen folgten auf extreme Werte (groß und klein) normalerweise weniger extreme Werte (weniger groß oder klein).

Auch wenn dieses Beispiel offensichtlich erscheint, hat die Regression zur Mitte größere Auswirkungen auf mögliche Schlussfolgerungen. Wenn Sie die Daten nicht ganzheitlich – quasi aus der Vogelperspektive – betrachten, erscheinen manche Beobachtungen extrem. Der Bias besteht darin, auf diese Extreme zu reagieren, ohne zu bedenken, dass ein leichter vorhersagbares Ereignis – das sich näher am zugrunde liegenden Mittelwert befindet – bevorsteht, ob Sie nun auf die Daten reagieren oder nicht.

Stellen Sie sich einen Spieler in der National Football League (NFL) der USA vor. Er hat ein außergewöhnlich gutes Jahr und erscheint dadurch auf dem Cover des beliebten Videospiels *Madden NFL*, nur um im folgenden Jahr wieder zu einer eher durchschnittlichen Leistung zurückzukehren. Dieses Phänomen wird auch als der *Madden-Fluch* bezeichnet.[3] Wir wissen inzwischen, dass hier ebenfalls eine Regression zur Mitte am Werk ist. Oder stellen Sie sich einen normalerweise recht guten Mitarbeiter vor, der ein schlechtes Jahr hat und entsprechend negative Bewertungen erhält. Es wird ein Plan zur Verbesserung aufgestellt, und tatsächlich steigert sich die Leistung des Mitarbeiters im folgenden Jahr wieder. Der Manager macht hierfür natürlich seine eigene Weisheit und Führungsqualität verantwortlich, obwohl sich die Leistung durch die Regression zur Mitte ohnehin wieder verbessert hätte.

Die Nachricht der Regression zur Mitte lautet: Vertrauen Sie keinen Ausreißern. Weder Glück noch Pech halten für immer an.

Das Simpson-Paradoxon

Ein weiteres Phänomen, nach dem Sie Ausschau halten sollten, heißt *Simpsons Paradoxon*, ein möglicherweise katastrophaler Fehler, der bei der Arbeit mit beobachtungsbasierten Daten auftreten kann. (Die meisten Daten, mit denen Sie arbeiten,

2 Galton, Francis (1886). Regression towards Mediocrity in Hereditary Stature. *The Journal of the Anthropological Institute of Great Britain and Ireland*, *15*, 246–263.

3 *https://de.wikipedia.org/wiki/Madden_NFL#Der_„Madden-Fluch“*

sind beobachtungsbasiert.) Das Paradoxon von Simpson tritt auf, wenn ein Trend oder eine Verbindung zweier Variablen durch das Hinzufügen einer dritten Variablen umgekehrt wird. Beim Simpson-Paradoxon müssen Sie zwei Fehler vermeiden: zu denken, Korrelation sei Kausalität, *und* die falschen Korrelationen zu verwenden.

In Tabelle 13-1 sehen Sie Daten aus einer Studie von 1986 zu zwei verschiedenen Operationsverfahren für die Entfernung von Nierensteinen.[4] Eine Untersuchung von Krankenakten ergab, dass eine neue, minimalinvasive Methode für die Entfernung eine höhere Erfolgsquote (83 %) hatte als das bisher übliche Verfahren (78 %). Die Ergebnisse waren statistisch signifikant und schienen insgesamt schlüssig zu sein.

Tabelle 13-1: Erfolgsquote von chirurgischen Verfahren zur Entfernung von Nierensteinen

Behandlung	Erfolgsquote
Traditionelles Verfahren	78 %
Neues Verfahren	83 %

Leider versteckte sich Simpsons Paradoxon in diesen Daten. Eine genauere Untersuchung ergab, dass sich das Ergebnis umkehrte, wenn die Nierensteine nach verschiedenen Größen unterschieden wurden. Für Patienten mit kleineren Steinen (< 2 cm Durchmesser) war das traditionelle Verfahren erfolgreicher als bei Patienten mit größeren Steinen (> 2 cm Durchmesser). Die Verteilung ist in Tabelle 13-2 dargestellt.

Tabelle 13-2: Simpsons Paradoxon schlummert in den Erfolgsquoten für chirurgische Techniken zur Entfernung von Nierensteinen.

Behandlung	Kleine Nierensteine	Große Nierensteine	Gesamt
Traditionelles Verfahren	93 %	73 %	78 %
Neues Verfahren	87 %	69 %	83 %

Wie kann das sein? Der Grund ist, dass das neue Verfahren an vielen Patienten mit kleinen Nierensteinen getestet wurde (vermutlich die einfacheren Fälle). Die traditionelle Methode wurde dagegen hauptsächlich für große Nierensteine eingesetzt. Obwohl das traditionelle Verfahren bei kleinen Steinen erfolgreicher war (93 %), wurde die neue Technik an deutlich mehr Patienten mit einer Erfolgsquote von 87 % durchgeführt. Die Gesamterfolgsquote des neuen Verfahrens ist also eher Richtung 87 % gewichtet. In Tabelle 13-2 können wir sehen, dass die Gesamterfolgsquote für das traditionelle Verfahren (78 %) den Patienten mit größeren Stei-

4 Dieses Beispiel erschien zuerst in: Julious, S. A., & Mullee, M. A. (1994). Confounding and Simpson's Paradox. *Bmj*, *309*(6967), 1480–1481. Wir haben in dem ausgezeichneten Buch *Statistics Done Wrong: Statistik richtig anwenden und gängige Fehler vermeiden* von Alex Reinhart, erschienen 2016 bei mitp, davon erfahren.

nen ein höheres Gewicht einräumte. In dieser Gruppe war die neue Methode weniger erfolgreich, wurde aber an zu wenigen Patienten getestet, um den Gesamterfolg signifikant zu beeinflussen. Verwirrt? Das ist in Ordnung – deshalb nennt man es ein Paradoxon.

Wie kann Simpsons Paradoxon am besten verhindert werden? Teilen Sie die Beobachtungen nach dem Zufallsprinzip auf die verschiedenen Behandlungsgruppen auf, um Verwechslungen zu vermeiden. Mit anderen Worten: Sammeln Sie experimentelle Daten.

Confirmation Bias

Der *Confirmation Bias* (Bestätigungsverzerrung) kann in jedem Datenprojekt passieren. Dieser Fehler tritt auf, wenn Daten und Ergebnisse so interpretiert werden, dass sie eine bestimmte Überzeugung bestätigen, während Beweise für das Gegenteil, die nicht mit der vorgefertigten Meinung übereinstimmen, als Unsinn abgetan werden.

Es ist einfach, Menschen aus der Chefetage, Politikerinnen oder geschäftlichen Entscheidern einen Confirmation Bias vorzuwerfen. Umso schwerer ist es dagegen, diesen Fehler auch bei sich selbst zu suchen. Dabei ist der Confirmation Bias für viele Datenteams fast so etwas wie eine Lebensweise. Schließlich will jedes Team die Beweise dafür finden, dass die Führungskräfte die richtigen Entscheidungen treffen. Entscheidungen, die möglicherweise schon getroffen waren, bevor viele Daten überhaupt analysiert waren. Für diese Teams besteht zumindest ein Teil ihrer Arbeit darin, die Confirmation-Bias-Maschine weiter am Laufen zu halten. Ein Aufenthalt unter solchen Menschen ist nicht einfach und wenig angenehm. Dennoch sollten Data Heads alles daransetzen, sich über jeden Confirmation Bias zu erheben und die Beobachtungen wahrheitsgemäß zu berichten. Tun sie das nicht, läuft das Team Gefahr, sich in seinem Confirmation-Bias-Apparat zu verlieren, der am Ende nur noch dafür da ist, Entscheidungen zu rechtfertigen. Ein ordentlich arbeitendes Datenteam versteht dagegen alle verfügbaren Entscheidungen, ohne dabei unangemessenem geschäftlichem oder politischem Druck ausgesetzt zu sein.

Effort Bias

Der *Effort Bias* (auch *Fehlschluss der versunkenen Kosten*) bezieht sich auf das Bedürfnis, ein Projekt unbedingt fortzuführen, wenn bereits riesige Mengen an Zeit, Geld, Ressourcen und Aufwand hineingeflossen sind. Sobald das passiert, ist es schwer, die Ergebnisse zu verwerfen, selbst wenn Sie früh erkennen:

- dass Sie nicht die richtigen Daten für das Projekt haben,
- dass Sie nicht die richtige Technologie für das Projekt haben oder
- dass die Projektziele mit dem ursprünglich geplanten Projektumfang nicht erreicht werden können.

Einige Unternehmen würden lieber irgendetwas, egal was, abliefern, nur um die Zeit, den Aufwand und die Aufmerksamkeit, die bereits in das Projekt geflossen sind, irgendwie zu rechtfertigen. Diese Art von Druck ist der fruchtbare Boden, auf dem viele der bisher genannten Bias wunderbar gedeihen können.

Algorithmischer Bias

Je mehr Entscheidungen durch Machine Learning automatisiert werden, desto bewusster wird uns eine Art von Vorurteilen, die bereits in die Daten und die Computerwelt »eingebaut« zu sein scheint. Diese Verzerrung wird *algorithmischer Bias* genannt.[5] Obwohl Forscher und Organisationen erst kürzlich begonnen haben, sich mit diesem Problem zu befassen, ist dieser Bias in den Daten nicht neu. Oft ist er ein Produkt des Status quo. Dadurch wird er erst dann wahrnehmbar, wenn der Status quo grundsätzlich infrage gestellt wird. Indem wir Ihnen dieses Problem bewusst machen, können Sie es wesentlich schneller erkennen.

Denken Sie an die Beispiele aus den vorherigen Kapiteln, in denen wir uns mit den Praktikumsbewerbungen beschäftigt und versucht haben, Vorhersagen über mögliche Einladungen zu Bewerbungsgesprächen zu treffen. Nehmen wir an, der Datensatz enthielte einen Parameter für das Geschlecht, der als kategoriale Variable codiert wäre. Und nehmen wir auch an, dass in der Vergangenheit mehr Männer als Frauen eingeladen wurden. Dann würde jeder Algorithmus diese Beziehung erkennen und ausnutzen. In der Folge erhielten die Vorhersagen für männliche Bewerber eine stärkere Gewichtung. Für einen Algorithmus besteht alles aus Nullen und Einsen, Data Heads sollten jedoch wissen, dass dieser Bias selbst bei großen Technologieunternehmen auftritt, die an vorderster Front des Machine Learning stehen, zum Beispiel bei Amazon.[6]

Sehen Sie sich vor. Algorithmischer Bias kann überall vorkommen, egal wie gut (oder neutral) Ihre Absichten sind. Er tritt auch jetzt schon auf. Keine Vorhersagen irgendeines Modells stellen die letztendliche Wahrheit dar. Alle Ergebnisse sind Produkte von Annahmen. Daher müssen Sie davon ausgehen, dass Beobachtungsdaten grundsätzlich Verzerrungen enthalten – weil es so ist. Wenn Modelle Vorhersagen treffen, verstärken sie die Vorurteile und Stereotypen, die bereits in den Daten vorhanden sind. Ihre Einstellung wird sich erst ändern, wenn Sie beginnen, sich mit dem Bias in Ihrer eigenen Arbeit zu beschäftigen. Am besten, Sie fangen gleich damit an.[7]

---

5 Algorithmischer Bias: *https://en.wikipedia.org/wiki/Algorithmic_bias*.

6 In einem Reuters-Artikel aus dem Jahr 2018, »Amazon scraps secret AI recruiting tool that showed bias against women«, wird detailliert gezeigt, wie Amazons Lernalgorithmen Bewerbungen mit dem Wort »women's« sowie den Namen von Hochschulen nur für weibliche Personen niedriger bewertet hat, *https://www.reuters.com/article/us-amazon-com-jobs-automation-insight/amazon-scraps-secret-ai-recruiting-tool-that-showed-bias-against-women-idUSKCN1MK08G*.

7 Die Brooking Institution bietet einen guten Startpunkt: *https://www.brookings.edu/research/algorithmic-bias-detection-and-mitigation-best-practices-and-policies-to-reduce-consumer-harms*.

Weitere Formen von Bias

Was wir in diesem Abschnitt gezeigt haben, ist keine vollständige Liste der Bias, Paradoxa und seltsamen Datenphänomene. Eigentlich ging es uns darum, Ihre Sinne für Dinge zu schärfen, die sich gerade nicht eindeutig zuordnen lassen. Wenn Sie nur nach bestimmten Verzerrungen oder logischen Fehlschlüssen suchen, übersehen Sie vielleicht andere, weniger auffällige Bias, und sei es auch nur, weil wir sie als Gesellschaft nicht weiter definiert haben. Das heißt aber nicht, dass solche Fallstricke nicht existieren.

Die große Liste möglicher Fallstricke

Nachdem Sie die wichtigsten allgemeinen Bias und kognitiven Fallen bei der Arbeit mit Daten nun kennen, wollen wir noch darüber sprechen, welche speziellen Fallstricke Sie in Datenprojekten vermeiden sollten. Wir haben diese Probleme in zwei Kategorien eingeteilt: 1. Fallstricke der Statistik und des Machine Learning und 2. projektbezogene Fallstricke.

Fallstricke der Statistik und des Machine Learning

Dieser Abschnitt enthält eine Liste möglicher Fallen der Statistik und des Machine Learning, von denen wir viele in diesem Buch bereits besprochen haben.

- **Die Annahme, Korrelation sei Kausalität:** Widerstehen Sie der Versuchung, aus korrelierten Variablen ein kausales Narrativ abzuleiten. Die Steigerung der Verkaufszahlen eines Unternehmens kann mit einer häufigeren Betrachtung von YouTube-Werbeanzeigen korrelieren. Das muss aber nicht heißen, dass die YouTube-Anzeigen auch der *Grund* für die höheren Verkaufszahlen sind. Eine gute Faustregel lautet, erst dann von Kausalität zu sprechen, wenn Sie Ihre Datensammlung und -analyse speziell dafür entwickelt haben, kausale Beziehungen zu finden (anders gesagt: Sie verwenden experimentelle Daten!). Diese Ideen werden in den Kapiteln 4 und 5 diskutiert.
- ***p*-Hacking:** Stellen Sie sich vor, ein Artikel behauptet: »Wer zu viel Kaffee trinkt, hat ein höheres Risiko, an Magenkrebs zu erkranken. Das Ergebnis ist auf einem Signifikanzniveau von 0,05 statistisch signifikant.«[8] In Kapitel 7 haben wir gesagt, dass Signale in Daten mit einem Signifikanzniveau von 0,05 in einem von 20 Fällen falsch positiv sind. Unter *p-Hacking* versteht man das Testen mehrerer Muster in den Daten, bis Sie einen statistisch signifikanten *p*-Wert finden. Eine Verbindung zwischen Kaffee und Magenkrebs wäre deutlich weniger beunruhigend, wenn Sie wüssten, dass Forscher auch Korrelationen zwischen Kaffeekonsum und Gehirnkrebs, Blasenkrebs, Brustkrebs, Lungenkrebs oder eine der 100 anderen Krebsarten untersucht haben. Durch reinen Zufall

8 Dies ist nur ein Beispiel. Ihre Autoren haben keine Krebsforschung betrieben.

zeigen fünf von ihnen einen statistisch signifikanten *p*-Wert, auch wenn keinerlei Beziehung besteht. Bedenken Sie, dass *p*-Hacking eine Form des Survivorship Bias ist, weil nur die auffälligen *p*-Werte berichtet werden.

- **Nicht repräsentative Stichproben:** Wahlumfragen, die nicht die potenzielle Wählerschaft abbilden, werden fehlerhaft sein. Eine Umfrage unter den Besucherinnen und Besuchern der Social-Media-Kanäle Ihres Unternehmens bildet nicht unbedingt das ab, was Ihre Kunden denken. Trauen Sie sich, die Daten infrage zu stellen (siehe Kapitel 4), weil es zu ernsthaften Fehlern kommen kann, wenn Sie richtungsweisende Unternehmensentscheidungen auf der Basis von Stichproben treffen, die nicht stellvertretend für die Population sind. Schlimmer noch: Die Daten können Sie in falscher Sicherheit wiegen. Sie könnten denken, dass Sie eine datengestützte Entscheidung treffen, obwohl keine Daten möglicherweise besser gewesen wären, als mit schlechten Daten zu arbeiten.
- **Data Leakage:** Trainieren Sie ein Modell nicht mit Daten, die für den gewählten Zeitpunkt der Vorhersage nicht vorlagen. Sie könnten sonst glauben, dass Ihr Team über ein ausgezeichnetes Modell verfügt, obwohl es in Wahrheit vollkommen nutzlos ist. Die Vorhersage, ob ein Kunde auf Ihrer Website ein bestimmtes Produkt kauft, ist einfach, wenn Sie wissen, dass er beim Kauf einen Gutscheincode verwendet hat. Data Heads müssen sicherstellen, dass jedes Feature in einem Modell vorhanden ist, wenn eine Entscheidung getroffen werden muss (siehe Kapitel 9 und 10).
- **Überanpassung:** Vergessen Sie nicht, dass Modelle vereinfachte Versionen der Realität sind. Sie verwenden, was Sie wissen, um vorherzusagen, was Sie nicht wissen. Wenn das Modell scheinbar gut mit bekannten Daten funktioniert, aber bei der Vorhersage neuer Beobachtungen scheitert, sagen wir, das Modell sei überangepasst (*overfit*). In bestimmter Weise »merkt« sich das Modell die von den Trainingsdaten definierten Szenarien, anstatt aus ihnen zu »lernen«, um Vorhersagen über das Unbekannte zu treffen (siehe Kapitel 9 und 10). Data Heads können eine Überanpassung verhindern, indem sie Daten in Trainings- und Testdaten aufteilen. Lernen Sie aus den Trainingsdaten und überprüfen Sie die Vorhersagen des Modells anhand der Testdaten.
- **Nicht repräsentative Trainingsdaten:** Bei diesem Fallstrick wird eine »nicht repräsentative Stichprobe« benutzt, um ein Machine-Learning-Modell zu erstellen. Modelle kennen nur die Daten, mit denen sie trainiert wurden. Ein Modell, das mit Immobiliendaten aus Berlin trainiert wurde, um die dortigen Preise für Eigentumswohnungen vorherzusagen, kann nicht eingesetzt werden, um Hausmieten in Hamburg vorhersagen. Auf ähnliche Weise hat ein »smarter« Lautsprecher, der in einem akustisch isolierten Tonstudio trainiert wurde, möglicherweise Schwierigkeiten, Befehle in einem Wohnzimmer zu verstehen, in dem der Fernseher läuft, der Hund bellt und die Kinder spielen. Um diese Fallen zu vermeiden, müssen Data Heads sorgfältig über die Umstände nachdenken, in denen ihr Modell verwendet wird. Sie müssen Trainingsdaten sammeln, die diese Anwendungen und Situationen angemessen wiedergeben.

Projektbezogene Fallstricke

In diesem Abschnitt beschreiben wir Fallstricke, die in einem Data-Science-Projekt auftreten können, wenn Sie nicht aufpassen.

- **Nicht die richtigen Fragen stellen (oder das falsche Problem lösen):** Schon die kleinsten Unklarheiten können zu Unstimmigkeiten und Missverständnissen zwischen dem Datenteam, dem Businessteam und den Stakeholdern für das Projekt führen. Stellen Sie sicher, dass sich alle Beteiligten über das zu lösende Geschäftsproblem vollkommen klar sind (siehe Kapitel 1).
- **Keine Anpassung der Frage, nachdem sie bereits gescheitert ist:** Genauso wichtig wie die absolute Klarheit über das Geschäftsproblem ist es, sich schnell darüber bewusst zu sein, was *nicht* beantwortet werden kann. Viele Datenteams merken schnell, dass die Ausgangsfrage mangelhaft ist, machen aber trotzdem weiter, weil der Druck von außen zu groß ist. Die Frage muss neu ausgerichtet werden, oder es kommt zu Unstimmigkeiten.
- **Daten befinden sich im Besitz, werden aber nicht verwaltet (sind also schwer verfügbar):** In manchen Organisationen befinden sich die für die Arbeit benötigten Daten im Besitz bestimmter Abteilungen (wie IT, Finanzen oder Buchhaltung). Obwohl viele Organisationen zumindest auf dem Papier eine Form der Governance haben, kann diese leicht eingesetzt werden, um Ihnen die nötigen Daten vorzuenthalten. Ihr Unternehmen muss verstehen, dass Ihnen ohne die nötigen Daten die Hände gebunden sind.
- **Daten enthalten nicht die nötigen Informationen:** Es mag leicht sein, Daten zu sammeln und zu »säubern«. Das heißt aber nicht, dass sie tatsächlich die für die Lösung des Problems nötigen Informationen enthalten. Versuchen Sie in diesem Fall, bessere Daten zu sammeln, die ihrer Aufgabe gerecht werden.
- **Kein Einsatz von kostengünstigen und Open-Source-Technologien:** Bevor Sie ein großes Projekt zur Einführung einer neuen Technologie übernehmen, sollten Sie sich Zeit nehmen, um einen Prototyp zu erstellen. Es kann gut sein, dass die Investition in eine Data-Science-Plattform, mit der Sie die Zukunft Ihres Unternehmens steuern, einen entscheidenden Wendepunkt für Ihr Team bedeutet. Wäre es da nicht sinnvoll, einen minimal funktionierenden Prototyp (engl. *Minimum Viable Prototype*, MVP) in Microsoft Excel oder mit einer kostenlosen Open-Source-Technologie wie R oder Python zu erstellen, *bevor* jemand unnötig Geld ausgibt?
- **Zu optimistischer Zeitplan:** Datenprojekte scheitern häufig auf unerwartete Weise. Die zuvor genannten Probleme werden oft erst entdeckt, wenn das Projekt bereits mehrere Wochen läuft. Überambitionierte Zeitpläne führen zu Abkürzungen und schlechten Analysen. Projektzeitpläne sollten auch unerwartete Rückschläge im Zusammenhang mit den Daten berücksichtigen.
- **Zu hohe Erwartungen an die Ergebnisse:** Unternehmen sind es gewohnt, hohe Erwartungen an Data Science, Statistiken und Machine Learning zu haben. Be-

richten Sie transparent über den Wert, den Ihr Projekt dem Unternehmen bringen kann, aber übertreiben Sie nicht. Leere Versprechungen führen schnell zu negativen Reaktionen, die sich auf Ihre aktuellen und zukünftigen Projekte auswirken können.

- **Die Erwartung, Dinge vorherzusagen, die nicht vorhergesagt werden können:** Manche Dinge können einfach nicht vorhergesagt werden, egal wie viele historische Daten Sie zur Verfügung haben. Die Dokumentation jeder Umdrehung eines Rouletterads in Las Vegas wird Ihnen nicht dabei helfen, das Ergebnis der nächsten Umdrehung vorherzusagen.
- **Overkill (Übertreibung):** Wie Sie, lieben Ihre Autoren Datenprojekte. Viele von uns würden am liebsten sofort mit der nächsten Projektidee loslegen. Eine vermutlich offensichtliche Sache wird dabei aber leicht übersehen: Data Science, Statistik und KI können viele wichtige Probleme der Welt lösen, aber eben nicht alle. Ein Fallstrick, der in den technischen Details der Arbeit mit Daten, Statistiken und Algorithmen oft untergeht, ist *Overkill*. Ein Klassifikationsalgorithmus kann Ihnen zwar bei der Identifizierung von Geschäftsregeln helfen, aber manchmal kennen wir bestimmte Regeln auch schon und handeln bereits danach. In diesen Fällen ist es oft am einfachsten, die Regeln einfach aufschreiben zu lassen. Wenn Ihr Team die Geschäftsregeln für die Automatisierung eines Prozesses einfach aufschreibt, ist Ihre Arbeit im Prinzip schon getan. Diese Möglichkeit wird bei dem aktuellen Hype um diese Themen schnell übersehen. Machine Learning mag für das Management sehr ansprechend klingen, manchmal ist ihr Einsatz aber schlicht übertrieben.

Zusammenfassung

In diesem Kapitel haben wir über häufige Formen von Bias (Verzerrungen, Vorurteile etc.) und Fallstricke gesprochen. Wie bereits gesagt, sind die Listen nicht vollständig. Inzwischen sollte Ihnen klar sein, dass keine Liste so etwas leisten kann. Schließlich wachsen Daten schneller als Ihre Fähigkeit, die Probleme und Möglichkeiten zu artikulieren, die sie mit sich bringen. Wenn Sie das akzeptieren, kann keine Liste alle Fallen aufzählen, in die Menschen noch nicht getappt sind. Dieses Kapitel ist zumindest ein Anfang.

Projekte scheitern ständig. Und die Chancen stehen gut, dass mindestens ein Projekt scheitert, an dem Sie beteiligt sind (sehr wahrscheinlich eher mehr als eins). Gehen Sie mit dem Scheitern offen und transparent um und versuchen Sie, daraus neue Ideen zu gewinnen. Ihre Erfahrung wird in der Tat Ihr bester Lehrer sein.

KAPITEL 14

Menschen und Persönlichkeiten kennen

> »Die Leute machen sich Sorgen, dass Computer zu schlau werden und die Weltherrschaft übernehmen. Dabei ist das wahre Problem, dass Computer zu dumm sind und die Welt längst beherrschen.«[1]
>
> – *Pedro Domingos, KI-Forscher*

Im vorherigen Kapitel haben wir über häufige Fallstricke bei Projekten gesprochen. Hier beschäftigen wir uns mit Menschen und der Wahrnehmung ihrer Rollen bei der Arbeit mit Daten. Außerdem geht es darum, dass viele Projekte nicht aufgrund von Technologie oder Daten scheitern, sondern durch persönliche Konflikte und schlechte Kommunikation.

Die meisten in diesem Buch beschriebenen Projekte scheitern, weil nicht genug kommuniziert wird. Wir wollen Ihnen helfen, die schlimmsten Fehler in der Kommunikation zu vermeiden, indem wir Ihnen die verschiedenen beteiligten Persönlichkeiten vorstellen. Anhand typischer Szenarien zeigen wir außerdem, was passiert, wenn die Kommunikation zwischen Datenanalysten und den übrigen Unternehmensabteilungen zusammenbricht. Wenn Sie die Rolle der Beteiligten verstehen und Einfühlungsvermögen zeigen, können Sie eventuelle Kommunikationslücken überbrücken. Genau so werden Sie ein Data Head.

Im folgenden Abschnitt erforschen wir weitere Beobachtungen zu Daten- und Businessprofis. Dabei betrachten wir Szenarien, in denen Kommunikationslücken Projekte scheitern lassen. Danach sprechen wir über verschiedene Haltungen, die Menschen in Bezug auf Daten haben – Begeisterung, Zynismus oder Skeptizismus.

Sieben Szenarien typischer Kommunikationspannen

Wenn die Kommunikation in einem Datenprojekt zusammenbricht, kommt es meist zu einer der folgenden Szenarien, die wir für Sie in Tabelle 14-1 zusammengefasst haben. In den folgenden Abschnitten gehen wir detailliert darauf ein und stellen Ih-

1 Gefunden unter *www.washington.edu/news/2015/09/17/a-q-a-with-pedro-domingos-author-of-the-master-algorithm*.

nen verschiedene Szenarien dazu vor, die Ihnen wahrscheinlich recht bekannt vorkommen werden.

Tabelle 14-1: Sieben Szenarien typischer Kommunikationspannen

Szenario	Zusammenfassung
Das Postmortem	Lange nach den ersten Warnsignalen wird ein erfahrener Data Scientist an Bord geholt, um ein Projekt wieder flottzumachen. Für das Projekt ist es aber längst zu spät.
Märchenstunde	Eine Analytikerin verzichtet in einer Präsentation auf technische Details, weil man ihr gesagt hat, dass man Führungskräften die Dinge erklären muss wie kleinen Kindern. Dabei hat sie das Gefühl, ihre Rolle als kritische Denkerin zu verraten.
Stille Post	Eine Vorabstatistik – ein Produkt von Programmier- und Data-Science-Arbeit – wird aus dem Kontext gerissen und dann so weit verbreitet, dass auch der letzte Rest des ursprünglich enthaltenen Sinns verloren geht.
Verzettelt	Die Ergebnisse sind so technisch, dass sie quasi bedeutungslos sind. Das Abgelieferte ist eher eine Selbstbeweihräucherung als eine Präsentation der tatsächlichen Ereignisse.
Der Realitätsabgleich	Eine Datenanalystin versucht, eine untaugliche Lösung zu perfektionieren, ohne Alternativen in Betracht zu ziehen, bis das Vorgehen von einem Vorgesetzten infrage gestellt wird.
Die Übernahme	Ein Data Scientist versucht, grundlegende Geschäftsprobleme zu lösen, ohne das Vertrauen des Teams zu gewinnen und Beziehungen zu pflegen. Er konzentriert sich stattdessen auf schnelle Erfolge.
Der Angeber	Ein Data Scientist findet Fehler in allen Teilen der Arbeit, nur nicht in seiner eigenen. Das Ergebnis ist, dass niemand mehr mit ihm zusammenarbeiten möchte.

Das Postmortem

Nach sechs Monaten Arbeit gerät ein wichtiges Projekt bei einem Telekommunikationsunternehmen ins Stocken.

Das Projektteam, das aus einem Data Scientist besteht, hatte die Aufgabe, die Kundenabwanderung vorherzusagen. Dabei wird versucht, vorherzusagen, ob ein Kunde im folgenden Jahr den Mobilfunkanbieter wechseln wird. Es wurde ein Modell entwickelt, das allen Bestandskunden auf Basis historischer Daten eine Bewertung zuweist: Kunde 1 hat eine 85%ige Chance, den Anbieter zu wechseln, Kunde 2 hat eine 10%ige Chance eines Wechsels und so weiter.

Im Prinzip ist die Aufgabe beendet. Modelle können ausgeführt werden. Code wird im Produktionsbetrieb genutzt. Es gibt nur ein kleines (na ja, vielleicht ein nicht ganz so kleines) Problem: Das Modell ist bei Weitem nicht so genau, wie das Team es den Entscheidern versprochen hat.

Der Projektleiter spielte die Bedenken des Data Scientist während der vergangenen Wochen herunter, weil er glaubte, es handelte sich nur um schnell lösbare kleinere technische Probleme (Computer sind schließlich wahre Alleskönner, oder etwa nicht?). Aber die Probleme waren größer als angenommen, und der Projektleiter wird nervös. Also übergibt er das Projekt an eine Datenanalytikerin mit noch mehr Erfahrung.

Aber es ist zu spät.

Mittlerweile wurden Hunderte von Entscheidungen getroffen, und die hinzugezogene Expertin kann nicht einmal anfangen, diesen gordischen Knoten zu entwirren – besonders nicht in der letzten Woche vor der Präsentation der Ergebnisse vor den Geschäftsführern. Die Expertin wiederholt die Bedenken ihres Vorgängers nicht nur, sie ergänzt die Liste sogar noch.

Nach einem weiteren Zwölf-Stunden-Tag versucht sie zu retten, was zu diesem Zeitpunkt noch zu retten ist. Dabei erinnert sie sich an ein Zitat des bedeutenden Statistikers R. A. Fisher: »Wenn man den Statistiker erst hinzuzieht, nachdem das Experiment abgeschlossen ist, kommt das einer Postmortem-Untersuchung gleich. Der Statistiker kann nur noch feststellen, woran das Experiment gestorben ist.« Der Projektleiter hat nun die unangenehme Aufgabe, der Geschäftsleitung über das Problem zu berichten.

Märchenstunde

Die Studentin ist eine echte Zauberin. Sie hat die letzten fünf Jahre an der Hochschule ein tiefes Verständnis für technische Konzepte entwickelt. Jetzt arbeitet sie in ihrem neuen Job bei einer Marketingfirma an ihrem ersten großen Projekt. Am Tag, bevor sie ihre Ergebnisse präsentieren soll, bittet der Manager sie beiläufig, ihre Ergebnisse in eine »Geschichte« zu verpacken und den Inhalt auf eine einzelne PowerPoint-Folie zu reduzieren.

»Sie müssen mit den Chefs wie mit Fünftklässlern sprechen«, sagt der Manager.

Widerwillig sagt sie zu, obwohl sie eigentlich weiß, dass Wissenschaftler im Publikum sein werden. Sie glaubt, die Präsentation sei bereits einfach genug. Außerdem hat sie die Verständlichkeit ihres Vortrags zuvor an Mitarbeitenden ohne technischen Hintergrund getestet.

»Vertrau mir«, sagt der Manager, »du willst nicht, dass diese Leute dir irgendwelche Fragen stellen.« Also wird ein Großteil der technischen Details und des kritischen Hinterfragens umgangen, während die Arbeit auf eine einfache Schlagzeile verdichtet wird.

Die meisten Zuhörer nicken bei der Präsentation der Ergebnisse zustimmend, während sich einige fragen: »Brauchen wir diese Data Scientists eigentlich wirklich, wenn sie doch nur einfache Antworten finden?«[2] Andere Zuhörer mit etwas mehr technischem Wissen fragen sich, warum so viele technische Aspekte des Projekts weggelassen wurden.

Das Wunderkind denkt über ihre Präsentation nach und hat das Gefühl, dass viele Details verloren gegangen sind. Sie glaubt, sie habe ihre eigentliche Arbeit verraten.

2 Weitere Informationen zu dieser Wahrnehmung finden Sie im Artikel »Data science done well looks easy – and that is a big problem for data scientists« von Jeff Leek unter *https://simplystatistics.org/posts/2015-03-17-data-science-done-well-looks-easy-and-that-is-a-big-problem-for-data-scientists/*.

Stille Post

In der Kaffeepause erzählt ein Data Scientist beiläufig seiner Kollegin von einer interessanten Entdeckung, die er in den Daten des Unternehmens gefunden hat. Die Analyse steht noch ganz am Anfang, und er hatte bisher keine Möglichkeit, sich die Sache genauer anzusehen. Nach einem Überfliegen der Daten scheint es, als seien 75 % der Personen, die auf eine Umfrage reagiert haben, wiederkehrende Kunden.

Nach dem Treffen sieht sich der Data Scientist die vorherige Analyse noch einmal an. Dabei fällt ihm auf, dass gerade einmal acht Personen aus mehreren Hundert überhaupt auf die Umfrage geantwortet haben. Nach einer kurzen Recherche stellt er fest, dass die Frage erst seit kurzer Zeit überhaupt Teil der Umfrage ist. Die Frage ist so neu, dass noch kein Kunde, der geantwortet hat, er würde dem Unternehmen treu bleiben, dies durch erneute Käufe gezeigt hat.

Einen Monat später prahlen die Führungskräfte auf einer Betriebsversammlung mit dem Erfolg bei der Kundenbindung. Sie behaupten, drei von vier ihrer Kunden seien Wiederholungskunden, basierend auf den Antworten von Hunderten.

Der Data Scientist stellt fest, dass diese vermeintliche Information offenbar von seinem zwanglosen Treffen beim Kaffeeautomaten stammt, obwohl sie niemals dafür bestimmt war, ohne Überprüfung weitergegeben zu werden. Inzwischen wurde das Gerücht aber schon so oft im Unternehmen weitererzählt, dass es selbstverständlich für wahr gehalten wird. Er fragt sich, wie er verhindern kann, dass das Unternehmen die Information weiterverwendet – und ob das überhaupt noch möglich ist.

Verzettelt

Ein Data Scientist wendet die korrekten Regeln auf ein schwieriges Problem an und beantwortet auch alle geschäftlichen Fragen. Die folgende Präsentation vor dem Projektteam ist aber zu technisch. Es wurde kaum bis gar nicht dargestellt, welchen geschäftlichen Wert die Ergebnisse haben.

Die Versuche, als geschätzter Experte wahrgenommen zu werden, wirken wie technologisches Fachchinesisch. Und obwohl er die Entscheider offenbar beeindruckt hat, verlassen sie den Raum ohne klare Orientierung, was als Nächstes zu tun ist. Da das Projekt nicht verständlich präsentiert wurde, war es in den Augen der Entscheider auch noch nicht abgeschlossen.

Also beginnt das Problem, sich im Kreis zu drehen: Der Data Scientist wird aufgefordert, eine bessere Lösung zu finden, um das Projekt endlich zu beenden. Dadurch verzettelt sich der Data Scientist noch mehr, und der Kreis beginnt von Neuem ...

Der Realitätsabgleich

Ein Data Scientist führt eine Marktforschungsanalyse durch. Allerdings gab es keine Möglichkeit, die Lösung strategisch umzusetzen. Sie ist zu weit von der Arbeitsweise des Unternehmens entfernt. Existierte das Unternehmen in einem Utopia mit den bestmöglichen Daten sowie einem unendlichen Budget an Zeit und Geld, wäre es eine großartige Lösung! Immerhin ist es eine ideale Lösung für ein ideales Problem – nur eben nicht die beste Lösung für das tatsächliche Problem.

Der Data Scientist gibt trotzdem nicht auf. Er will die Lösung »auf die richtige Art« (das heißt auf seine Art) implementieren. Arrogant fordert er sein Team auf, es sollte gefälligst einen Weg für die Umsetzung finden. Schließlich schaltet sich ein hochrangiger Partner ein und verkündet, das gesamte Projekt würde abgebrochen, wenn keine Möglichkeit gefunden wird, es voranzubringen.

Der Partner fragt: »Was können wir stattdessen tun?« (Bisher hat niemand diese Frage gestellt.)

Und das ist endlich der Moment, in dem das Team als Ganzes einen Weg aus dem Dilemma finden kann.

Die Übernahme

Nach Jahren der Zusammenarbeit mit Kunden aus der Versicherungsbranche stellt ein Projektteam einen Data Scientist ein, der bei der Analyse von Kundendaten aus mehreren Jahren helfen soll. Der Data Scientist wurde vor Kurzem zum »Senior Data Scientist« befördert, und der Titel »Senior« ist ihm etwas zu Kopf gestiegen.

Durch harte Arbeit hat das Team zu allen Kunden vertrauensvolle Beziehungen aufbauen können. Aber der Senior Data Scientist war etwas zu ängstlich (und vielleicht auch zu eifrig), um Probleme zu lösen und seinen Wert zu beweisen. Er fordert ein Meeting mit dem Kunden und sagt: »Ich kann gar nichts tun, bevor ich mich mit dem Kunden getroffen habe.« Anstatt sich als Teil des Teams zu sehen, nimmt er sich als Heilsbringer wahr, der das Unternehmen rettet, indem er es in die Welt der Daten führt.

Es gibt kaum etwas Besseres als Informationen direkt vom Kunden und die Möglichkeit, sondierende Data-Head-Fragen zu stellen, jedoch fühlt sich der Rest des Teams vom Data Scientist nicht respektiert. Die Forderung nach einem weiteren Kundenmeeting zeigt einen Mangel an Vertrauen des Data Scientist in die Fähigkeit des Teams, den richtigen Kontext zu identifizieren, das entscheidende Problem zu erkennen und eine gute Verbindung wirkungsvoll zu nutzen.

Zudem ist es eine Geringschätzung der schwierigen Arbeit, die das Businessteam für den Aufbau der Beziehung und des Vertrauens geleistet hat. Dieser Aufwand hat schließlich erst dazu geführt, dass der Kunde seine Bedürfnisse überhaupt preisgibt. Das Verhalten des Data Scientist ist ein Zeichen dafür, dass er (bewusst oder unbewusst) das Risiko ignoriert, das mit einem unnötigen Treffen oder einer möglichen Irritation des Kunden einhergeht.

Der Angeber

Ein Statistiker ist besessen davon, alles zu präsentieren, nur nicht die besonders technischen Erklärungen.

Obwohl es im Team genug Mitarbeitende gibt, die mindestens genauso gut ausgebildet oder kompetent sind, verbringt der Angeber einen Großteil seiner Zeit damit, Diskussionen über die beste Methodik zu führen und Online- oder Lehrbuchbeispiele auseinanderzunehmen. Er lässt sich offen darüber aus, dass die kaufmännischen Mitarbeiter die geleistete Arbeit sowieso nicht verstehen (obwohl sie schon länger beim Unternehmen sind als er selbst).

Jeder weiß, wie schlau er ist, und er genießt seinen Expertenstatus. Aber er schafft keine Ergebnisse. Die Erstellung einer Präsentation ist für ihn ein schmerzhafter Prozess. Seine Art zu argumentieren maskiert eine unterschwellige Unfähigkeit zur Analyse. Bei jeder Folie, die er versucht zu erstellen, hat er das Gefühl, seine Grundprinzipien zu verraten.

Das Ergebnis ist, dass man ihm die Rolle des »Advocatus Diaboli« zugesteht, falls diese in einem Projekt gebraucht wird – mehr aber auch nicht. Und selbst wenn man ihn um diese Unterstützung bittet, muss man sich erst einen Schwall von Fachausdrücken und Vergleichen mit früheren Projekten anhören, bei denen man nicht auf ihn gehört hat.

Im Arbeitsalltag sind seine Meinungen eher lästig als nützlich.

Datenpersönlichkeiten

Im Grunde zeigen die Fehlschläge in jeder dieser Szenarien einen Mangel an Empathie und Respekt für die Leistungen der einzelnen Beteiligten. Nehmen Sie sich etwas Zeit, darüber nachzudenken.

Viele Ratschläge drehen sich darum, Unternehmen auf den Einsatz von Daten vorzubereiten. Man konzentriert sich auf Investitionen in Technologie und die Ausbildung der zukünftigen Mitarbeiter. Dabei passieren viele Fehler auf der Ebene der Kommunikation. Die Probleme, die den oben gezeigten Szenarien zugrunde liegen, haben nichts mit Daten oder Technik zu tun. Sie haben ihre Wurzel in Persönlichkeiten, die einander nicht zuhören. Zum Glück lässt sich das ändern. Es gibt Menschen (die Leserinnen und Leser dieses Buchs, wie wir hoffen), die zuhören und verstehen wollen, was andere Beteiligte zu sagen haben.

Sprechen wir daher über einige der Datenpersönlichkeiten, die Ihnen begegnen werden, und – am wichtigsten – über den Data Head.

Datenenthusiasten

Wenn man zum ersten Mal mit Daten arbeitet, kann das aufregend sein und sogar Spaß machen. Die Möglichkeiten, die sich den Unternehmen durch die Nutzung von Daten bieten, machen sicher neugierig, es einmal selbst auszuprobieren. Das ist auch nicht grundsätzlich schlecht. Manchmal lässt man sich einfach nur zu sehr von dem Hype anstecken. Für diese Personen ist alles Neue erst einmal großartig. In ihrer Wahrnehmung können Daten alle Probleme lösen. Für sie reicht schon eine Fallstudie, ein Ergebnis oder eine Tabelle als Beweis dafür, dass das Thema wissenschaftlich sorgfältig analysiert wurde. Enthusiasten klingen oft wie Data Heads und sagen Dinge wie: »Zeigen Sie mir die Daten.« Aber sie stellen keine unangenehmen Folgefragen, um den Hype von der Realität zu unterscheiden.

Bei der Arbeit mit Datenenthusiasten sollten Sie deren Liebe zu Daten unterstützen, sie aber gleichzeitig daran erinnern, dass auch Daten keine Wunder vollbringen können. Indem Sie einen gesunden Skeptizismus gegenüber Daten fördern, können Sie Enthusiasten helfen, sich zu Data Heads zu entwickeln.

Datenzyniker

Einem Datenzyniker ist seine persönliche Erfahrung wichtiger als Data Science, Statistik oder Machine Learning. Daher werden die Leistungen von Datenanalysten von Zynikern geringschätzig behandelt. Sie betrachten Daten bestenfalls als störende Notwendigkeit, vertrauen aber lieber ihrem Bauchgefühl. Wenn ihnen die Ergebnisse nicht gefallen, versuchen Zyniker, die Argumentation zu durchlöchern, und arbeiten sich an Details ab. Dabei gehen sie deutlich über eine konstruktive Kritik hinaus.

Sie sollten sich etwas Zeit nehmen und überlegen, warum sie so zynisch sind. Ein Teil des Zynismus ist vielleicht sogar berechtigt. Liegt es daran, dass sie nicht im Zeitalter der Daten aufgewachsen sind? Mussten sie zusehen, wie Datenprojekte gescheitert sind? Sie können jedenfalls nicht davon ausgehen, dass Zyniker Daten so sehr schätzen wie Sie. Wenn Sie mit Zynikern arbeiten, zeigen Sie Einfühlungsvermögen, indem Sie besonders darauf achten, was sie wertschätzen. Sprechen Sie diese Werte in Ihrer Kommunikation an und zeigen Sie ihnen, dass Sie ihr Fachwissen in die Datenlösung mit einbeziehen.

Selbst Zyniker können sich im Laufe der Zeit zu Data Heads entwickeln, wenn sie mehr Vertrauen und Zuversicht in die Daten gewinnen. Dafür müssen Sie ihnen aber die Gelegenheit geben, Ihnen in ihrem eigenen Tempo zu folgen.

Data Heads

Im Kern sind Data Heads Skeptiker. Dabei geht es ihnen aber nicht darum, zu nerven. Stattdessen wenden sie einfach ihre Fähigkeiten an, kritisch über Daten nachzudenken. Wie die Enthusiasten befürworten sie Daten, wo es sinnvoll ist. Wie die

Zyniker hinterfragen sie gern, was hinterfragt werden sollte. Aber der gesunde Skeptizismus eines Data Head basiert auf technischem Wissen und Fachkenntnis motiviert und wird mit Einfühlungsvermögen vermittelt.

Um ein Data Head zu werden, müssen Sie zunächst dem gesamten Team zuhören. Letztendlich möchte jeder Mensch gehört und wertgeschätzt werden. Daher müssen Sie die Hindernisse kennen, mit denen Ihre Teammitglieder umgehen müssen.

Zusammenfassung

In diesem Kapitel haben wir uns sieben Szenarien angesehen, die entstehen können, wenn verschiedene Projektpersönlichkeiten interagieren. Jedes Szenario hat eine bestimmte Kommunikationslücke hervorgehoben, in der eine der folgenden Situationen dominiert:

- Die geschäftliche Seite zeigt keine Wertschätzung für die Arbeit der Datenseite oder stellt diese infrage. Dieses Thema findet sich im *Postmortem*, bei der *Märchenstunde* und beim Szenario *Stille Post*.
- Die Datenseite zeigt keine Wertschätzung für die Arbeit der geschäftlichen Seite oder stellt diese infrage. Dieses Thema findet man in den *Realitätsabgleich*- und *Übernahmeszenarien*.
- Die Datenseite weigert sich, von ihrer rein technischen Rolle abzuweichen, entweder weil sie keine Ahnung hat (*Verzettelt*) oder arrogant ist (*Angeber*).

Danach haben wir besprochen, wie ein Data Head mit verschiedenen Datenpersönlichkeiten interagieren sollte. Als Data Head müssen Sie die Menschen nehmen, wie sie sind, während Sie sie gleichzeitig zu einem besseren Verständnis der Daten führen. Das ist nur möglich, wenn Sie empathisch kommunizieren. Im folgenden Kapitel sprechen wir darüber, wie Data Heads in ihren Unternehmen eine Umgebung schaffen können, die ein besseres Verständnis von Daten fördert.

KAPITEL 15

Was kommt danach?

»Aus Büchern und Beispielen lernt man nur, dass bestimmte Dinge machbar sind. Echtes Lernen bedeutet, dass Sie diese Dinge auch tun.«

– *Frank Herbert, US-amerikanischer Autor*

Um Ihren Erfolg zu sichern, soll dieses kurze Kapitel Ihnen zeigen, was Sie brauchen, um auch die nächste Phase Ihrer Lernreise erfolgreich zu meistern: ein Data Head zu *sein*.

Ein Data Head ist jemand, der oder die ...

- statistisch denkt und versteht, welche Rolle Variation im Leben und beim Treffen von Entscheidungen spielt.
- datenkundig ist, verständlich und klug über Daten sprechen kann und die richtigen Fragen zu Statistiken und Ergebnissen stellt, die bei der Arbeit auftauchen.
- versteht, was es mit Machine Learning, Textanalyse, Deep Learning und künstlicher Intelligenz tatsächlich auf sich hat.
- häufige Fallstricke bei der Arbeit mit und der Interpretation von Daten vermeidet.

Anders gesagt: Ein Data Head ist *jemand wie Sie*.

Um als Data Head etwas zu bewirken, müssen Sie eine Person werden, die Daten einsetzt, um Veränderungen im Unternehmen voranzutreiben. Ihre Autoren hoffen, dieses Buch enthält genug Szenarien, an denen Sie sich orientieren können. Vergessen Sie aber nicht, dass wir nicht alles selbst erfahren haben und dass einige Beispiele absichtlich vereinfacht wurden, damit sie zu diesem Buch passen. Die reale Welt ist viel komplexer. Und auch wenn es in einem Buch gut klingt, die Welt mit Daten zu verändern – in der Praxis ist das deutlich schwieriger.

Wenn Sie sich durch dieses Buch motiviert fühlen, danken wir Ihnen sehr. Aber die echte Arbeit fängt jetzt erst an. Diese Ideen sind wichtig, aber wertlos, wenn Sie uns nicht helfen, sie weiterzuverbreiten.

Hier sind ein paar Dinge die Sie tun können:

- Gründen Sie eine Data-Head-Arbeitsgruppe in Ihrem Unternehmen.
- Veranstalten Sie regelmäßige Treffen oder informative Mittagessen (*Lunch and Learn*), um weiter zu den besprochenen Themen vorzudringen und neue Dinge zu lernen.
- Geben Sie Ihr Wissen weiter und helfen Sie anderen.

Früher waren Konferenzen, Summits und Workshops die Orte, an denen man neue Datenkonzepte lernen konnte. Unternehmen und ihre Mitarbeiter verließen sich auf Veranstaltungen, um sie beim Lernen zu unterstützen. Doch während wir dieses Buch im Jahr 2021 beenden – viele Monate nach dem Beginn einer globalen Pandemie –, scheint uns das Eventmodell nicht mehr so praktikabel wie früher. Außerdem behaupten Unternehmen zwar auf dem Papier, sie würden in die Weiterbildung ihrer Mitarbeiter auf dem Gebiet der Datenanalyse investieren, aber die Realität ist, dass die Fortbildungsbudgets immer weiter gekürzt werden.

Das hat dazu geführt, dass Unternehmen die Schulungslast verlagert haben. Früher sahen sie neue Ideen im Zusammenhang mit Daten als etwas Externes an – etwas, das die Mitarbeiter nicht kannten, das aber trotzdem von ihnen erwartet wurde. Mit der Zeit wurde von neuen Mitarbeitern erwartet, dass sie bereits über Erfahrung mit Daten verfügen. Mittlerweile gilt es als wichtige Fähigkeit, sich schnell etwas Neues anzueignen.

Als Data Head müssen Sie diese neue Realität ernst nehmen: Ein Großteil Ihrer Fortbildung wird außerhalb der Arbeitszeit stattfinden. Die Lernmittel sind Bücher wie dieses, Onlinekurse und -zertifikate. Unsere Welt hat sich auf geringere Ausbildungskosten eingestellt. Das bedeutet, Sie müssen sich selbst informieren, unabhängig von Ihrer Position im Unternehmen. Sie können nicht Ihre gesamte berufliche Weiterentwicklung zu Veranstaltungen auslagern, die nur zweimal im Jahr stattfinden. Sie können nicht auf eine großartige Keynote warten, um wieder motiviert zu werden. Die Daten warten nicht darauf, dass Sie kritisch über sie denken. Sie müssen beständig weiterlernen und Ihre Fortbildung selbst in die Hand nehmen.

Sie verfügen jetzt über die richtigen Werkzeuge und Denkweisen, um die Rolle eines Data Head angemessen auszufüllen. Diejenigen, die in Daten denken, informiert darüber sprechen und sie verstehen können, werden den Lärm, den Hype und die Manipulationsversuche durchschauen. Sie müssen kein Branchenriese sein, um Machine Learning und KI einzusetzen. Eigentlich gelten viele in diesem Buch vorgestellte Konzepte zwar als neue Technologie, die Probleme, die für Unternehmen damit einhergehen, sind aber nicht neu: Daten in schlechter Qualität, fehlerhafte Annahmen und unrealistische Erfahrungen gibt es schon seit Jahrzehnten.

Gleichzeitig lenken der Hype um Daten und das Versprechen dessen, was sie leisten können, oft von den grundlegenden Problemen ab. Zu Beginn dieses Buchs haben wir eine Reihe von Datenkatastrophen vorgestellt, die passiert sind, weil Unternehmen nicht wie Data Heads gedacht haben. Je mehr Daten unser Leben durchdringen, desto größer ist das Fehlerrisiko.

Im besten Fall lassen sich Probleme noch rechtzeitig korrigieren. Im schlimmsten Fall waren sie reine Geldverschwendung, haben Menschenleben riskiert oder haben in den Daten verborgene Stereotypen verstärkt. Es ist Ihre Aufgabe als Data Head, die richtigen Fragen zu stellen, mit den Daten zu argumentieren und auch unbequeme Gespräche zu führen. Mit den Grundlagen, die Sie durch das Lesen dieses Buchs geschaffen haben, werden Sie der Aufgabe gewachsen sein.

Danksagungen

In Danksagungen einiger Bücher ist mir ein Trend aufgefallen – die Partnerinnen oder Partner der Autoren werden oft erst am Ende erwähnt. Ich vermute, hier geht es um die Geste, das Beste bis zum Schluss aufzuheben. Allerdings habe ich meiner Frau ein Versprechen gegeben: Sollte ich jemals ein Buch schreiben, würde ich sie zuerst erwähnen, um vollkommen klarzumachen, wessen Unterstützung mir am wichtigsten war. Daher richte ich meinen ersten Dank an meine Frau Erin. Danke für deine Liebe, deine Ermutigungen und dein Lächeln. Während ich dies schreibe, machst du gerade mit unseren drei Kindern einen Fahrradausflug, damit ich Zeit habe, eine letzte Seite zu schreiben. (Ich versichere meinen Leserinnen und Lesern, dass diese Tat eine repräsentative Stichprobe unseres gemeinsamen Lebens im vergangenen Jahr ist.)

Außerdem danke ich meinen Eltern Ed und Nancy dafür, dass sie die besten Cheerleader sind, egal was ich gerade mache, und dafür, dass sie mir gezeigt haben, was es ausmacht, gute Eltern zu sein. Danke auch an meine Geschwister Ryan, Ross und Erin für ihre Unterstützung.

Dieses Buch ist das Ergebnis vieler Diskussionen mit Freunden und Kollegen darüber, ob ich überhaupt ein Buch über Datenkompetenz schreiben sollte, bis hin zu den möglichen Themen, die darin vorkommen sollten. Ein besonderes Dankeschön an Altynbek Ismailov, Andy Neumeier, Bradley Boehmke, Brandon Greenwell, Brent Russell, Cade Saie, Caleb Goodreau, Carl Parson, Daniel Uppenkamp, Douglas Clarke, Greg Anderson, Jason Freels, Joel Chaney, Joseph Keller, Justin Maurer, Nathan Swigart, Phil Hartke, Samuel Reed, Shawn Schneider, Stephen Ferro und Zachary Allen.

Ich stehe außerdem in der Schuld Hunderter Ingenieure, Experten und Data Scientists, mit denen ich mich persönlich oder online austauschen durfte und die mich gelehrt haben, ein besserer Data Scientist und Kommunikator zu werden. Das Gleiche gilt auch für meine »Studenten« (Kollegen), die mir ehrliches Feedback zu den von mir unterrichteten Kursen gegeben haben. Ich habe euch gehört und ich danke euch.

Ich habe das Glück, viele akademische und fachbezogene Mentoren zu haben, die mir unzählige Male Gelegenheit gaben, meine Stimme und mein Selbstvertrauen als Statistiker zu finden. Ich danke Jeffery Weir, John Tudorovic, K. T. Arasu, Raymond Hill, Rob Baker, Scott Crawford, Stephen Chambal, Tony White und William Brenneman (der freundlicherweise auch als technischer Sachverständiger für dieses Buch tätig war). Mit diesen Menschen um sich kann man nur weiser zu werden.

Danke an das Team bei Wiley: Jim Minatel dafür, dass er an das Projekt glaubte und uns eine Chance gab, Pete Gaughan und John Sleeve dafür, dass sie uns durch den Prozess geleiteten. Danke auch an die Leute in der Herstellung von Wiley dafür, dass sie unsere Kapitel genauestens durchkämmt haben. Außerdem danke an unsere technischen Fachgutachter William Brennemann und Jen Stirrup. Wir wissen eure Vorschläge und euer Fachwissen sehr zu schätzen. Euretwegen ist dieses Buch ein besseres Buch.

Ein besonderes Dankeschön geht an meinen Co-Autor Jordan Goldmeier aus einem offensichtlichen Grund (das Buch, das Sie in Händen halten) und einem nicht so offensichtlichen. Zu Beginn meiner Karriere habe ich mich bei Jordan beschwert, dass die Menschen mein Interesse an Statistik und statistischem Denken nicht teilen. Er sagte mir, wenn mich das ärgere, sei es meine Pflicht, das zu ändern. Seitdem arbeite ich daran, diese Pflicht zu erfüllen.

Zum Schluss möchte ich meiner Frau Erin nochmals danken (schließlich soll man sich die besten Dinge bis zum Schluss aufheben).

– Alex

Ich möchte mich bei den Menschen bedanken, die dieses Buch ermöglicht haben.

Zuerst und vor allem danke ich meinem Co-Autor Alex Gutman. Jahrelang haben wir darüber gesprochen, ein Buch zusammen zu schreiben. Als die Zeit reif war, haben wir es gewagt. Ich hätte mir keinen besseren Co-Autor wünschen können.

Danke auch an die wundervollen Leute bei Wiley, die uns bei der Realisierung dieses Buchs geholfen haben, inklusive des für die Akquise zuständigen Lektors Jim Minatel und des Projektlektors John Sleeva. Außerdem möchte ich mich bei unseren technischen Fachgutachtern William Brenneman und Jen Stirrup für ihre harte Arbeit bei der Durchsicht dieses Buchs bedanken. Wir haben uns eure Kommentare zu Herzen genommen.

Zu guter Letzt danke ich meiner Partnerin Katie Gray, die immer an dieses Projekt geglaubt hat – und an mich.

– Jordan

Index

D

G

H

I

K

L

M

N

O

P

R

U

V

W

X

Z

Über die Autoren

Alex J. Gutman ist Data Scientist, Unternehmenstrainer, Fulbright-Specialist-Stipendiat und Accredited Professional Statistician®. Er liebt es, sein Wissen zu einer Vielzahl von Themen an ein technisches und auch nicht technisches Publikum weiterzugeben. Seinen Doktortitel (Ph. D.) in angewandter Mathematik erhielt er vom Air Force Institute of Technology, wo er gegenwärtig als Gastprofessor tätig ist.

Jordan Goldmeier ist ein international anerkannter Analytik- und Datenvisualisierungsexperte, Autor und Redner. Als früherer Chief Operations Officer bei Excel.TV hat er viele Jahre in den Schützengräben des Data Training verbracht. Er ist Autor der Bücher *Advanced Excel Essentials* und *Dashboards for Excel* (beide bei Apress publiziert). Seine Arbeiten erschienen in und wurden zitiert von der Associated Press, der Bloomberg BusinessWeek sowie vom American Express OPEN Forum. Er ist aktuell Inhaber des Excel-MVP-Awards, eines Preises, der ihm mittlerweile sechs Jahre in Folge verliehen wurde und der es ihm ermöglichte, den Microsoft-Produktteams Feedback und Orientierung zu geben. Einmal benutzte er Excel, um der Air Force 60 Millionen US-Dollar zu sparen. Er ist außerdem freiwilliger Notfallsanitäter.

Über den Fachgutachter und die Fachgutachterin

William A. Brenneman ist Research Fellow und Global Statistics Discipline Leader bei Procter & Gamble in der Abteilung Data and Modeling Sciences und außerordentlicher Professor an der Georgia Tech in der Stewart School of Industrial and Systems Engineering. Seit seinem Eintritt bei P&G hat er an einer Vielzahl von Projekten gearbeitet, die sich mit Statistikanwendungen in seinen Fachgebieten befassen: Versuchsplanung und -analyse, robustes Parameterdesign, Zuverlässigkeitstechnik, statistische Prozesskontrolle, Computerexperimente, Machine Learning und statistisches Denken. Außerdem war er maßgeblich an der Entwicklung eines internen Lehrplans für Statistik beteiligt. Er erhielt einen Doktortitel in Statistik von der University of Michigan, einen Master of Science in Mathematik von der University of Iowa und einen Bachelor of Arts in Mathematik und Sekundarschulbildung vom Tabor College. William Brenneman ist Fellow der American Statistical Association (ASA) und der American Society for Quality (ASQ). Er war Vorsitzender der ASQ-Statistikabteilung, Vorsitzender der ASA-Sektion Qualität und Produktivität und Mitherausgeber der Zeitschrift *Technometrics*. William hat außerdem sieben Jahre Erfahrung als Lehrer auf Highschool- und College-Niveau.

Jennifer Stirrup ist Gründerin und CEO von Data Relish, einer in Großbritannien ansässigen Boutique-Beratungsfirma für künstliche Intelligenz und Business Intelligence Leadership, die Datenstrategien und geschäftsorientierte Lösungen anbietet. Jen gilt als anerkannte und führende Autorität für Lösungen mit dem Fokus auf KI und Business Intelligence. Sie ist eine global tätige Fortune-100-Rednerin und gilt als eine der Top 50 Global Data Visionaries, eine der Top Data Scientists, denen man auf Twitter folgen sollte, und als eine der einflussreichsten Top 50 Women in Technology weltweit.

Jen hat Kunden in 24 Ländern auf fünf Kontinenten. Sie besitzt Hochschulabschlüsse für künstliche Intelligenz und Kognitionswissenschaften. Jen ist Autorin von Büchern über Daten und künstliche Intelligenz und war bereits Gast bei CBS Interactive und der BBC sowie in anderen bekannten Podcasts wie *Digital Disrupted*, *Run As Radio* und ihrer eigenen Webinar-Reihe *Make Your Data Work*.

Jen hielt Keynotes für Colleges und Universitäten und stellte ihr Fachwissen als Non-Executive Director für Wohltätigkeits- und Non-Profit-Organisationen zur Verfügung. Alle Keynotes von Jen basieren auf ihrer über 20-jährigen globalen Erfahrung, ihrem Engagement und ihrer harten Arbeit.

Über den Übersetzer

Jørgen W. Lang lebt und arbeitet als freier Autor (»CSS Kochbuch«) und Übersetzer in Oldenburg/Niedersachsen. Mitte der Neunzigerjahre des vergangenen Jahrhunderts begann er, sich mit dem damals noch jungen World Wide Web und seinen Möglichkeiten zu beschäftigen. Pünktlich zum Jahrtausendwendejahr erschien seine erste Übersetzung für den O'Reilly Verlag. Mittlerweile ist der Umfang auf mehr als 10.000 Seiten angewachsen. Mit großer Energie und Ausdauer bringt Jørgen seit fast schon zwei Jahrzehnten Webseiten bei, das zu tun, was von ihnen erwartet wird – unabhängig davon, auf welchem Gerät sie betrachtet werden (elektrische Zahnbürsten ausgenommen).

Das zweite Standbein von Jørgen Lang ist die Musik. Außerhalb der Welt der semantischen Elemente, Selektoren und Objekte hat er sich einen Namen als hervorragender Gitarrist, Sänger, Komponist und Arrangeur gemacht, er kann auf eine Vielzahl veröffentlichter Alben und mehrere Hundert Konzerte in aller Welt (z.B. für die UNESCO in Seoul) zurückblicken.

Rezensieren
Sie dieses Buch

Senden
Sie uns Ihre Rezension
unter **www.oreilly.de/rez**

Erhalten
Sie Ihr Wunschbuch aus
unserem Verlagsangebot